中国风景园林学会规划设计专业委员会
中国风景园林学会信息委员会　编
中国勘察设计协会风景园林与生态环境分会

Landscape
Architects

风景园林师 2023 下

中国风景园林规划设计集

中国建筑工业出版社

图书在版编目(CIP)数据

风景园林师．2023．下／中国风景园林学会规划设计专业委员会，中国风景园林学会信息委员会，中国勘察设计协会风景园林与生态环境分会编．-- 北京：中国建筑工业出版社，2024.4
ISBN 978-7-112-29806-8

Ⅰ．①风… Ⅱ．①中…②中…③中… Ⅲ．①园林设计-中国-图集 Ⅳ．① TU986.2-64

中国国家版本馆 CIP 数据核字(2024)第 087557 号

责任编辑：兰丽婷　杜　洁
责任校对：赵　力

风景园林师 2023下

中国风景园林学会规划设计专业委员会
中国风景园林学会信息委员会　编
中国勘察设计协会风景园林与生态环境分会
*
中国建筑工业出版社出版、发行(北京海淀三里河路 9 号)
各地新华书店、建筑书店经销
天津裕同印刷有限公司印刷
*
开本：880 毫米 ×1230 毫米　1/16　印张：$10\frac{1}{4}$　字数：339 千字
2024 年 5 月第一版　2024 年 5 月第一次印刷
定价：99.00 元
ISBN 978-7-112-29806-8
(42931)

风景園林師

风景园林师
三项全国活动

●举办交流年会：
(1) 交流规划设计作品与信息
(2) 展现行业发展动态
(3) 综观市场结构变化
(4) 凝聚业界历练内功

●推动主题论坛：
(1) 行业热点研讨
(2) 项目实例论证
(3) 发展新题探索

●编辑精品专著：
(1) 举荐新优成果与创作实践
(2) 推出真善美景和情趣乐园
(3) 促进风景园林绿地景观协同发展
(4) 激发业界的自强创新活力

●咨询与联系：
联系电话：
010-58337201
电子邮箱：
34071443@qq.com

全国风景园林规划设计交流年会创始团队名单：
（A：会议发起人　B：会议发起单位　C：会长、副会长单位）

(1) 贾建中（中规院风景所 A、B、C）
(2) 端木歧（园林中心 A、B）
(3) 王磐岩（城建院 A、B）
(4) 张丽华（北京院 B、C）
(5) 李金路（城建院风景所 B）
(6) 李　雷（北林地景 B、C）
(7) 朱祥明（上海院 C）
(8) 黄晓雷（广州院 C）
(9) 周　为（杭州院 C）
(10) 刘红滨（北京京华 B）
(11) 杨大伟（中国园林社 B）
(12) 郑淮兵（风景园林师）
(13) 何　昉（风景园林社）
(14) 檀　馨（创新景观 B）
(15) 张国强（中规院 A）

contents

目 录

发展论坛

风景名胜

园林绿地系统

contents

公园花园

景观环境

contents

风景园林工程

守正开拓，开创风景名胜区事业发展新局面

北京大学城市与环境学院／陈耀华

发展论坛

在社会快速转型、经济高速发展、城市化急速推进中，风景园林也面临着前所未有的发展机遇和挑战，众多的物质和精神矛盾，丰富的规划与设计论题正在召唤着我们去研究论述。

自 1982 年国务院公布第一批 44 个国家重点风景名胜区以来，中国风景名胜区制度已经实施 40 余年。回顾 40 余年走过的道路，我国风景名胜区事业坚持“科学规划、统一管理、严格保护、永续利用”的方针，以系列的法律条例和配套的技术规范为支撑，在促进自然文化资源保护以及风景区及其所在区域发展的同时，也以自然与文化相融合、保护与利用相协调而成为我国最有特色的保护地类型。但是，我们也应该清醒地看到，随着我国生态文明建设的进一步深化、中国国家公园体制建设的全面实施，以及人民群众对美好生活的不断追求，风景名胜区在概念和价值认知、与其他保护地关系、保护与利用关系、利益相关者关系等方面还存在诸多问题。如何更好地发挥风景名胜区在新时代的新使命，我们必须坚守设立风景名胜区的初心，了解风景名胜区发展的历史渊源，明晰风景名胜区基本内涵，厘清风景名胜区主要功能，在守正的基础上积极开拓，明确风景名胜区在中国保护地体系中的新定位，勇担风景名胜区在人类命运共同体建设中的新使命，并积极探索风景名胜区保护与利用联动的可持续发展新模式。

一、了解风景名胜区发展历史渊源

我国的风景名胜区起源于名山大川，因而具有极为深厚的历史文化底蕴。远古时期人们栖居于大自然的环境中，把山川作为自然崇拜的对象，从“禹封九山”算起，名山发展的历史已有四千多年了。孔子的“一览众山小”，赋予了自然山水哲学审美的意境。秦皇汉武的频繁封禅活动，进一步形成了以“五岳”和“四渎”为首的名山风景体系。魏晋南北朝的社会动荡与政治分裂，促进了山水诗、山水画等山水文学的兴盛，“风景”一词也应运而生。《世说新语 · 言语》中记载：“过江诸人，每至美日，辄相邀新亭，藉卉饮宴。周侯中坐而叹曰：‘风景不殊，正自有山河之异！’”西晋遗老们对故国的悲切和故土的怀念，使“风景”一词出现伊始便赋予了强烈的家国情怀。统一的隋、强盛的唐、成熟的宋，是我国山水审美活动大发展的时期。苏东坡两次赴任杭州，将美丽的余杭地区誉为“山水窟”，可谓是我国风景名胜区最早的称号。而朱熹做潭州刺史时禁止在南岳衡山毁林垦荒，申令“除深山人所不及见之处，许令依旧开垦种植外，其山面瞻望所及，即不得似前更形砍伐开垦”，可以说是我国在名山大川中最早采用视域界限保护风景区整体环境的范例。在山水审美的同时，对山水自然规律的科学探索也随着时代发展而兴起。沈括仔细考察雁荡的奇峰怪石，推测是流水侵蚀作用所形成。“问奇于名山大川”的《徐霞客游记》，更是一部基于自然探索的科研笔记。了解风景名胜区的历史渊源，有助于我们认识到：从山水中一路走来的风景名胜区，是精神文化的产物，且很好地阐释了古人对自然的探索，对人性的感悟，以及对和谐人地关系的认知，这是中华民族宝贵的精神财富。

二、明晰风景名胜区基本内涵和特性

什么是风景名胜区？这个看似简单的问题，广大公众并不一定了解，因为风景名胜区通常被混淆为“旅游景区”“A 级景区”。而基本概念的理解偏差对风景名胜区的价值认知、功能定位、保护管理与合理利用是有严重影响的。谢凝高先生认为，“风景名胜区是以富有美感的典型的自然景观为基础，渗透着人文景观美、环境优良、主要满足人们

精神文化需要的、多功能的地域空间综合体”。该定义蕴含了风景名胜区的六大特性：一是自然性，风景名胜区必须以良好的自然生态环境为基底；二是文化性，风景名胜区以文化为点缀；三是融合性，即自然与文化是融合的；四是科学性，自然文化资源应该具备充分的科学价值；五是多功能性，但是以精神文化功能为主；六是地域综合性，风景名胜区是一个特殊的地域空间综合体。风景名胜区的六大特性中，任何一个特性都不可或缺，如地域综合体。首先风景名胜区有明确的地域界限，是法定保护地。其次，风景名胜区是一个综合体，在资源方面，它是自然和文化多种价值资源的综合体；在功能方面，它是保护与发展联动的综合体；在内容方面，它是自然、社会、经济、文化等多要素可持续发展的综合体。明晰风景名胜区基本内涵和特性，有助于我们认知风景区的特色以及与其他保护地的本质区别和联系。

三、厘清风景名胜区主要功能

风景名胜区究竟是干什么的，也就是说，风景名胜区有什么功能？《风景名胜区条例》指出，风景区是“可供人们游览或者进行科学、文化活动的区域”，这个表述并不明晰，也不全面。2012 年，在中国风景名胜区制度实施 30 周年编撰《中国风景名胜区事业发展公报（1982—2012）》时，专家经过多次讨论，认为“风景名胜区具有生态保护、文化传承、审美启智、科学研究、旅游休闲、区域促进等综合功能”。这就告诉我们，风景名胜区的功能绝不仅仅是旅游，而是丰富多样且有主次之分。其中生态保护、文化传承属于风景名胜区的保护功能，是最基本的功能，也是最根本的任务。这既是风景名胜区的发展历史所形成的，也是风景名胜区的性质所决定的。所以风景名胜区是法定保护地，必须依法严格保护。而审美启智、科学研究属于风景名胜区的教育功能，不仅包括现代科学研究和科普教育，更包含通过对风景名胜区的游览体验而提升公众审美水平和价值观、道德观，从绿水青山中汲取精神力量，增强民族自豪感，从而加强对自然的热爱和对文化的自信。这一点恰恰是我们建立风景名胜区制度以来做得很不够的，需要高度重视和改进。国外的很多国家公园都把国家意识的培养作为重要任务。旅游休闲、区域促进则更多的是发展功能，强调要通过旅游及关联产业，在满足公众游憩体验的同时，通过风景名胜区的品牌效应等，以点带面促进整个区域社会经济全面发展。厘清风景名胜区主要功能，有助于我们全面了解风景区功能，特别是自然保护功能和精神文化功能。

四、明确风景名胜区在中国保护地体系中的新定位

中国的保护地体系建设，必须与中国的国情相结合，走有中国特色的创新之路。风景名胜区的发展历史、定义特性和功能，决定了风景名胜区是具备自然和文化双重特点的、最具中国特色的综合性保护地。习近平总书记指出，秦岭山脉是我国重要的生态安全屏障“也是中华民族的祖脉和中华文化的重要象征”。基于该定位，风景名胜区在强调生态保护的同时，绝对不能忽视文化传承。在严格保护自然生态和资源环境的前提下，还要促进风景名胜区及其所在区域的经济增长、社会进步和可持续发展。在目前进行的风景名胜区整合优化中，必须充分考虑风景名胜区的特点和定位，本着实事求是的原则，摈弃部门利益，妥善处理风景区与其他保护地的关系。除了国家公园外，以自然资源保护为主的保护地可以划入自然保护区、自然公园等，而以自然和文化融合尤其是具有突出历史文化价值的区域则尽可能划入风景名胜区以实现资源的融合保护和价值的深度利用。守住风景名胜区边界划定原则、底线，保持风景名胜区空间范围完整，避免一味为建设让路以及景观生态破碎化。

五、勇担风景名胜区在生态文明和人类命运共同体建设中的新使命

风景名胜区的功能是与时俱进的。新时代，中国应该在生态文明和人类命运共同体建设中发挥更大的作用。作为祖国大好河山的代表，风景名胜区在新时代应勇担新使命。首先风景名胜区是和谐发展的典范。人地和谐的思想凸显了古人可持续发展的生态伦理和实践智慧。我们首先要认识自然，充分了解自然的客观规律和本底价值，然后才能尊重自然，在保护的基础上利用自然。其次风景名胜区是美丽中国的代表。风景名胜区不仅要有最好的生态、最靓的形象以展示最美的中国，还要成为反映国家价值观和提升国家意识的重要场所，将国家性摆在第一位，坚决制止过度商业化现象，并通过游览审美弘扬正直勇敢、积极向上、为国奉献的国家价值观。再者，风景名胜区是美好生活的家园。看

得见山，望得到水，忘不了的乡愁，风景名胜区也是我们的生活家园。它是享受自然、接受教育的公益性场所，也需要通过可持续旅游的发展和产业结构转换提升，更好地建设美好家园。另外，风景名胜区是文明互鉴的使者。中国名山大川的礼仪制度、营建理念和哲学思想、宗教文化等，曾对世界产生过重要影响。2014 年 3 月 27 日，习近平主席在联合国教科文组织总部演讲时强调："我们应该从不同文明中寻求智慧、汲取营养，为人们提供精神支撑和心灵慰藉，携手解决人类共同面临的各种挑战。"因此，我们必须保护好、建设好风景名胜区，向世界展现中国保护自然生态和人类文明、谋求和平发展的不懈努力和责任担当，让世界了解中国，让中国走向世界，为建设人类命运共同体作出积极贡献。

六、探索风景名胜区保护与利用联动的可持续发展新模式

中国已经迈向生态文明建设与绿色转型的高质量发展阶段，《中华人民共和国国民经济和社会发展第十四个五年规划和 2035 年远景目标纲要》中明确提出"实施可持续发展战略，完善生态文明领域统筹协调机制，构建生态文明体系，促进经济社会发展全面绿色转型，建设美丽中国"。风景名胜区的保护与利用，不是与生俱有的矛盾，更不是一对"天敌"。在新的发展时期和新的发展要求下，仅仅强调传统的保护与利用协调是不够的，还必须实现主动的有效联动。主要包括：①功能联动，即将风景资源保护、监测、展示、服务、研究以及产业发展等功能融合互动、协同发展。②要素联动，风景名胜区的资源、设施、社区三大要素系统统筹兼顾，相互促进。③空间联动，以科学的区域发展观对风景名胜区及其所在区域全盘考虑，避免就风景名胜区论风景名胜区；风景名胜区内做减法，风景名胜区外做加法。④产业联动，发展与风景名胜区资源和承载力相适应的风景关联产业，如生态旅游、绿色农业、文创制造及现代服务业体系等，建设风景名胜区域产业综合体。并通过相关的管理体制、空间规划、利益相关者协调机制等制度配套，提升风景名胜区整体保护能力、运营效率和社会、经济、环境效益，探索保护与利用联动的风景名胜区可持续发展新模式。

中国的风景名胜区事业，古老而又年轻。它从遥远的历史长河中走来，孕育了极为丰富的思想哲理和生态智慧，对人类文明的未来也必具有深刻的启示意义。如今，随着改革开放的不断深化和中华民族伟大复兴宏伟蓝图的确定，风景名胜区事业的发展进入了崭新的时代，有新机遇，也有新挑战，特别是新形势下风景名胜区的定位与使命、风景名胜区规划的理论与方法、风景名胜区的法治建设与管理机制、风景名胜区的学科建设与人才培养等等，亟须大家研究和创新。不忘初心、牢记使命，守正开拓，才能开创风景名胜区事业发展新局面。

与风景名胜区行业同仁共勉。

北京元大都城垣遗址公园文化遗产价值的探索

北京创新景观园林设计有限责任公司 / 李战修

摘要： 元大都城垣遗址公园经过了30多年的建设发展历程，随着时间的积累而不断凝练，已经形成了自己独特的文化遗产价值，成为公园的形象记忆，并与公园的名字合二为一、与周边百姓的生活融为一体。同时遗址公园是限定性很强的设计类型，需要保护遗址的原真性、服从公园的整体性、维护环境的协调性，在今后遗址公园的改造提升中，不能随意脱离这些沉淀下来的准园林遗产价值，从而失去遗址公园整体风格和特色品质。

关键词： 风景园林；土城；遗址公园；准遗产价值；海棠花溪

"风景园林准文化遗产"作为一个新的概念，是指当代具有较为典型的时代印记、文化积淀、艺术特色或科学价值，已经过较长时间检验，可作为值得保护的传承对象，且不宜变更其内涵及风貌的风景园林等公共空间。这个新的概念需要不断地研究、探讨、充实其内涵，才能为大众认同并接受。历经风雨沧桑的元大都城垣遗址公园见证了历史的演进与时代的更迭，当属此类型。

首先元大都遗址作为北京早期城市发展的见证和实物遗存，是研究北京城址变迁的重要实迹，对于北京市文化历史的探源与发展有着重要意义。而遗址公园是在保护遗址的基础上，融入生态、文化和休闲功能，是极具挑战的设计类型。经历了几十载春秋，我们回过头再度以风景园林准文化遗产的标准来审视公园，再一次解读和总结其中的特色和价值。

一、基本概况

元大都城垣遗址公园位于北土城路南侧和西土城路东侧，全长9km，横跨北京市海淀区和朝阳区，宽130～160m不等，总占地面积约113hm^2。小月河，旧称"土城沟"，宽15m，贯穿始终，将绿带分为南北两部分，河南侧为土城遗址保护区，北岸为绿色生态休闲区，是京城最大的带状休闲公园。

二、前世今生

（一）遗址的形成过程

元大都城垣是元世祖忽必烈于至元四年至十三年（1267—1276年）所建，周长28.6km，平面布局呈长方形。城墙全部用夯土筑成，城基宽24m，顶宽约8m，高约16m，故又称"土城"。由于明代筑北京城时，将北城墙南移5里（2.5km），使北部土城废弃，成为遗址。今遗址尚存约12km，城墙外围还有护城河的遗迹，是规模最大、最能反映元大都城市规模、布局、方位的重要历史遗迹，1957年被列为北京市重点文物保护单位。2006年"元大都城墙遗址"被公布为第六批全国重点文物保护单位（图1、图2）。

（二）公园的建成过程

为了保护好这段残存的城垣遗址，市区两级政府多次进行了工程提升，最终完成了公园的整体建设。

1. 建园初期

新中国成立后1950年代初期，在已坍塌的土城墙及两侧，大片种植了刺槐、白蜡、栾树、侧柏、油松、黄栌等，保护了土城不被雨水冲刷和蚕蚀侵占。1974年成立了土城绿化队。1988年由北京市政府正式批准建园，并命名为"元大都城垣遗址公园"，初步建成了蓟门烟树、大都茗香、旭芳

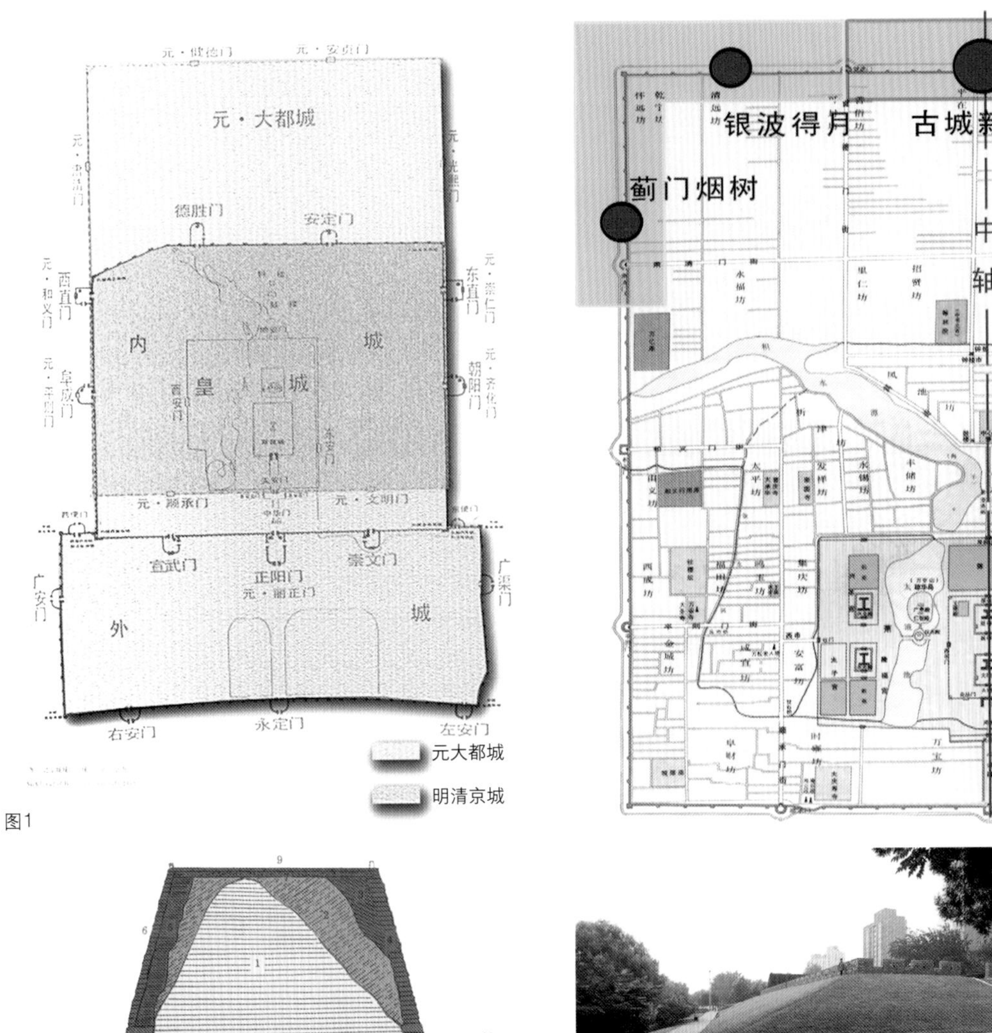

图1

图2

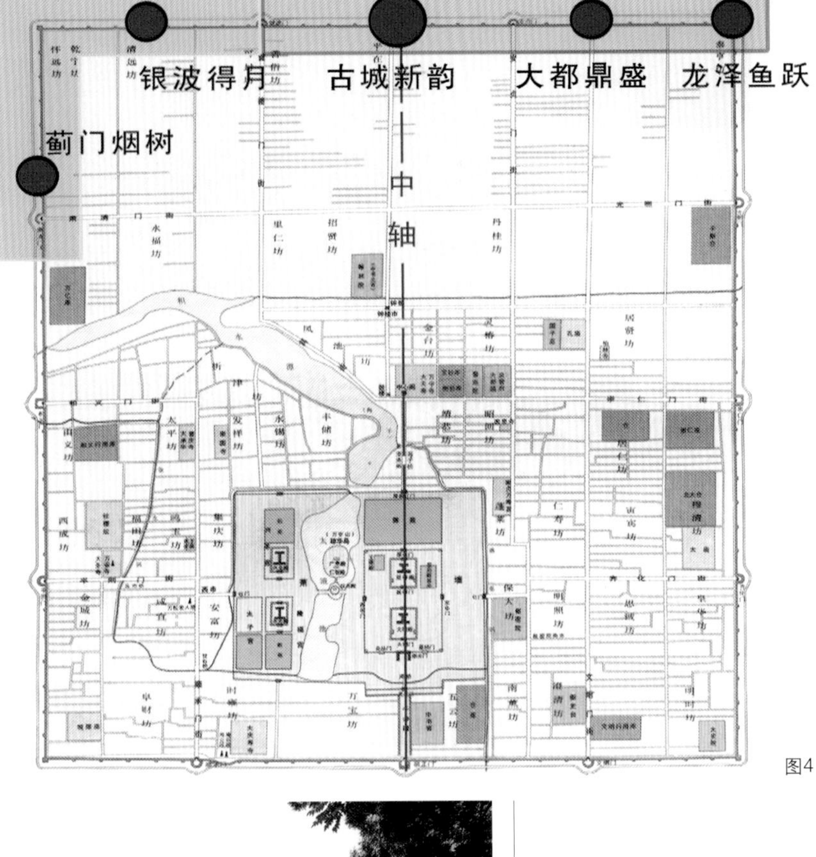

图4

图3

历史文脉之廊

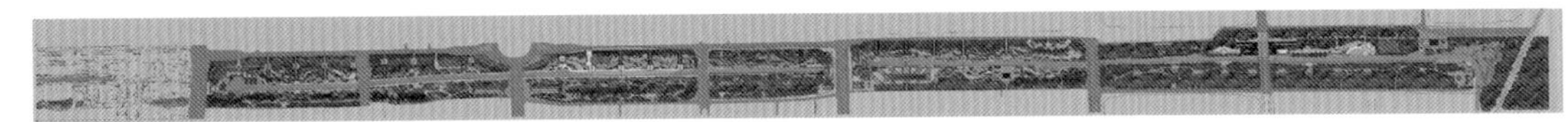

绿色生态之廊

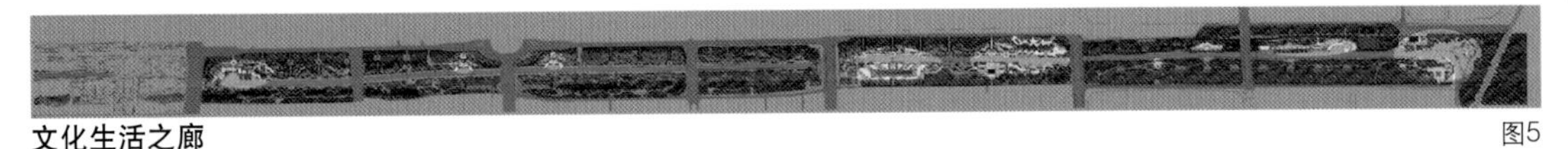

文化生活之廊

图5

园、紫薇入画、旭芳园、海棠花溪等景点。在土城路和北辰路口设立20m见方、高5m的土台，首次形成土城的形象标志（图3），另外种植了2000余株西府海棠、贴梗海棠等，成为附近居民休闲锻炼的带状公园绿地。

2. 整体建成

为了更加完整地保护元大都城垣遗址，同时作为北京迎奥运的重点景观工程，2003年，海淀、朝阳两区对公园进行了整体改造提升。定位为集历史遗址保护、市民休闲游憩、改善生态环境于一体的大型开放式带状城市公园，营建一个“以人为本、以绿为体、以水为线、以史为魂”的精品历史园林。公园整体是由3条主线——遗址保护线、绿色生态线及历史文化线，以及5个重要节点——蓟门烟树、银波得月、古城新韵、大都鼎盛及龙泽鱼跃节点组成，点线结合，景点设计因地而异、穿插其间，主次分明，使城垣遗址、文化景点与城市的关系得到了融合（图4、图5）。

图1　元大都城与明清京城关系图
图2　清代北京城垣墙身断面图
图3　恢复后的城垣遗址
图4　遗址公园与元大都城位置关系图
图5　公园总平面图

图6　改造前的土城遗址
图7　改造前的小月河
图8　城垣遗址保护范围、小月河及绿地平面图
图9　公园建成实景
图10　临水船型平台
图11　安缰盛事节点

图6

图7

图9

图10

图11

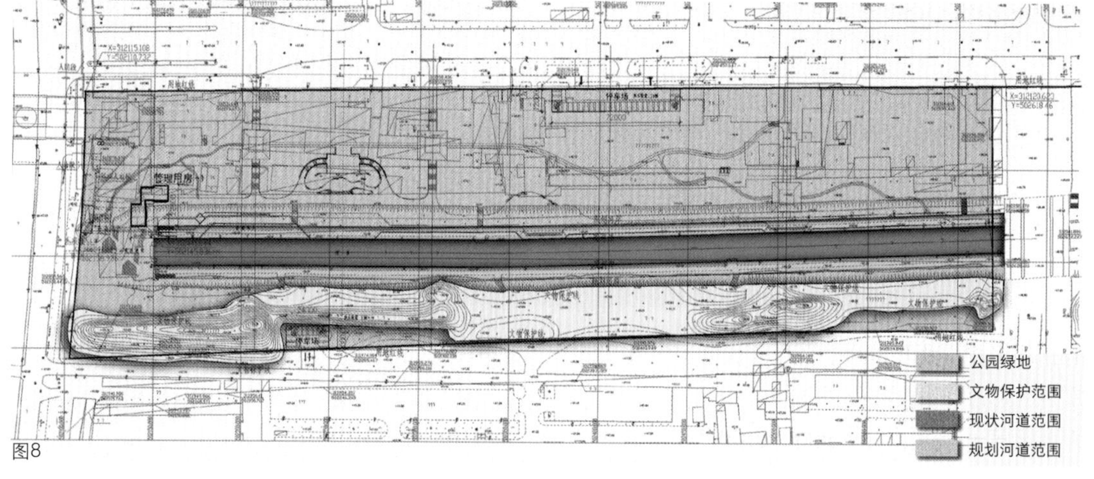

图8

（1）遗址保护线

土城作为元代重要的遗存，没有得到应有的保护和尊重。长期的取土、坍塌、践踏，使昔日雄浑的土城面目全非，与普通的土山没什么区别。所以应提高人们保护和尊重文物的意识，首先请文物部门划定了文物保护线并钉桩，勾画出土城基本位置轮廓。在保护范围内，设计了围栏、台阶、木栈道、木平台及合理的穿行、参观需要的游览路线，避免了继续踩踏土城，同时普遍植草，起到了固土、防尘作用，并在坍塌的地方做出土城断面展示及筑城文字说明（图 6～图 8）。

（2）绿色生态线

改造护城河，降低河岸，创造亲水环境，种植芦苇、菖蒲等水生植物，形成郊野的自然景观，并在多处设了临水平台和休息广场。

强化植物景观的季相变化，改善城市密集区的生态环境：公园是城市的绿色生态带，也是一条绿色的屏障，植物的色彩和季相变化是最好的表现方式。我们设计的四季景观有：城台叠翠、杏花春雨、蓟草芬菲、紫薇入画、海棠花溪、城垣秋色等。这些植物景观利用带状绿地的优势，大尺度、大空间、成片成带，形成色彩变化的街景和观赏季，同时这些植物景观都与元代历史具有一定的文化联系（图 9～图 11）。

（3）历史文化线

本次提升我们秉承尊重历史、强化文脉、传播和提升元代文化在百姓心目中的地位的原则，既依据历史也要满足当下文化生活的需要，在设计时，除表达出这片土地固有的文化记忆外，还围绕主题，适当加以引申和补充，借题发挥，使游人从中受益和得到启发，激发爱国精神和民族自豪感。在土城荡然无存的地段，利用腾出的大片空旷地，以雕塑、壁画、城台、小品等多种艺术形式，通过立体形象的语言，将被断开、割裂的土城在意象上形成整体联结。这些文化节点串联成线，表现了元大都的繁荣昌盛、科技发达及尚武骑射等历史特点（图 12～图 14）。

这次的环境整治使人文景观和生态环境均得到了全面提升，最直接地提高了元代土城和元代文化的影响力，使北京出现了第一个系统体现元代文化的遗址公园，将北京园林由体现明清的文化风格形制，向前推进了一百年，成为体现元明清文化风格

图12

图13

图14

图15

图16

的北京园林。改造后的公园创下4个北京之最和1项全国第一：北京最大的城市带状公园、北京最大的室外组雕、北京最大的人工湿地、最先完成北京市应急避难场所建设的试点公园，也让北京成为全国第一个进行应急避难所建设和挂“应急避难场所”标志牌的城市，形成历史与现代、平灾结合的经典园林。项目获得了2004年建设部“中国人居环境范例奖”、北京园林优秀设计一等奖等荣誉。

3. 后期提升

北京创新景观园林设计有限公司后续在2009年和2016年两次针对植物和服务设施对公园进行了专项提升。起因是随着公园海棠花溪的品牌效应和成为国家4A级旅游景区后，游客数量大量增加，游人踩踏、黄土裸露、海棠病害严重等，影响了海棠花节植物特色的呈现；展示区域与游客需求矛盾突出，基础设施老旧、服务功能不足等，带来了公园品质的下降。针对这些问题，我们提出了：强化全线海棠植物景观特色，形成连绵不绝、此起彼伏、绵延4.8km的海棠植物大景观，同时增加海棠文化，对土城文化进行点缀添彩。公园现有的海棠多以西府海棠为主，辅以少量贴梗海棠、雪球海棠、垂丝海棠等，主要集中在北岸，是海棠花溪的重要观赏区。针对这些乡土海棠品种，通过土壤改良、浇水施肥、修剪、病虫害防治、新植补植等措施实现更新，同时还增加了国际新优海棠品种30余种，共近千株，如‘丰盛’‘红丽’‘道格’‘钻石’等，通过展示不同类型海棠，不仅丰富了品种、增大了观赏区域，而且还延长了海棠观赏期，强化了海棠花节的品牌，形成了规模效应（图15、图16）。

三、准遗产价值特征

元大都城垣遗址公园经过了30多年的建设历程，从初期成立、中期建成、后期完善，沿着三条主线，数次提升改造和打磨品质，特点越加突出和成熟，已经成为准文化遗产园林，形成了自己独特的文化价值和品牌，总结起来有三方面：

（一）历史和文化价值

土城遗址作为特定历史条件下产生的遗迹和实物见证，同时场地也是特定的历史空间环境，携带着丰富的潜在内涵，具有传递、反映当时的自然生态状况和社会的政治、经济、科技、军事、文化等信息的作用，形成了独特的历史和文化价值。通过整体保护和修复，全面提升了土城遗址的历史价值，全线布置的文化节点既包括了重要的文物节点，如蓟门烟树、水关及角楼遗址等，也包含了反映元代文化的大都建典、安定生辉、大都鼎盛、双都巡幸等文化节点，实现了传统文化遗产应有的社会价值（图17）。

（二）艺术和美学价值

元大都城垣遗址公园的艺术和美学价值包含两部分内容：首先是土城遗址本体经历数百年饱经风

图12 安定门节点文化住
图13 大都建典景区
图14 造型休息亭
图15 海棠花溪（一）
图16 海棠花溪（二）

图17

图18

图19

图20

图21

图22

图 17　遗址保护性展示
图 18　大都鼎盛景区
图 19　大都建典主雕
图 20　双都巡幸节点
图 21　提升后的海棠花溪（一）
图 22　提升后的海棠花溪（二）

雨后，留下来的持久而永恒的历史沧桑感和残缺之美，给予人们精神和情感上的巨大感染力，无需任何语言就能传递出与历史对话和内心感应。其次是公园全线涵盖了元代历史文化、蒙古族文化、草原文化等的序列艺术作品。

整个公园围绕元代历史主题，以实物遗址为背景，植入文化景观。以“露天博物馆”的形式反映元代经济文化发达、军事强盛的特点。公园设计了一系列的艺术作品，统一的风格、样式和色彩，都与元大都历史紧密相连；这些艺术作品与土城墙的实体相互映衬，沧桑的废墟美与雕塑小品表达的盛世景象构成了虚幻的叠加与穿越，传递出艺术之美和意境之美。设计运用雕塑、壁画、文化柱、文化台、大汗亭、马面广场等多种表现形式，体量轻重适宜，散点式分布，人们可自由接近并产生联想互动，被完全融入、代入其间。这些作品的设计云集了国内众多知名的艺术家，有中央美院著名教授、雕塑家楼家本以及青年雕塑家邱钧、王虎等。与北京其他室外艺术品的细腻、典雅的风格完全不同，元大都城垣遗址公园的这些作品，粗犷豪迈、大气轩昂、简洁写意、富有张力，具有独特的艺术和美学价值（图 18～图 20）。

（三）植物特色和品牌价值

元大都城垣遗址公园内的海棠花溪景区主打海棠特色，从建园初期种下的 2000 株小的西府海棠，发展到如今拥有 30 多个品种、5000 余株的各类海棠专类园，花期从 4 月中旬一直延续到 5 月，是北京市海棠品种最多、数量最大的海棠园，每年公园举办的海棠花节与植物园的桃花节、玉渊潭的樱花节并称北京春天三大花节。花开时节动京城，整个公园繁花似锦、落花如雪、美轮美奂（图 21、图 22）。

四、结语

距今已有 750 余年的土城遗址是国宝级的文物，伴随着文物一起生长的园林虽然只有短短的 30 余年，但它经受了时间的考验和沉淀，已经与遗址完美融合成为一个整体，形成了独特的价值，取得了大众的认可，达到了准文化遗产园林的标准。

价值的产生、体现、实现依靠时间的积累与凝练，并不断地兼收并蓄，融入当下生活，那些历经风雨沧桑并保留下来的景观，已经成为公园的形象记忆和名片，通过各类媒介的传播，已经与公园的名字合二为一、与周边百姓的生活融为一体，它们的价值不言而喻。同时这些成为价值的景观，也需要不断地与现实需求相融合，在一脉相承的、保持核心价值和特色的基础上不断更新、融合，才能在新时期持续发挥出其综合效益。

遗址公园是限定性很强的设计类型，需要保护遗址的原真性、服从公园的整体性、维护环境的协调性。因此在今后的公园改造提升中，首先要克制创作冲动，既不能凭借设计师自身的擅长喜好随意添减，也不能盲从于当下流行，或为了完成某些任务指标而脱离已经形成的风景园林准文化遗产价值，从而失去整体风格和特色品质，最后只会丢失自我、风格混乱、面目全非。只有以准文化遗产风景园林的标准，高质量、高水平地不断打磨完善，未来才能成为真正的文化遗产园林。2020 年 11 月，元大都城垣遗址公园入选了首届北京网红打卡地上榜名单，说明了坚持自身的历史特色也可以成为当下大众欢迎的网红景点。

中国园林博物馆，十年积淀成遗产

中国城市建设研究院有限公司／李宗睿
海口经济学院雅和人居工程学院／李炜民

摘要：作为国内首座中国园林主题的国家级博物馆，中国园林博物馆顺应时代发展潮流，从相地、明旨、布局等方面完成了以中国历史上首部园林专著——《园冶》造园理念为指导建设当代园林博物馆的实践。项目由孟兆祯院士领衔审定指导，对中国园林文化的起源、发展、传承进行了全方位创新性展示，影响深远，意义重大。本文从当代文化遗产的角度出发，回顾总结中国园林博物馆规划建设开馆运营十余年来的经验与不足，对园博馆未来可持续发展进行展望。

关键词：风景园林；博物馆；园冶；文化遗产

引言

中国园林具有悠久的历史、灿烂的文化、辉煌的成就和多元的功能，是传承与展示中国优秀传统文化的重要载体，其深厚的哲学思想、丰富的文化内涵、多彩的艺术形式和高超的技术水平在世界园林体系中独树一帜，是东方文明的有力象征。

中国园林博物馆（以下简称“园博馆”）是北京市市政府承办第九届中国园林博览会的一项重要承诺。作为国家级主题博物馆，填补了国内乃至世界博物馆类别中无园林主题的空白，充分体现“经典园林、首都气派、中国特色、世界水平”的建设目标。从规划设计到建成开放仅用了不到三年时间，运营至今日，共接待了517万游客，举办了数百次国内外学术交流、展览以及科普文化活动，对中国园林的文化传播、推广起了重要的作用。

如今园博馆建成已十年，笔者希望能够通过研究其立意布局、规划建设、开放运营过程中对园林文化的研究、传承与展示，以及其对园林文化独特的科普宣传方式，从当代文化遗产的角度进行考察评估，梳理其匠心创造、区域影响、文化传播、未来展望。

一、第一座园林主题的国家级博物馆

园博馆是世界首座、中国唯一的全面展示中国园林的国家级主题博物馆，是弘扬中华民族文化精神、传承中国古代造园思想、传播中国优秀传统文化、展示精湛古代造园技艺、践行和谐发展生态文明理念的重要成果，是传统造园技艺融合当代技艺建设的集中体现。

在策划、布局、展陈再到广泛征询国内不同城市行业专家意见的基础上，通过园博馆的营建，充分肯定了中国园林在中国文化中的地位，完善了中国博物馆主题展示体系。鉴于博物馆园林主题的首创性、独特性，在全世界未有成熟经验借鉴，加上时间紧迫等因素，所面临的风险挑战也很大。专家团队结合主题与现状条件，创造性地确定了“馆中有园，园中有馆”的整体布局（图1、图2），并把

图1

图1　中国园林博物馆中标深化方案鸟瞰图（图片来源：园博馆出版图库）

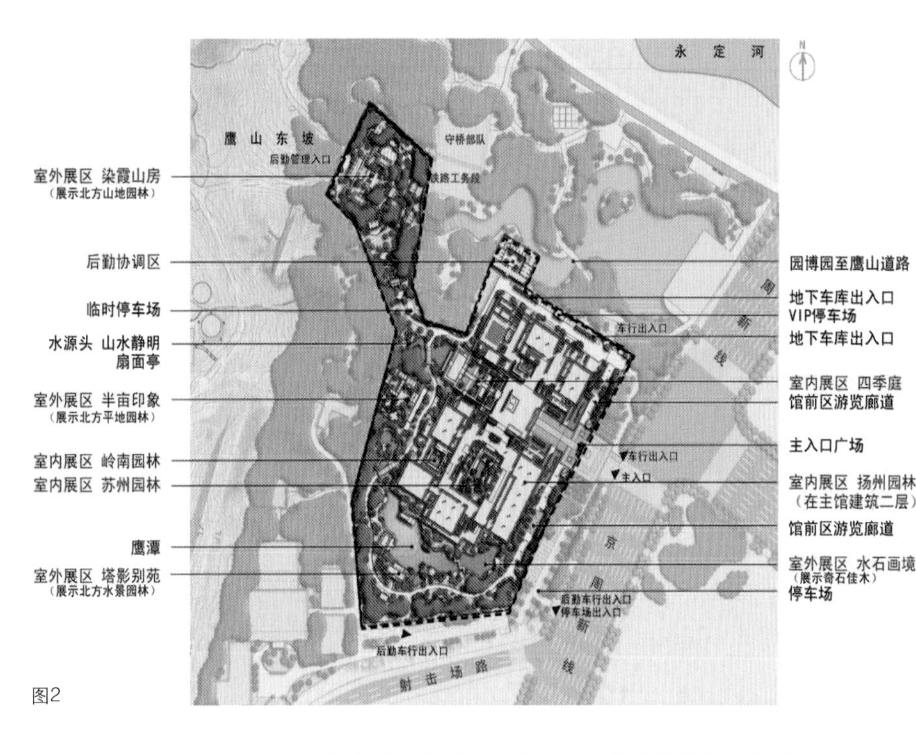

图2

图3

图4

传统园林中具有象征意义的动植物作为特殊展品展示，实践证明取得社会各界的广泛认同。

开馆运营十年来，在原展陈体系的基础上，馆内藏品不断丰富，展陈不断出新，环境不断完善，特别是面向社会、儿童的科普教育广受好评。时至今日，园博馆已经成为园林文化科普、亲子活动教育、学校科研讲座的重要打卡地，是游客系统性了解中国园林文化的不二选择。通过十年的经营实践验证，更加明确了园博馆在功能定位、布局风貌、展陈体系、藏品特色、文化传承等方面的独特性、唯一性、系统性和不可替代性，对中国园林文化传承和发展起到了重要的影响，具备了当代“准文化遗产”的基本要素。

（一）独特性

藏品构成：园博馆从构建之初，就立志于要打造一座与众不同的“有生命的博物馆”，除了一般的文物藏品外，不同风格的室内展园、掇山置石以及动植物共同构成了独具特色、四季变化的藏品体系。园博馆所构建的山水骨架、亭台楼阁等，均是在充分调研其历史文化背景的前提下进行重现展示，实现了让收藏在博物馆里的文物、陈列在广阔大地上的遗产、书写在古籍里的文字都活起来的展示效果，用园林藏品讲好中国故事，体现了可游、可诗、可赏、可思、可学、可画的丰富多元的园林文化生活。

园博馆内复刻了苏州畅园、扬州片石山房、广州余荫山房、北京半亩园4处私家园林。与皇家园林对江南园林的写仿不同，园博馆造园所用的材料，包括植物、山石、家具陈设，都是从当地小心保护运送过来，并请当地的工匠复刻建造，最大限度地实现原汁原味地保护和展示，在国内历史上也是第一次完成。游客能看到来自广东80余年树龄的炮仗花，苏州的桂花、含笑，扬州的罗汉松以及诸多流派的木雕、灰塑、叠石等非物质文化传统技艺（图3、图4）。

（二）系统性

展示方式：按照国际博物馆协会组织分类的功能定位，结合中国园林这一厚重主题，园博馆的展陈体系采用了开放性的方法，以室内展陈为主，室外展园和室内庭院为辅，三者相互穿插、渗透，成为一个“园林”展陈整体（图5）。以传统展陈手段为基础，配合现代化高科技的展陈手段，向游客全方位展示中国园林的造园技艺、空间处理、哲学理念，加强游人的文化体验，实现博物馆展陈内容与园林环境完美融合。

园博馆主馆内3处不同风格的室内展园着重展示中国私家园林的遗产价值与风格特点。在刻意还原原貌的基础上，通过选址变化营造出多角度、多方位的观览特征。一层的苏州园、岭南园预留了在二层的观赏窗口，可以在空中俯瞰（图6）。扬州园坐落在二层，成为震撼的空中花园。

固定展厅以中国园林的历史发展、造园技艺、园林文化及世界园林的博览展示为框架。展品从秦汉时期的上林苑瓦当、园囿封泥、体现园林生活的画像砖，一直到明清时期园林主题画面的外销瓷等，结合拓片、模型、复制品以及声像，体现不同

图2　中国园林博物馆中标方案规划平面图（图片来源：园博馆出版图库）
图3　余荫山房内的灰塑
图4　广东移植来的80余年树龄的炮仗花

阶段中国园林的本质特征、主题思想、艺术成就、多元功能以及对世界园林的传播与影响。

（三）不可替代性

1. 科普教育

开馆十年来，园博馆先后推出了“园林文化大讲堂”“小小园林师”“园博馆奇妙之旅”“亲子农耕插秧收割体验”等一系列科普活动（图 7），组建志愿者讲解团队，同时登录北京中学生校外教育在线平台，荣获北京市校外教育先进集体。与全国各地几十所院校签署了校外实训基地，并创办了《中国园林博物馆馆刊》。在 2019 年国家文物局公布的《2018 年度全国博物馆名录》中，全国共 5354 家博物馆，园博馆的教育活动位列第 20 名。

利用临时展厅，先后举办当代风景园林学科奠基人奥姆斯特德设计理念展、白云之乡——新西兰国家公园国际学术交流展；先后推出“徐悲鸿 120 周年纪念展”以及李苦禅、齐白石等百年巨匠真迹展；与苏州、上海、拉萨等各个城市和中国风景园林学会等行业组织定期举办各种中国园林有关展览，持续扩大园博馆影响力，吸引众多粉丝定期前往参观。

2. 文化传承

园博馆的建成开放体现了国家的文化自信，顺应了“美丽中国”的建设发展方向。中国园林文化作为传统文化中重要的一支，体现了中国的山水文化传承。园博馆在这十年的经营中，加强与社会的服务互动，不断完善提升自己，注重专业领域研究，邀请业内外各领域专家，定期举办专家讲坛、学术沙龙等，面向专业人士与普通游人进行普及宣传，体现出自身对中国传统园林文化的独特贡献（图 8）。2021 年，在全国 6000 余家博物馆影响力排行榜中园博馆排名前 30，并在 2021 年第一、二季度排名连续创历史新高，分别位列第 21 名、第 18 名。在全国博物馆体系“最受欢迎的博物馆”民意测评中，综合排名始终名列前茅。

园博馆的建设，不但填补了国家博物馆体系的空白，且正在成为一座更优质、更有特色的弘扬民族精神与文化的博物馆，以作为未来的文化遗产为目标发展。

图5

图6

图7

图8

图 5　室外展园局部鸟瞰图（图片来源：园博馆出版图库）

图 6　从二层俯瞰苏州园效果

图 7　科普活动现场（图片来源：园博馆提供）

图 8　园林文化大讲堂（图片来源：园博馆提供）

二、孟兆祯院士领衔审定指导的专业硕果

（一）淡泊名利倾情相助

孟兆祯院士作为当时风景园林专业唯一的中国工程院院士，专业一生。自 20 世纪 80 年代始，先生在北京林业大学开“园冶例释”课程讲座，师从汪菊渊先生长期致力于风景园林教学实践，指导学生用于当代园林创作。

作为园博馆筹建专家顾问组组长，孟先生从相地选址开始就亲力亲为，在室内外展园建设的过程中，不顾 80 岁的高龄多次来到现场指导，将《园冶》的精髓因地制宜地落实到施工的各个细节，奠定了园博馆成为“准文化遗产”的物质基础。

园博馆建成开放后，孟先生一如既往地关注支持园博馆的各项活动。约请吴良镛院士参观并接受园博馆专访；在园林文化公益大讲堂以及各种学术活动、展览中演讲；为《中国园林博物馆学刊》创刊题字并率先撰文；捐赠个人设计图纸、模型、书画；等等。这些先生从未提及个人的奉献，彰显了先生的高尚品格，为中国风景园林留下了宝贵的精神遗产。

遗憾的是，孟先生 2022 年 7 月离开了我们，但是他为园博馆留下的有形的作品和文字、无形的精神和情感，令人缅怀。在当代中国风景园林的历史上，及孟先生本人的专业实践中，园博馆属于绝无仅有的一例，无论是造园还是建馆方面，都称得上中国园林当代发展史上具有遗产价值的文化作品。

（二）举中心力终成硕果

园博馆的建设，得益于举“中心”之力。一是配备人员力量，从中心各单位抽调近 60 人投入园博馆筹建。二是为满足园博馆高标准环境质量，从天坛公园、北海公园、北京植物园等单位选调优良苗木，仅从天坛就选调出 50 余年树龄造型油松 38 株。三是充分发挥中心系统文物、植物、动物资源优势，充实园博馆开馆的展品藏品。

园博馆的成功，得益于社会各界的大力支持与贡献，为园博馆历经十余年的运营，沉淀出当代文化遗产价值，奠定了扎实的基础。

三、计成《园冶》理论思想的当代实践

（一）从《园冶》到《园衍》

明朝末期（1631 年）计成的《园冶》出版，成为我国第一部全面论述造园技艺理论及实践经验的书籍。2012 年孟先生《园衍》专著出版发行，是对《园冶》全面深入研究的传承与创新，以《园冶》的核心理念、思想、技艺，衍生出令当代园林具备中国传统园林文化特色的创作理论与方法，即“孟氏六边形”园林设计理论。

园博馆承担的是“让古籍活起来，让文字动起来”的文化使命，既要充分展示《园冶》对当代园林建设的现实指导意义，同时又须体现创新发展，展示当代生态文明的建设成果。2022 年是计成诞辰 440 周年，孟先生生前嘱托园博馆应当对建设过程中《园冶》的理论实践应用予以总结，以此为生动个案。实际上，园博馆的建设成果也验证了先生在《园衍》中的园林理论著述，为《园衍》提供了实践案例。

（二）《园冶》理论指导总体布局

计成在《园冶》的开篇“兴造论”中，着重强调了相地、明旨、布局、借景对于园林建设的重要意义，“园林巧于‘因’‘借’，精在‘体’‘宜’”。在园博馆的总体布局中也充分贯彻落实了这 4 点。事实证明，古籍中的理论在当代园林的规划建设中也是十分适用的，总体布局、立意的确定是后续馆园建设的基础，也是关键。

1. 相地

《园冶·兴造论》“故凡造作，必先相地立基”，相地“园基不拘方向，地势自有高低；涉门成趣，得景随形，或傍山林，欲通河沼”“园地惟山林最胜，有高有凹，有曲有深，有峻而悬，有平而坦，自成天然之趣，不烦人事之工”。

园博馆最初的规划建设用地红线是长方形平地。在孟先生的指导下，改变了原有用地形状，新的红线使得园博馆用地与鹰山、永定河充分结合，借山林郊野地之优，由此为园博馆馆园营建争得先机。

2. 明旨

《园冶·兴造论》中第一句便写道：“世之兴造，专主鸠匠，独不闻三分匠，七分主人之谚乎？”同样，孟先生在《园衍·理法》篇中，也将“明旨”作为了开篇，强调兴造园林必先明确主旨思想的重要性。

以此为原则，在建馆之初，园博馆筹建组就确立了“建设一座有生命的博物馆”这一目标，并在此基础上确定了“中国园林——我们的理想家园”这一建馆理念，为园博馆的顺利建设起到了引领、指导作用。

3. 布局

《园冶·兴造论》“故凡造作，必先相地立基，然后定其间进，量其广狭，随曲合方，是在主者，能妙于得体合宜，未可拘牵”。布局是在“相地”的基础上，对“明旨”进行具体诠释，布局的成败决定造园的成败。

要达到“虽由人作，宛自天开”的境界，就必须以自然条件为前提，最大限度地保护资源，对现状适度改造利用。由此，孟先生结合修改后的用地红线，强调“负阴抱阳”，并最终确立了“园中有馆，馆中有园”的整体布局。

4. 借景

《园冶·兴造论》“‘借’者：园虽别内外，得景则无拘远近，晴峦耸秀，绀宇凌空，极目所致，俗则屏之，嘉则收之，不分町疃，尽为烟景，斯所谓‘巧而得体’者也”“夫借景，林园之最要者也。

图9

图10

图11

如远借、邻借、仰借、俯借、应时而借。然物情所逗，目寄心期，似意在笔先，庶几描写之尽哉。”

园博馆规划建设最大的成功之处也体现在借景上。一是对于馆园外的鹰山、永定塔的借景。规划相地之初，即考虑了借鹰山之势。在后续深化方案的过程中，设计充分考虑鹰山、永定塔的尺度和景观效果，将其当作重要的外借之主景，水景园更是直接取名“塔影别苑”，可谓意在笔先之意尽显（图9）。二是馆、园之间的相互映衬，“构园无格，借景有因”，馆园互借，推陈出新。邻借、仰借、俯借，处处有景，步移景异。室内外植物景观随四季的变化而变换，动物亦跟随气候来往迁徙，使得同一个园景因四季四时而不同，“应时而借”尽显借景之妙趣。

（三）《园冶》理论指导建设细节

在《园冶》的园说篇及后续章节中，计成对于园林中的屋宇、生境、掇山、选石等细节都进行了描写。但其毕竟是指导私家造园的专著，而园博馆承担着公众博物馆的职责，两者跨度巨大。“外师造化，中得心源”，在园博馆建设的过程中，灵活运用了古籍理论，将传统造园技艺与现代建设相融合，又结合先生《园衍》理论指导，是为园博馆建设的创新点，在国内为首创之举。

1. 屋宇

《园冶 · 屋宇》“虽厅堂俱一般，近台榭有别致……奇亭巧榭，构分红紫之丛，层阁重楼，迥出云霄之上；隐现无穷之态，招摇不尽之春。槛外行云，镜中流水，洗山色之不去，送鹤声之自来。”

园博馆主体建筑主轴线以红色入口、金色屋顶体现，主立面白墙灰瓦，两者映衬充分表达中国文化元素与首都皇家园林、江南私家园林的气质特征（图10）。室内大厅以春山秋水分置两侧，对面由抄手游廊过渡至室外，以避暑山庄烟雨楼为母本建四季厅，对面置戏台，边以游廊相连呈围合状。上四季厅二层，倚栏北望，“境仿瀛壶，天然图画，意尽林泉之癖，乐馀园圃之间”。鹰山、永定塔皆来眼底。

2. 生境

《园冶 · 园说》“凡结林园，无分村郭，地偏为胜，开林择剪蓬蒿（染霞山房）；景到随机，在涧共修兰芷（扇面亭）。径缘三益，业拟千秋，园墙隐约于萝间，架屋蜿蜒於木末。山楼凭远，纵目皆然；竹坞寻幽，醉心既是。轩楹高爽，窗户虚邻；纳千顷之汪洋，收四时之烂漫。梧阴匝地，槐荫当庭（半亩园）；插柳沿堤，栽梅绕屋；结茅竹里，浚一派之长源；障锦山屏，列千寻之耸翠，虽由人作，宛自天开。”

园博馆室内外展园与主馆建筑相互交融，山、水、植物、动物与园林建筑组成了动静结合、步移景异的展示空间。室外展园以50年树龄高大油松形成骨干树种，遇山则“择剪蓬蒿”，用油松与秋色叶树种“障锦山屏”。临水则“插柳沿堤，栽梅绕屋；结茅竹里，浚一派之长源”，油松与柳、梅、竹共同形成以春景为特色的水岸景观（图11）。而在室内庭院中，岭南园的炮仗花令“园墙隐约于萝间”。

3. 掇山

《园冶 · 掇山》“深意画图，馀情丘壑；未山先麓，自然地势之嶙嶒；构土成冈，不在石形之巧拙；宜台宜榭，邀月招云；成径成蹊，寻花问柳……欲知堆土之奥妙，还拟理石之精微。山林意味深求，花木情缘易逗。有真有假，做假成真；稍动天机，全叨人力；探奇投好，同志须知。”

按《园冶》掇山选石之道，室内外展园选用了古代名园常用的南太湖石、北太湖石、黄石、宣石、英石、笋石、青石、灵璧石等不同类别的石头，因景而异，因境随形。或峰峦叠张，曲水流觞；或土石交融，署画山林；或孤峰秀立，旧石寻缘；或飞瀑穿石，鱼翔乐园。

室内展园中，片石山房最能体现掇山技艺。片石山房传为石涛绝笔，在主馆展厅之上二层进行复建，选料精益求精，共选用南太湖石900余吨。“池上理山，园中第一胜也。若大若小，更有妙境。就水点其步石，从巅架以飞梁；洞穴潜藏，穿岩径水；峰峦飘渺，漏月招云；莫言世上无仙，斯住

图9　塔影别苑借景鹰山、永定塔
图10　园博馆主立面图
图11　水岸景观“插柳沿堤，栽梅绕屋”

图12

图 12　片石山房主体假山
图 13　黄石叠山，青石步道
图 14　秋景
图 15　拆掉直墙，改为自然山石堆叠
图 16　万寿双环亭前的牡丹台
图 17　孟兆祯先生钦点“延南熏”亭，起到了轴线收尾并与主馆遥相呼应的点睛作用

世之瀛壶也。”由当年恢复片石山房的扬州叠山名匠孙玉根主持，“峰虚五老，池凿四方；下洞上台，东亭西榭”。一砖一石，一草一木，均按原作创意（图 12）。

室外展园中，掇山技艺主要体现于染霞山房。染霞山房借鉴了避暑山庄山近轩、梨花伴月以及颐和园赅春园等处的叠山手法，“深意画图，馀情丘壑”。主山石材选用北方黄石，与原山色相近；蹬道采用老青石，自然随性、曲直随形（图 13）。配以油松、元宝枫、白桦、黄栌、山杏、地锦，撒金莲花等各种草花混播，与山上原有植被侧柏、火炬树、酸枣、荆条等搭配，秋色尽显，登高邀月。“山林意味深求，花木情缘易逗。有真有假，做假成真”（图 14）。

4. 理微

《园冶》中除了对于园林各处细节的详细论述外，针对装折、门窗、墙垣、铺地等还绘出了各种图纸解读，足见古人建园时对于细节的把控。孟先生在《园衍》中也用“理微”来论述造园注重细节、注重收拾、精益求精的重要性。“理微”到位，余韵方成。

仅以下几处为例：一是“塔影别院”大的地形处理。由于路面开挖后发现标高过低，只好在路外环提升地形高度，局部与外墙只有一尺之差。为了降低突兀感，同时防止水土流失，遂局部以山石处理呈土石山状，上植乔灌地被进行掩饰。二是万寿双环亭完工后，由于临近外墙处地形高差过大，导致亭身背后需砌 2m 多高的挡土墙，严重影响了整体的美感。于是决定拆掉直墙，请山匠到颐和园谐趣园后山学习，以自然山石叠砌处理（图 15），并在双环亭前，点缀山石与之呼应，形式随自然高差过渡，由此还额外收获了牡丹台，效果颇佳（图 16）。三是在园博馆收官阶段，孟先生觉得从四季厅看过去，轴线对面虽有山池，但没有结点。经过紧急讨论，先生钦点北海琼华岛后山“延南熏”亭复制于此，经一个半月完美呈现（图 17）。类似案例不胜枚举。

四、创新与遗憾

（一）用地与建设周期

由于客观的原因，建设用地选址面积不能改变，未来发展空间没有余地成为最大的遗憾。建设周期只有两年零九个月不能改变，更是催生了诸多不可确定性。策划初期如“雾里看花”，园博馆的建设挑战与机遇并存，成功与失败相伴。

（二）顺天时，应地利

园博会的开园迎宾日定在 2013 年 5 月 18 日，而“5.18”正好是世界博物馆日，这种巧合使园博馆成为极其罕有的、在博物馆日的“正日子”里诞生的一座博物馆。

灵感创作。园博馆建设过程中有很多偶发创作。例如，馆正入口方案原是植物绿篱方阵，总感觉不太理想。一日，看到建设用地打桩挖出首钢废弃的钢渣，突然灵光一现，可“以渣为石”，遂请来盆景山石大师、全国劳模周国梁现场创作“岁寒三友”作为迎宾入口，既切合主题，又做到了“化腐朽为神奇”，印证了生态文明建设硕果（图 18）。钢渣“盆景”反映“景到随机”在风景园林专业创作中的重要性，就地取材的“钢渣”具备了独创性、唯一性，且印证了用地环境翻天覆地的变化，小小一处景观体现了历史价值、生态价值、文化价值与景观价值。

（三）虽人做，宛天开

园博馆室内外环境仅 2.4hm^2，却栽植近 200 种植物，好似一处小植物园。以不同的应用场景展现，如皇家园林常见植物油松、白皮松、玉兰、西府海棠、楸树、木瓜、紫藤、牡丹、荷花等；北方寺庙园林中会种植的珍贵植物七叶树（菩提树）、白丁香等；南方私家园林常见植物罗汉松、广玉兰、榔榆、桂花、蜡梅、竹子等；山地园利用其地形地势，展示侧柏、栾树、元宝枫、白桦、黄栌等乡土树种，以及粗榧、山茱萸、文冠果、马褂木、菊花桃等特色园林植物。除此之外，馆中还移植有颐和园的宫廷古桂、潭柘寺的金镶玉、玉镶金以及戒台寺 300 年树龄的牡丹。它们或独立成景，或与环境相衬，构成一幅幅充满诗情画意的园林景观。

在室内外环境营建方面，无论是地形地貌、植物配置以及水体构建，都充分考虑到动物的生存繁衍需求。开馆之时园博馆引进白天鹅、大雁、灰鹤、鸳鸯、野鸭等包括鱼、鸟在内共几十种动物，并专门定制木海在主馆大厅展示传统金鱼。一年后，野鸭率先自行繁衍，各种野生鸟类包括雨燕纷纷前来探班。春花蜂至，辛勤耕耘；盛夏之交，蝶舞蜓飞；秋月当空，蛙鸣空谷；瑞雪飘落，鹰过长空。更有室内展园不让风雪，四季长春。鸳鸯戏水，鱼儿争食。

经过十年的经营完善，这片人工山水环境获得了生态系统的良性反馈，通过动植物群落的构建，展示了中国园林“天人合一”的理念。

（四）补疏漏，留遗憾

由于工期紧张，一对龙爪枣由于移植时间的问题没有成活，遂对其进行了烘干防腐处理，并通体上古铜色漆，配以皇宫树池分植在抄手廊两侧，陈列为一件奇妙的展品。

图18

图 18　主入口前钢渣石“岁寒三友”

宣石是古代造园重要用石，建设时本计划在造园技艺厅中展现，但施工方最后没有做到位，留下了空白。开馆两年后，在安徽宁国市，由山石师傅按照个园冬山用石现场挑选，并在“春水序厅”空间予以再现，受到了广泛好评。

园博馆建设完成之时馆内没有参观者专用停车场和室外儿童科普教育用地，经过与园博园沟通协调，将馆前公共空间一侧建设为儿童“秘密花园”，另一侧改造成为公共停车场。

策划之初想建设“鹿苑”，意为古代园林起源“囿”的表达。但最终由于用地的限制不得不放弃；四季厅室外庭院空间由于地下库房、车库满堂设计，导致不接地气，无法对植高大乔木，只能作罢；最为遗憾的就是原本希望室外空间能以流杯亭、知鱼桥再现曲水流觞、濠濮间想的哲学典故，但由于种种原因未能实现。如果这些构想能够实现，则可以更加生动地体现中国人“诗意栖居”的理想追求。

五、结语

中国园林博物馆是政府决策、专家领衔、行业支持、“中心”奉献、群策群力的结果。作为国内首座以中国园林为主题的国家级博物馆，对中国园林文化的传承、研究、发展、教育与传播的意义不言而喻。园博馆建成后，作为风景园林学科创始人之一的吴良镛先生，参观后写下了“江山形胜、咫尺园林，尽来眼底”，对园博馆给予高度评价；徐悲鸿的夫人廖静文先生来馆参观当下题写“集中华文明五千年文明于一体之作”。

园博馆将古代园林文化遗产活化、传承、传播，从未来发展的角度看，园博馆自身应逐渐沉淀为当代中国风景园林的“准文化遗产”，并继续拓展创新性的运营开放模式，维护良好的生态环境，不断与时俱进，推陈出新，传播、推广中国园林文化，为实现中华民族伟大复兴奉献中国园林的智慧与力量。

风景一词出现在晋代（公元265—420年），风景名胜源于古代的名山大川和邑郊游憩地及社会选景活动。历经千秋传承，形成中华文明典范。当代我国的风景名胜区体系已占有国土面积的2.02%（19.37万km^2），大都是最美的国家遗产。

华北地区湿地鸟类栖息地规划探索

——以雄安新区白洋淀中部鸟类栖息地项目为例

浙江省城乡规划设计研究院／邵 琴 季 缘 余 伟

摘要：规划运用生态学gap分析方法，研判现状生境与目标生境之差距，遵循“自然生态修复为主，适度人工正向干预为辅”的原则，修复和塑造鸟类栖息生境，展现“华北明珠”的淀泊风光与“鸟类天堂”的生态美景。本规划探讨了鸟类生境修复与白洋淀风貌保护之间的关系，为白洋淀生态修复工作探索路径，为湿地鸟类栖息地构建提供借鉴意义。

关键词：风景园林；雄安；湿地；鸟类栖息地

“建设雄安新区，一定要把白洋淀修复好、保护好”，为白洋淀生态环境治理和鸟类栖息地构建明确了方向。依据《河北雄安新区总体规划（2018—2035年）》《白洋淀生态环境治理和保护规划（2018—2035年）》（以下简称《白规》）的规划要求，白洋淀远景规划建设为白洋淀国家公园。开展白洋淀中部鸟类栖息地修复工作，是新区落实生态文明理念的最佳实践区域（图1），是全面落实上位规划中关于生境建设和生物多样性修复要求的重要举措，为白洋淀后续鸟类栖息地修复工作探索路径，为增强淀区生态功能，提高生物多样性，远景规划国家公园的目标实现打下坚实基础。

白洋淀流域地处太行山东麓、华北平原中部，是华北平原最大的淡水浅湖型湿地，鸟类资源丰富，是许多珍稀鸟类、淡水鱼类、水生植物等野生动植物的理想生境，其湿地系统在维系华北地区生态系统平衡、补充地下水源、清洁水体、过滤空气、调蓄洪水、保护生物多样性和珍稀物种资源等方面发挥着不可或缺的作用。白洋淀历史上出现过多次干淀和污染，经历了多次人工补水，伴随着淀中人类生产生活的干扰、生态环境破坏严重，湿地鸟类生境破碎化问题突出，雁鸭类、鸻鹬类等涉

图1

图1 白洋淀中部鸟类栖息地区位示意

禽数量明显减少，不断威胁区域鸟类迁徙和生境栖息，因此，修复和重塑白洋淀鸟类栖息生境具有重要历史意义，承担着重要的生态安全使命。

一、探索白洋淀鸟类生息之道

尊重白洋淀自然生态特征和人文历史内涵，在保护“淀中有淀、壕沟相连、荷塘苇海”典型景观风貌的基础上，规划遵循“道法自然”的生态理念，梳理白洋淀区域鸟类资源，探索重点招引的目标类群，明确核心目标物种，探究其生息之道。

（一）梳理白洋淀区域鸟类资源

白洋淀是全球重点鸟区之一，是东亚—澳大利亚的鸟类迁徙必经之路，也是京津冀地区重要的内陆湿地鸟类集中分布区。在中国大陆目前512个重点鸟区中，白洋淀属于CN315号重点鸟区。在中国鸟类7大生态地理动物种群中，白洋淀共占5个生态种群，有温带草原—森林草原—农田动物群，如大山雀、沼泽山雀、灰喜鹊、喜鹊、凤头百灵、山斑鸠等；温带草原动物群，如云雀、大鸨、灰鹤、蓑衣鹤等；温带荒漠—半荒漠动物群，如斑鸠；高地森林草原—草甸草原—寒漠动物群，如赤麻鸭；亚热带林灌—草地—农田动物群，如树麻雀、雁鸭类、鹤类、鹭类等。

白洋淀水陆兼备的地形地貌极其适宜鸟类繁衍。据调查，每当进入迁徙季节，从白洋淀经过的雁鸭类、鸻鹬类鸟类超过20000只。目前白洋淀鸟类约63种，隶属于12目29科51属，其中鸟类物种数量占雄安新区鸟类总物种数的62.4%，鸟类个体数量占各区域记录总个体数量的43.5%。常见种有麻雀、灰翅浮鸥、棕头鸦雀、家燕、黑翅长脚鹬、震旦鸦雀和大杜鹃7种；稀有种含白翅浮鸥、喜鹊、白头鸭、黑眉苇莺和池鹭等19种；其中苍鹭、斑嘴鸭、青头潜鸭为白洋淀中罕见鸟类。

（二）探索目标类群的生境需求

依据《白规》中提出的“根据觅食和栖息特点，引导恢复形成天鹅类、雁类、鹭类、鹤类、鹳类等鸟类生境区”，基于白洋淀湿地生态环境，规划以雁鸭类、鸥类、鹭类、鸻鹬类为目标类群，重点引导恢复形成雁鸭类、鸥类、鹭类和鸻鹬类等优势物种，营造适宜鹭类、鸥类的生存环境，扩大优势物种的数量规模（表1）。

据调查分析，4大目标类群所需要的高频生境有“开阔浅水、开阔深水、开阔草地、石滩泥滩、浅水滩涂、芦苇丛、高大树丛”等。

（三）探索核心物种的生息之道

规划确定“青头潜鸭、小天鹅”两大类珍稀鸟种为本次招引的核心物种。青头潜鸭，国家一级保护动物，2013年被世界自然保护联盟红色名录极危物种收录，全球仅存数百只。繁殖地主要位于俄罗斯和我国东北部，越冬于我国南方长江中下游

目标种群的生境需求 表1

目标类群	目标物种	食物需求	栖息季节	栖息生境
雁鸭类	小天鹅	以水生植物为主，及少量螺类、软体动物、水生昆虫和其他小型水生动物，农作物的种子、幼苗和粮食	旅鸟，3—5月、9—11月春、秋迁徙季。栖息地保护后可能出现繁殖行为	觅食生境：水生植物丰富的开阔水域浅水处或水岸草地、农田等； 休息生境：水岸开阔草地，离水岸较远的湖泊
	青头潜鸭	以水草为主，及软体动物、水生昆虫、甲壳类、蛙等动物性食物	旅鸟，3—4月、10—11月春、秋迁徙季。栖息地保护后可能出现繁殖行为	觅食生境：各类水生植物丰富的水域，可潜水觅食； 休息生境：离水岸较远的开阔明水面深水域
鸥类	普通燕鸥	以小鱼、虾、甲壳类、昆虫等小型动物为食	以小鱼、虾、甲壳类、昆虫等小型动物为食	觅食生境：开阔明水面，飞行扎入水中捕食； 休息生境：开阔水域，水岸石滩地或开阔草地； 繁殖生境：水岸平坦开阔的沙地或石滩地
鹭类	大白鹭	以小鱼、虾、蛙、昆虫等动物为食	夏候鸟，4—10月栖息于繁殖地，5—8月进行繁殖行为	觅食生境：水深30cm开阔水域浅水处或附近草地； 休息生境：水边浅水、水岸草地或灌丛、高大的乔木树上； 繁殖生境：高大的树上或芦苇丛中
	黄苇鳽	以小鱼、虾、蛙、水生昆虫等动物为食	夏候鸟，5—9月栖息于繁殖地，5—8月进行繁殖行为	觅食生境：水生植物丰富的水边浅水沼泽； 休息生境：小型水域隐蔽性较强的芦苇丛或蒲草丛中，有时也栖息于水边灌木丛、草丛中； 繁殖生境：浅水处芦苇丛或蒲草丛中，巢位于距离水面不高的芦苇秆或蒲草茎上
鸻鹬类	黑翅长脚鹬	以软体动物、甲壳类、虾、环节动物、昆虫、昆虫幼虫，以及小鱼和蝌蚪等动物性食物为食	旅鸟，3—5月、9—11月春、秋迁徙季；栖息地保护后可能出现繁殖行为	觅食生境：水深10cm开阔水域浅水滩涂或水岸泥地； 休息生境：开阔水岸裸滩，有部分植物隐蔽

现状生境情况表 **表 2**

序号	现状生境	面积（km^2）	占总面积百分比（%）
01	村庄	4.35	5.6
02	深水水域	42.43	54.4
03	鱼塘	10.33	13.2
04	芦苇台田（含有少量林地）	20.89	26.8
05	研究区总面积	78	100

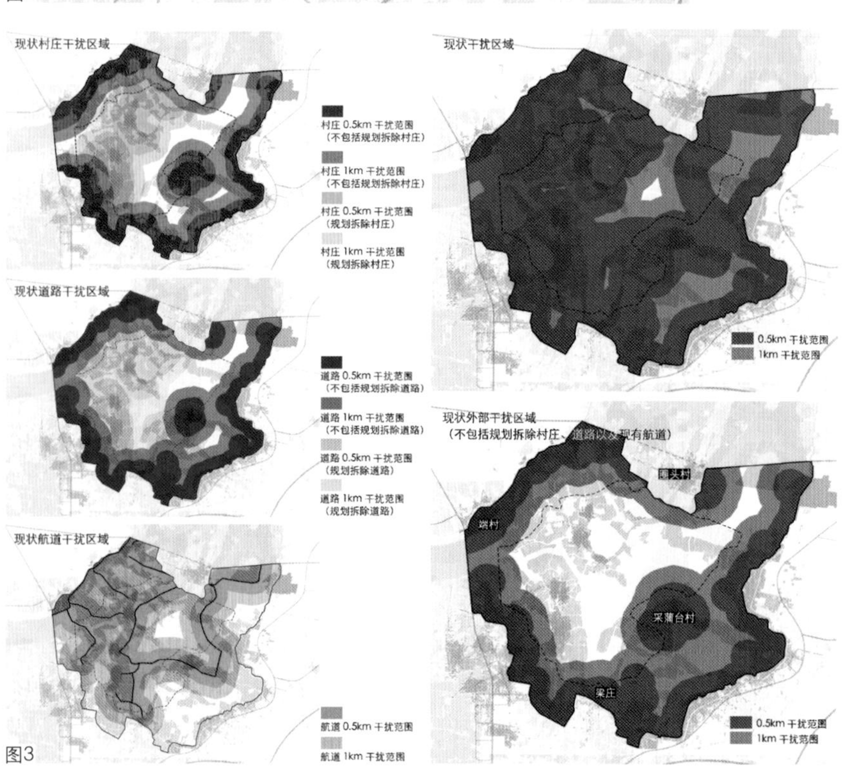

图 2　现状生境分布图
图 3　现状人为干扰因素

地区，其喜好在水生植物丰富的水域觅食，在开阔的明水面游泳，深水域潜水觅食。小天鹅与青头潜鸭同属于雁鸭类，主要分布于我国东北三省、内蒙古、新疆北部及华北一带，南方越冬，其生活习性与对生境的需求与青头潜鸭相似。2022 年 5 月，河北省林草局在白洋淀发现了 10 余只青头潜鸭的雌鸟与雏鸟，证实了世界极危物种青头潜鸭在白洋淀成功繁育，也证实了上位规划提出的“以青头潜鸭、小天鹅等标志性物种恢复和保护为主要目标”的科学性和合理性，更反映了当地生态文明建设成果，为下一步的湿地湖泊治理，有效恢复青头潜鸭繁衍栖息地提供科学依据。

二、评估现状鸟类栖息生境

（一）现状生境分布情况

范围内现状主要有村庄、开放水域、鱼塘、芦苇台田 4 种生境斑块（图 2、表 2）。人口密度大的村庄斑块对鸟类栖息与繁殖干扰较大，建议通过鸟进人退、清村变岛规划措施，优化构建适宜鸟类栖息的草地或林地斑块。现状深水水域被部分围堤围埝及鱼塘分割，造成水流阻隔，开阔度不足，规划建议清除部分围堤围埝，恢复水流，加强水底栖息生物交换与联动。现状芦苇台田分布广泛，与当地生产生活联系紧密，是白洋淀的典型风貌，后续须重点识别，有序分类梳理，在不破坏芦苇台田典型景观的基础上合理有序梳理鸟类生境。

（二）鸟类栖息地人为干扰因素

基地范围内的现状村庄、道路和航道等人类活动对鸟类觅食、繁衍、栖息等活动存在较大干扰，尤其是生态功能区范围内的村庄对白洋淀鸟类栖息生境的修复和营造存在较大影响（图 3）。河北近期出台《关于加强白洋淀鸟类栖息地管理的通知》，要求绝对控制区严禁任何人类干扰活动，禁止交通工具进入，不得建设任何生产生活设施；相对控制区严禁人船擅自进入，不得建设任何与鸟类保护无关的设施，最大限度限制人类活动。规划积极落实相关政策要求，梳理范围内的人类干扰因素，并提出针对性的修复优化措施。

三、目标类群的生境 gap 分析

运用生态学 gap 分析方法，判断 4 大类群的目标生境需求与现状生境之间的差距（表 3），分析判断生境适宜性。规划梳理现状高程，建议高

目标生境需求表 表 3

生境类型	深水面	30~100cm 浅水面		0~30cm 浅滩区——水域水岸						陆地	
	明水面	明水面	水生 / 湿生植物	明水面	泥滩	沙石滩	矮草草滩	高草沼泽	乔灌草	草地	林地
雁鸭类	充足	缺乏	缺乏	缺乏	—	缺失	缺失	充足	缺乏	缺乏	—
鸥类	充足	缺乏	缺乏	缺乏	缺失	缺失	缺失	充足	缺乏	—	—
鹭类	—	—	—	缺乏	缺失	—	缺失	充足	缺乏	—	缺乏
鸻鹬类	—	—	—	缺乏	缺失	缺失	缺失	充足	—	—	—

程 5m 以下的场地适宜作为开阔淀泊生境和鱼塘生境；高程 5.5～7m 的场地适宜作为浅水、浅滩、沼泽、芦苇台田等湿地生境；高程 7m 以上的场地适宜作为林地、草地、石滩等陆地生境（图 4）。

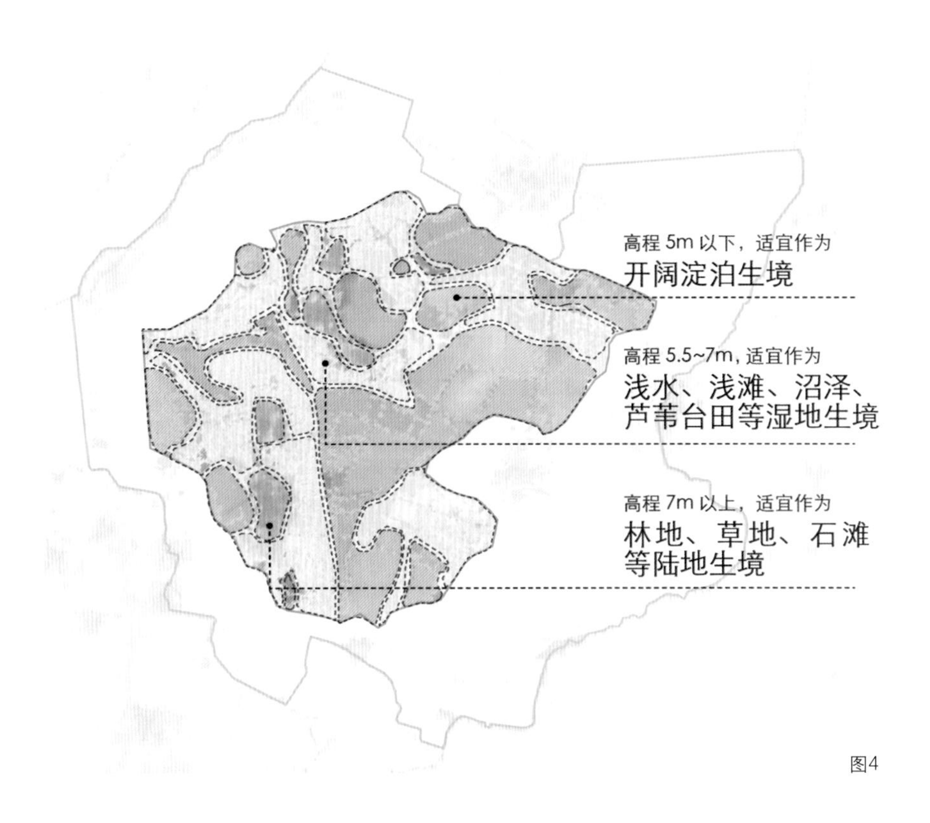

图 4　生境适宜性分析图

四、人类正向干预的规划策略应用

总体规划层面，在保护白洋淀典型风貌的基础上，通过地形水系重构、迁村变岛、基质更换、鸟进人退、斑块优化、植物群落重组等正向干预方式，处理好人与自然的和谐共生关系，实现鸟淀共荣。

（一）地形水系重构与完善

采用低干预的手段，打通鱼塘，构建生态小岛及堤链，加强水系联通，同时加强水岸及水深的设计，拆除并打通部分侵占深水淀泊的围堤围埝，扩大水域面积，恢复淀泊完整水面。

（二）生态基质构建与更换

在上位规划及政策文件的基础上，通过清村变岛的措施，合理有序去除现有建筑物等人工设施，进行地形地貌改造和植被恢复，构建鸟岛，并优化鸟岛植被群落结构，营建片林，种植乡土树种，构建群落层次丰富的鸟类栖息地。规划优化村边部分现状台田，引导较破碎的台田斑块构建离散鸟岛，丰富生境空间和类型。

（三）生境斑块营造与优化

通过现状生境保留及微地形改造，优化水岸湿地生境，如芦苇台田、浅水沼泽、石滩泥滩等，为雁鸭类、鸥类、鹭类提供觅食场所。

（四）植物群落丰富与完善

营造碎石滩及草地，形成以裸地、碎石滩和自然草地为主体的岛屿，为鸥类、鸻鹬类等鸟类提供栖息地、觅食地和繁殖地。构建疏林草地群落，保留岛上乔木并补植高大乔木，环岛进行水岸修复，形成以乔木林为主体的岛屿植物群落，以鹭类为优势类群构建疏林草地生境，同时为秧鸡类等提供栖息、觅食、繁殖场所。

五、鸟类栖息地的规划探索

（一）严格分级管控

整体层面统筹人淀关系，按《自然资源部　国家林业和草原局关于做好自然保护区范围及功能分区优化调整前期有关工作的函》《河北省生态环境厅、河北省林业和草原局、河北省农业农村厅关于加强白洋淀鸟类栖息地管理的通知》的保护要求，划定核心保护区和一般控制区两级管控（图 5）。核心保护区内除满足国家特殊战略需要的活动外，严禁任何人类干扰活动，必要时可进行管理活动、科学研究、防灾减灾，以及维持主要保护鸟类生存环境时开展的生态修复工程、物

图 5　分级管控图
图 6　功能分区图
图 7　正向干预示意图

图5

种重引入、增殖放流、病害动植物清理等人工干预措施。一般控制区内最大限度限制人类活动，可适度开展自然教育、观光旅游及经济生产等，以促进淀边乡镇发展。

（二）科学分区规划

在两级管控的基础上，结合发展实际，落实五区差异化发展。规划白洋淀风貌保护与协调区、鸟类多样性保护区、游憩服务及观鸟科普区、淀泊农业体验区和湿地荷塘游赏区（图 6）。鸟类多样性保护区聚焦鸟类栖息地营造，通过迁村变岛、修复底泥、疏浚水系、优化植被等措施修复鸟类栖息环境。白洋淀风貌保护与协调区整体以自然修复为主，在保留白洋淀独特的淀泊和芦苇台田基础上，适度清除部分围堤、围埝，加强水系连通。游憩服务及观鸟科普区根据实际情况保留部分芦苇台田景观，优化打通现有鱼塘，合理设置游客服务中心、观鸟路径，适度开展游览和自然教育。淀泊农业体验区充分保留原有农田和芦苇台田景观，适度开展农业体验、观鸟、休闲游憩等人类活动。湿地荷塘游赏区保留部分荷塘和芦苇台田景观，进行观鸟、生态科普、赏荷、游船、休闲游憩等活动。五大功能区从功能角度落实了分级管控的要求（图 7、图 8）。

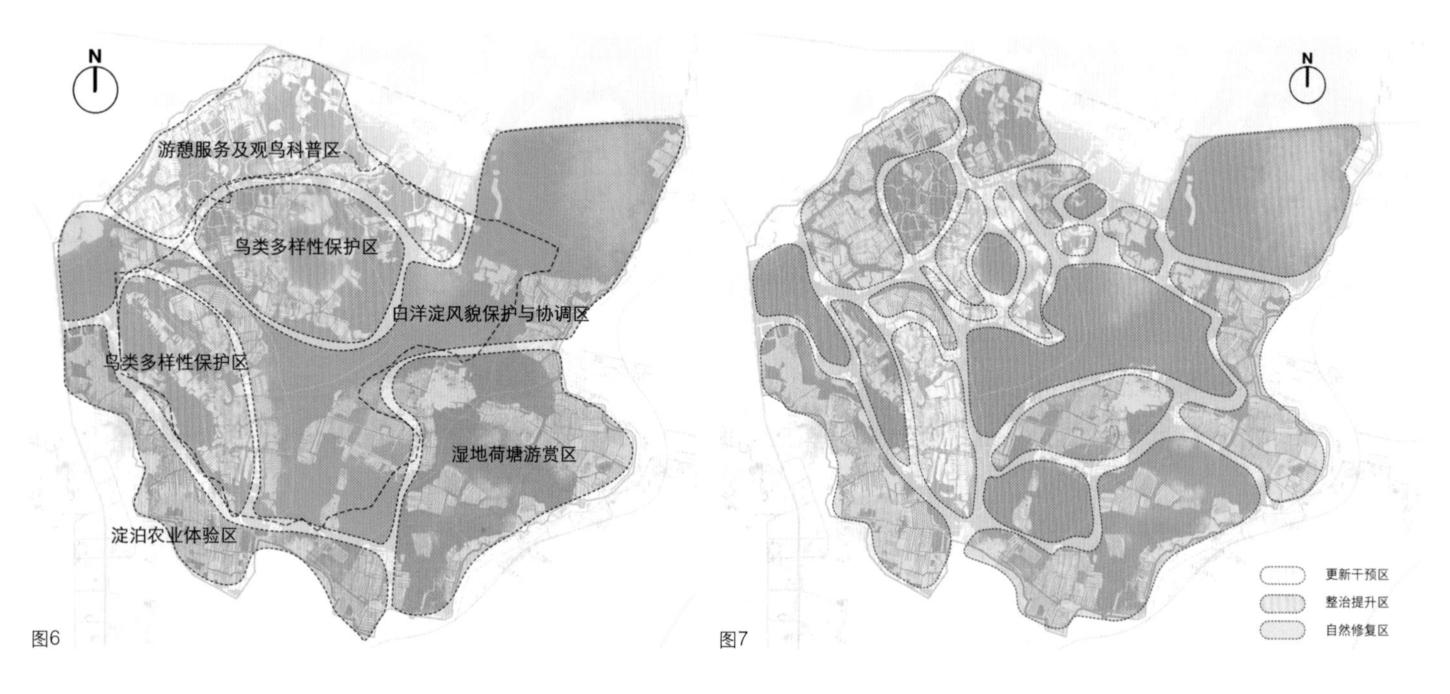

图6

图7

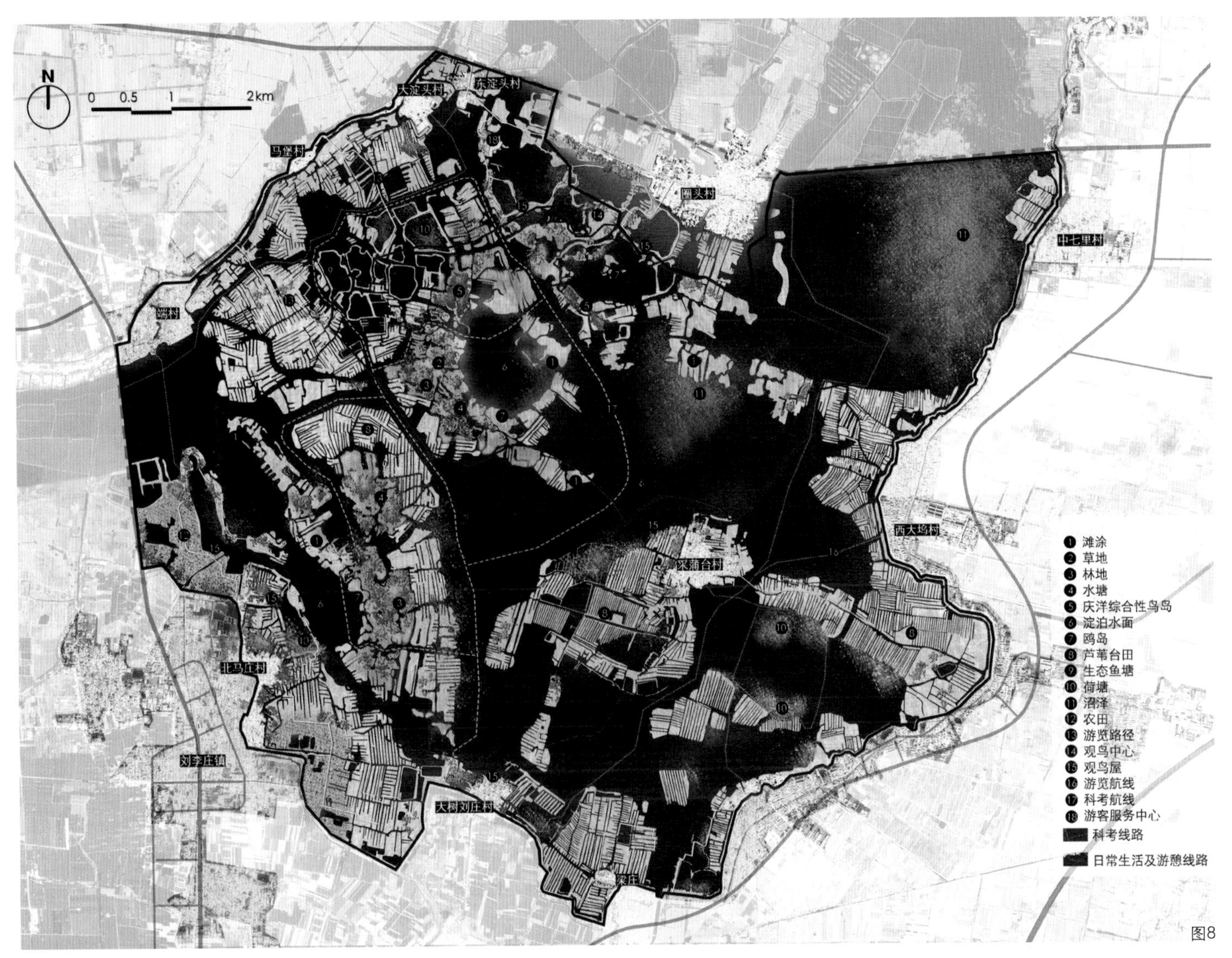

图8

图9

图10

（三）合理生境分类

规划结合现状生境特点及鸟类栖息生境需求，展现白洋淀多样的生境空间，如深水淀泊、芦苇台田（图 9）、滩涂岛屿（图 10）、林地草地（图 11）、湿地荷塘、湿地鱼塘、浅水沼泽（图 12）、农田等类型。其中深水淀泊、芦苇台田、湿地荷塘、湿地鱼塘是白洋淀现有生境类型，采取的主要措施以人类适度修复为主。滩涂岛屿、林地草地、浅水沼泽是为了丰富生境结构以及满足鸟类栖息需求，后期需重点营建和修复。

六、结语

白洋淀中部鸟类栖息地的修复和营建，是目前华北区域内陆湿地在鸟类保护及生物多样性保护方面的一次尝试。规划运用生态学 gap 分析方法，研判现状生境与目标生境之差距，明确规划措施与

图 8　规划总平面图
图 9　芦苇台田生境
图 10　滩涂岛屿生境

图 11　林地草地生境
图 12　浅水沼泽生境

图11

图12

方法。以"道法自然、自然而然"的规划理念，遵循"自然生态修复为主，适度人工正向干预为辅"的原则，构建白洋淀"鱼跃鸢飞"的鸟类胜景；围绕水生植被和鱼类生物多样性恢复、底栖生物和鸟类恢复等内容，通过清村变岛、退耕还淀、治污清淤、生态补水、拆除围埝等系列措施提升白洋淀水质及生态功能，确保白洋淀生态治理和鸟类恢复保护工作，从而打造鸟类"天堂"和湿地生态文明典范。

本文探讨了鸟类生境修复与白洋淀风貌保护之间的关系，为后续白洋淀生态修复工作起到示范引领作用，也为鸟类栖息地构建及白洋淀湿地风貌的保护与发展提供实践借鉴。

项目组情况
单位名称：浙江省城乡规划设计研究院
　　　　　河北大学
　　　　　雄安城市规划设计研究院有限公司
项目负责人：余　伟　邵　琴
项目参加人：陈桂秋　赵　鹏　余　伟　邵　琴
　　　　　　季　缘　王伟嘉　余启迪　侯建华
　　　　　　郭小军　邵诗文

生态价值转化探索

——以四川峨边黑竹沟风景名胜区总体规划为例

中国城市规划设计研究院／王　全　蔺宇晴

摘要： 风景名胜区作为壮美国土的典型代表、自然与人文资源富集地区，是践行生态文明思想、探索生态价值转化的重要实践地。本文以黑竹沟风景名胜区总体规划为例，总结风景区在夯实生态价值转化基础、探索生态价值"分层梯度转化"模式、以生态价值转化助力民族地区乡村振兴等方面的探索实践，以期为我国风景名胜区以及其他相类似地区提供经验借鉴。

关键词： 风景园林；风景名胜区；总体规划；生态价值

一、风景名胜区是新时代探索生态价值转化的典型示范区

中国风景名胜区作为壮美国土的典型代表，具有厚重而独特的生态与文化价值。党的二十大强调中国式现代化是人与自然和谐共生的现代化，必须牢固树立和践行"绿水青山就是金山银山"的理念，站在人与自然和谐共生的高度谋划发展。生态价值转化作为践行"两山"理论的生动实践，其过程就是将清新的空气、洁净的水体、安全的土壤、良好的生态、美丽的自然等生态产品所蕴含的内在价值转化为经济效益、社会效益和生态效益的过程。风景名胜区作为中国特有的保护地类型，自然景观与人文景观汇集，生态价值、科学价值、美学价值和社会价值兼具，生态产品荟萃，已成为新发展阶段践行"两山"理论的生动实践地、以绿色引领高质量发展的绝佳试验田、探索生态价值转化的典型示范区。

二、黑竹沟风景名胜区资源禀赋特征

黑竹沟风景名胜区地处四川盆地西南部，乐山市峨边彝族自治县境内（图1），景域辽阔、总面积575km^2，地貌景观丰富多样，山脉纵横、峡谷蜿蜒，自然景观与人文景观荟萃，是以彝族文化为内涵，以原始森林、神奇地磁、天景天象、高山草甸和杜鹃花海等为突出景观特征，具有生态保护、观光度假、运动休闲、文化体验、环境教育和科考科研等功能的省级风景名胜区，资源禀赋呈现山上自然资源遍布、山下彝族文化资源富集的分布格局和"奇、野、纯、真"的突出特点，具备国家级风景名胜区价值品质，为生态价值转化夯实基础。

（一）奇

一是奇珍的生态系统。黑竹沟所在区域位于

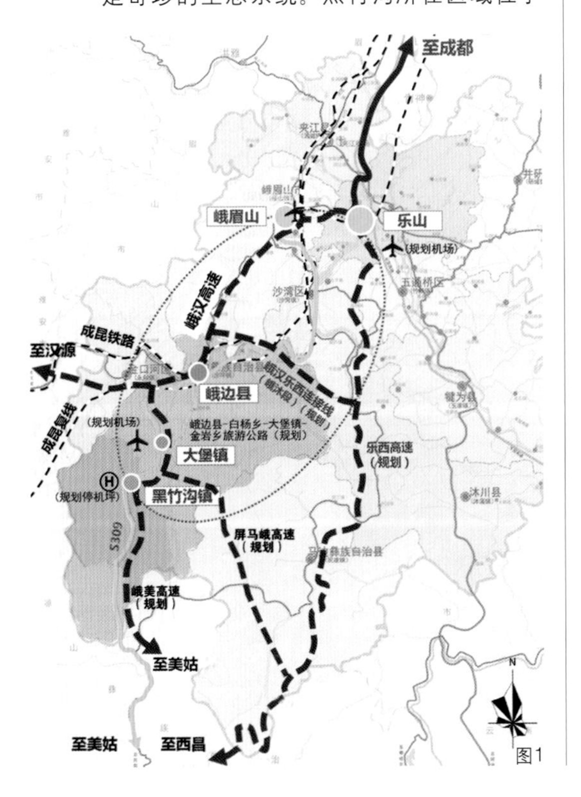

图 1　黑竹沟风景名胜区区位关系示意图

图2　主要珍稀濒危兽类分布格局
图3　黑竹沟原始森林
图4　石门关川字瀑布

中国35个生物多样性保护优先区之一的横断山南段地区，在第四纪冰期中未发生大面积冰川覆盖，使得许多古老的生物种群被保存下来，是目前国内保存最完整、原始的生态群落之一。现有动植物5000余种，种子植物3000种以上，药用植物1500余种，其中国家珍稀濒危植物物种约30种，更是我国野生大熊猫种群、珙桐种群最多的区域（图2）。二是奇特的景观。黑竹沟复杂的地势和多变的气候，使得风景名胜区内形成奇幻的天景天象、神奇的阴阳界、绚丽的日照金山、壮阔的古冰川遗迹、千变万化的峰林石丛、罕见的漏斗群以及神秘的石门关等多种奇特的景观。三是神奇的地磁。黑竹沟素有"中国百慕大"之称，石门关—荣宏得—罗索伊达沿线分布有一条长约60km的地磁异常带，区域内磁场变化剧烈，正异常值达400nT，负异常值达−300nT，多块异常区域交错形成神奇的地磁异象，与远古玛雅文明、"百慕大三角区"、巴比伦"空中花园"等自然及文明之谜共同构成世界神秘的北纬30°线。

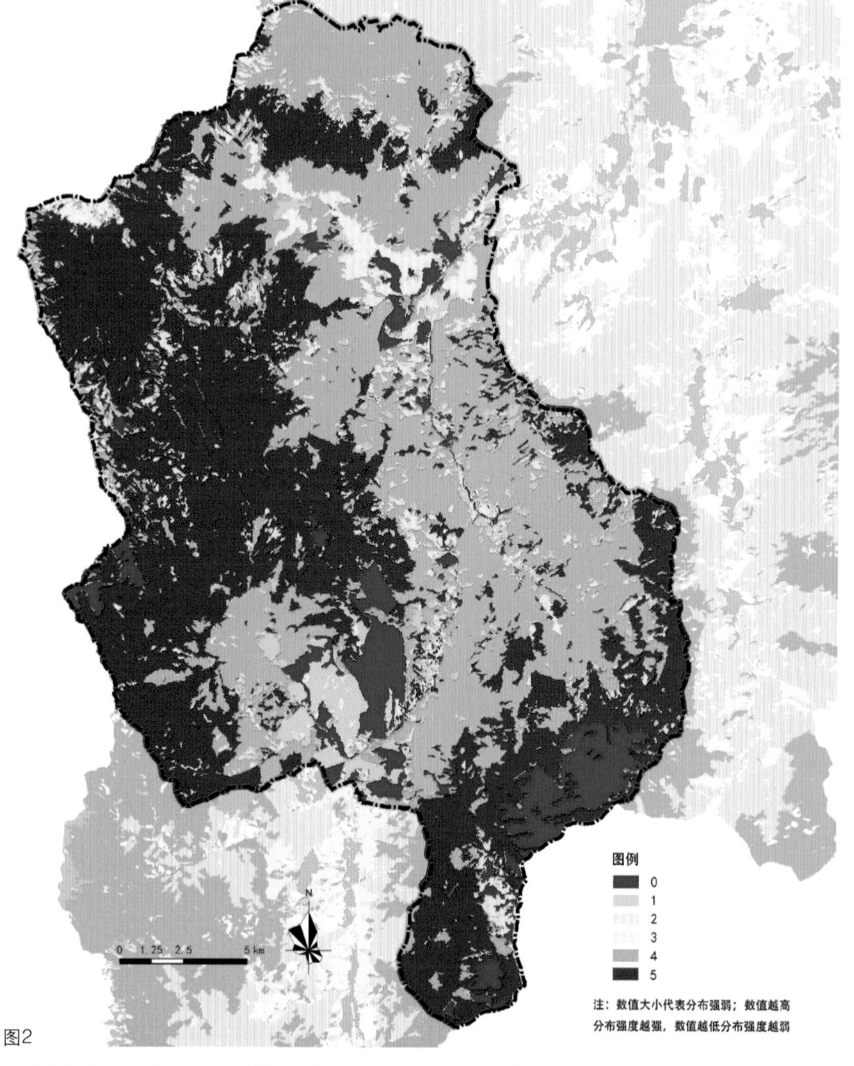

图2

图3

（二）野

黑竹沟风景名胜区海拔跨度大，植被分布的垂直带谱明显，拥有完整的植被垂直分布带、大片的原始森林（图3），森林覆盖率84.2%，原始森林占林分面积的81%。黑竹沟风景名胜区为野生动植物提供了古冰川遗迹、喀斯特峰丛、高山草甸、高山漏斗、高山海子等原始、荒野的生长环境，在第四纪冰期中也未发生大面积冰川覆盖，使得许多古老的生物种群被保存下来，在这片生命的乐土上繁衍生息。无边的原始森林、荒野的环境景观、珍贵的野生动植物，使得黑竹沟更添一份野性之美。

（三）纯

黑竹沟风景名胜区拥有纯净的空气。作为《中国绿色时报》评选的四川唯一的"中国森林氧吧"，负氧离子平均浓度达3500个/cm^3，森林地区达10000个/cm^{3}以上，溪水边达14000个/cm^3，峰巢岩附近达19000个/cm^3。黑竹沟风景名胜区拥有纯净的水源。分布有大渡河、三岔河、官料河、巴溪沟等数十条大小河流，水量充沛，水质达国家一级标准（图4）。黑竹沟风景名胜区拥有纯天然的生态产品。生长有三月笋、马铃薯、重楼、黄连、白术、白芨、黄精、天麻、牛膝、杜仲、泡参、天冬、独活、黄精、首乌等多种无污染、纯天然的特色农产品和野生中药材，通过品牌塑造可以有效带动乡村振兴和可持续发展。

图4

（四）真

黑竹沟地处小凉山地带，是彝族世代居住区，古代彝汉交流、商贸往来的前沿，川滇彝族风情风光带的北部起点和彝族文化窗口，彝族美神“甘嫫阿妞”的故乡。由于未受外界过多干扰，历经千年的嬗变，至今仍分布有 23 个彝族村落，10000 余名彝族村民生活其中，独特的建筑、文学、礼仪、饮食、起居、婚葬、服饰、待客和庆典礼仪等传承至今，结合原生的自然环境，展现出一种纯真和朴实之美（图 5）。

三、创新生态价值转化思路

本规划将“绿水青山就是金山银山”理念贯穿黑竹沟建设发展全过程，依托黑竹沟“奇、野、纯、真”的特色资源和生态系统垂直分布的资源布局，准确分析评价生态资源价值，明确黑竹沟的目标定位，确定总体布局与结构，针对性提出规划举措。通过生态保护修复夯实生态价值转化基础，彰显生态产品价值；通过旅游产品体系构建、分类分层管控旅游活动，推动生态价值“分层梯度转化”模式；通过农商文旅体融合发展促进生态产品、历史人文、居民社会发展形成良好互动，助力民族地区乡村振兴，推动生态文明与经济社会发展相得益彰。

四、生态价值转化路径探索

（一）高标准保护生态系统，夯实生态价值转化基础

黑竹沟风景名胜区包含丰富多彩的自然与人文景源类型，生态产品众多且价值突出，为生态价值转化奠定了坚实的基础。本规划按照世界遗产的完整性、真实性要求，将挖黑罗豁 19.4km^2 草甸调入风景名胜区，划定为一级保护区，以保护高山草甸生态系统的完整性、保持动物迁徙廊道的连续性。将黑竹沟自然保护区的核心区和缓冲区划定为一级保护区，珍稀动植物的其他分布区域划为二级保护区，实行严格保护，保证马鞍山两侧生态系统的完整性（图 6）。通过动物资源调查明确大熊猫、豹、林麝、羚牛、黑熊、小熊猫、四川山鹧鸪、白鹇、白腹锦鸡等珍稀动物的活动范围，划定生境范围，严格保护大熊猫栖息地与熊猫通道，提出针对性保护规定，禁止采伐、放牧、采笋等人类干扰活动，并进行定期监测管理。

图5

图 5　美丽的彝族服饰

（二）依托生态系统垂直分布特征，探索生态价值“分层梯度转化”模式

黑竹沟风景名胜区地处横断山脉的东侧、四川盆地与青藏高原和云贵高原之间的过渡地带，中部南北向海拔 500～600m，中部涡罗挖曲海拔 3510m，西部主峰特克马鞍山海拔 4165m；东南部挖黑罗豁海拔 3909m，地势向东西两翼抬升，呈中部低两翼高、两山夹一谷的地貌。黑竹沟风景名胜区内资源分布与海拔高度相适应，呈现“原始森林—自然景观—人类村落”的垂直分布特征。植被分布亦有明显的垂直地带性，海拔 1500m 以下主要为低山常绿阔叶林，海拔 1500～2000m 主要为中山常绿阔叶林，海拔 2000～2400m 主要为常绿、落叶阔叶混交林，海拔 2400～2800m 主要为落叶阔叶林或针阔混交林，海拔 2800～3500m 主要为亚高山针叶林，海拔 3500m 以上为亚高山灌丛或亚高山草甸。

通过依海拔高度对人类活动和游览组织进行分层管控，分层明确游览设施设置要求和游览管理规定，探索生态价值“分层梯度转化”模式。以面积占比为 48.8% 的低海拔地区为主划定游览景区，明确高海拔景区仅开展科学考察和低强度的探秘探险活动，避免过多的人类活动对生态资源的干扰，引导中海拔景区开展中等强度的观光和户外运动，将康养度假、亲子研学等高强度的休闲度假、游览接待等活动设置在低海拔景区开展，并配套设置住宿接待、交通转换等设施（图 7）。

（三）科学构建旅游产品体系，推动生态价值向经济价值转化

基于黑竹沟风景名胜区“奇、野、纯、真”的资源特色，构建以高品质小众旅游引领特色旅游和

图 6 黑竹沟风景名胜区分级保护规划

图 7 旅游活动分层管控示意

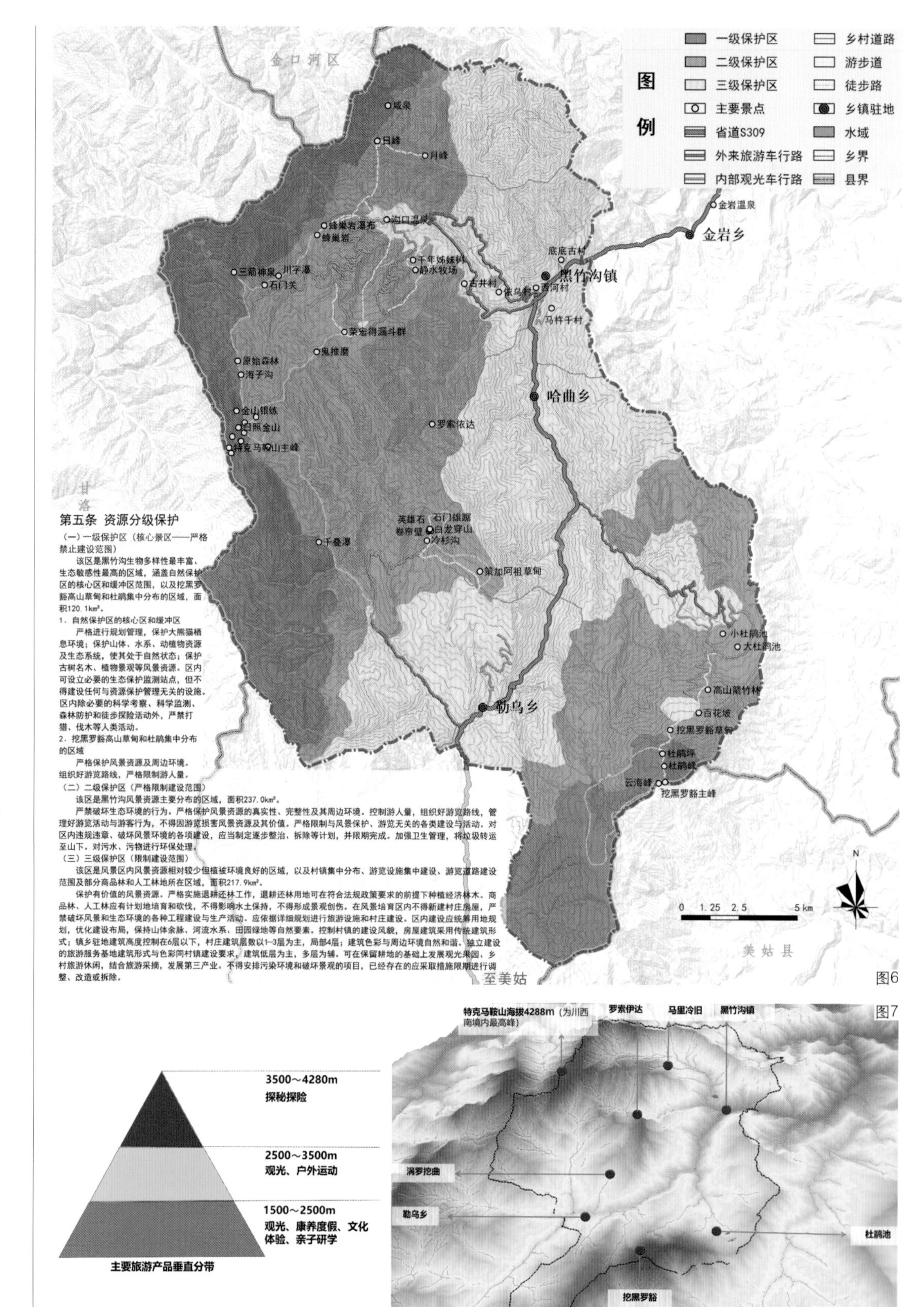

大众旅游发展的新模式，形成“1个核心、5个支撑”的六大主题旅游板块（图8），探索政府主导、企业参与、市场化运作、可持续的生态价值转化路径，推动生态价值向旅游价值、经济价值转化。

一是做特探秘探险旅游，塑造黑竹沟“神秘”品牌；以神秘的地磁异象和彝族文化为底，提炼神秘元素，塑造神秘谷景区，打造可观赏、可感知、可游览的神秘景观。

二是做大精品观光旅游，增加大众游客；依托马里冷旧、荣宏得、杜鹃池、挖黑罗豁以及涡罗挖曲景区的风景资源，开展观光游览、运动休闲、登山览胜等游览活动，扩大游览范围，丰富游览内容。

三是做强彝族文化旅游，凸显小凉山彝族文化；打造底底古村、古井村、依乌村、西河村、马杵千村组成的“五朵金花”特色彝族村寨，形成精品乡村游线，塑造彝族文化展示区与乡村生活体验区，实现“一村一景、一村一特色、一村一品牌”的发展愿景。

四是做精康养度假旅游，突出地磁康养和森林康养特色；配置地磁温泉康养中心、会议度假中心、地球仓移动酒店、古井二组彝族古镇等旅游接待设施，打造沟口地磁康养度假基地。配置森林康养中心、森林氧吧、演艺中心、运动休闲、风景游览等旅游设施及游览活动，打造杜鹃池森林康养度假基地（图9）。

五是做好户外运动旅游，突出山地运动特色；发挥黑竹沟原始、野性的资源优势，举办户外徒步、山地越野、森林穿越、低空飞行等国际级户外运动类赛事，吸引国际高端群体，打造黑竹沟精品运动品牌，提高黑竹沟世界知名度。

六是做优亲子研学旅游，突出生态教育特色。置身于马里冷旧的高山草甸、珍稀植物、生态湿地之中，策划“阿依蒙格”夏令营，进行儿童拓展训练、生态科普教育、户外体验等活动，形成以乐山市为服务核心、辐射全省的亲子研学基地。

（四）以生态价值转化助力民族地区乡村振兴

黑竹沟风景名胜区内分布有23个行政村，2016年末黑竹沟风景名胜区内户籍人口数为10226，经济发展相对落后。规划以建设乡村振兴示范地为目标，将生态产品、旅游产业、特色农业、彝族文化相结合，造“农商文旅融合”的业态体系。加强乡土风貌塑造，增强彝族文化和乡村风俗体验，发展精品民宿，完善乡村基础设施建设，改善乡村人居环境，塑造黑竹沟马铃薯、重楼、黄连、白术、白芨、黄精、天麻、牛膝、杜仲、首乌等特色生态产品品牌，提升乡村地区生态价值，以特色化的生态价值转化路径引领民族地区乡村振兴和可持续发展。

五、结语

黑竹沟风景名胜区总体规划始终坚持“绿水青山就是金山银山”理念，夯实生态价值转化基础，彰显生态产品价值，构建黑竹沟绿水青山“分层梯度转化”模式，以生态价值转化引领可持续发展和乡村振兴，目前已取得积极进展（图10）。在新发展阶段，风景名胜区的价值还有广阔的转化空间，牵引着我们进一步深入研究风景名胜区的价值转化路径，尤其是风景名胜区所处经济社会环境不同、发展阶段不同、资源特色不同，所采取的价值转化路径也应各有千秋，这是我们今后研究的方向。

项目组情况

单位名称：中国城市规划设计研究院

项目负责人：邓武功　王　全

项目参加人：蔺宇晴　王忠杰　束晨阳　朱　江　邓　妍　于　涵　梁　庄　王宝明

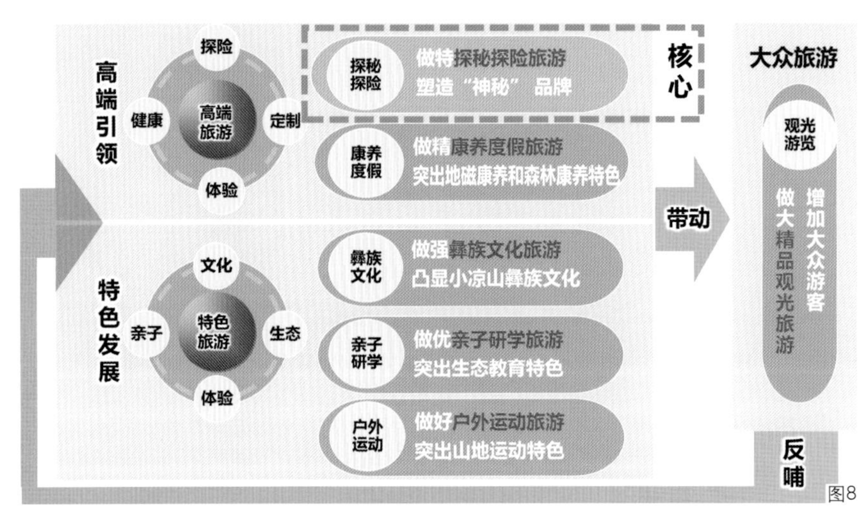

图8

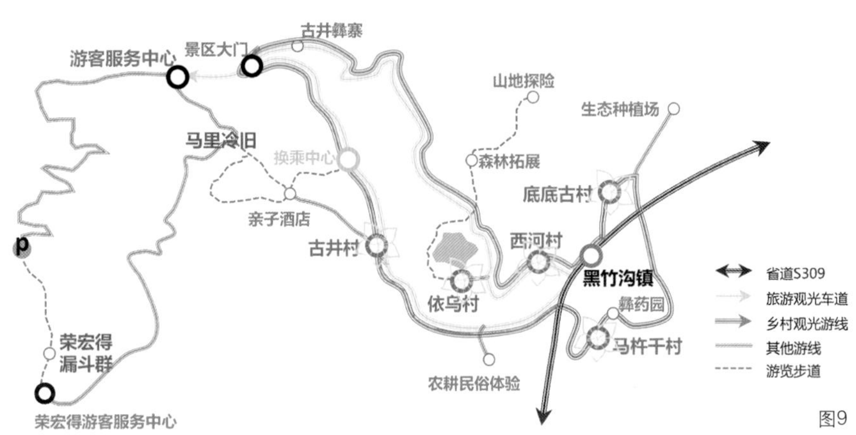

图9

图10

图8　黑竹沟风景名胜区旅游产品体系

图9　“五朵金花”特色彝族村寨游览线

图10　特色彝族风情寨

江西高岭—瑶里风景名胜区详细规划研究

——以核心区为例

上海现代建筑装饰环境设计研究院有限公司 / 胡而思

摘要：深入分析本次规划区内的地形地貌特征、风景资源特色及用地适建性情况，进一步拓展游览空间、丰富游赏内容、突出游览特色、增强服务区的吸引力；将核心区分为“一带三区”，在此基础上进行分级分类保护，合理配建各项旅游服务设施，拓展游览空间及内容，将规划区建成设施完备、内涵丰富、环境优美的旅游服务基地。

关键词：风景园林；高岭；瑶里；风景名胜区；详细规划

景德镇有着悠久的制瓷历史、完备的陶瓷产业体系、广泛的国际影响，是一座因瓷而生、因瓷而兴、因瓷而名的城市。高岭—瑶里是景德镇陶瓷制造的发源地，位于江西省景德镇市浮梁县东北部，处赣皖两省祁浮婺休四县交汇处，区域内遗址众多，文化丰富，环境优美，拥有非常深厚、完整的陶瓷历史文化资源。2005 年，瑶里风景名胜区被国务院批准为国家级风景名胜区；2017 年《高岭—瑶里风景名胜区总体规划（2017—2030）》发布，将高岭—瑶里风景名胜区性质定义为以瓷茶文化、明清街坊、群瀑幽谷、森林生态为特色，以景观保护、瓷茶文化溯源、山水生态体验、避暑休闲度假为主要功能的国家级风景名胜区。风景名胜区规划包括 5 大景区、65 处景点、13 个游赏景群，设旅游服务基地 3 处、服务中心 2 处、服务点 5 处、服务站 12 处，对游览设施规模及建设量提出控制要求。

为了实施总体规划，科学有效地落实综合服务区保护管控要求，引导各项配套设施有序建设，特制定核心区详细规划，规划区位风景名胜区中的核心部分，以瑶里景区为主体，以瑶里新镇和古镇为中心，西至南泊村，东至内瑶村，南北至风景名胜区边界，规划区范围内主要用地在三级保护区范围内，少量建设用地在二级保护区范围，极少量景点类项目在一级保护区范围内。按照上位规划要求进行保护，有序控制各项建设与设施，并与风景环境相协调（图 1）。

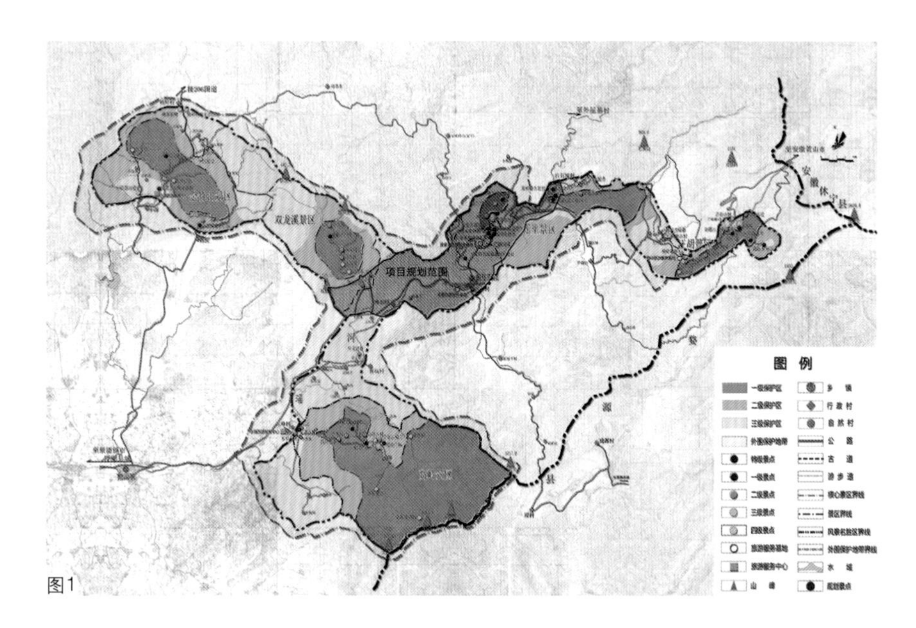

图 1　风景区与规划区关系图

一、核心区发展条件及现状问题

（一）核心区风景资源特征

规划区风景资源主要沿瑶河聚集分布，数量丰富，类型较多，陶瓷文化资源独特，聚落文化和生态资源也有较高景观价值。具体可概括为：陶瓷之源、工商之镇、名茶荟萃、极佳山水（表 1、图 2）。

（二）土地利用现状问题

规划区现状以村镇建设用地、园地、林地、耕地和少量游览设施用地为主。区内为丘陵山地地貌，以山地为主，高差起伏大，群山间的山谷通廊比较低平，由西南向东北呈缓慢上升状态（图 3）。

1. 居民社会用地快速增长，人地矛盾突出

规划内有 2 个村委会、1 个居委会、11 个村民小组，总规统计的现状人口（2016 年）规划区内为 2978 人，村庄建设用地 55.57hm²；据现场调查，2021 年规划区内居民总人口为 4080 人，村庄建设用地 56.32hm²，规划区内村镇人口快速增长，人地矛盾十分突出。

2. 游览设施用地可实施性缺乏，用地发展无序

规划区现状游览设施用地 10.61hm²，主要集中在瑶里古镇假日酒店、卧龙潭宾馆和古镇商业街，古镇现状建筑密度较高，有些古建筑年久失修，亟待加强维护管理。有些建筑因风貌管控不力，体量过大，天际线被破坏严重，与村落环境不协调，需及时予以控制和加强管理。人口亟待疏解，用地亟待整合；瑶里新镇、三墩村、南泊村现状缺少游览设施用地，闲置用地分散，发展无序。

3. 交通设施用地不完善，停车设施配置不合理

景瑶公路（S205 省道）是贯穿瑶里东西的交通主干道，也是瑶里连接景德镇、浮梁的主要旅游公路，可直接抵达安徽黄山，路况达到国家三级公路标准。区内次级道路为通往各村镇或景点的内部道路，其余多为乡村小路。规划区现状停车场主要位于瑶里古镇假日酒店，停车设施缺乏。

（三）发展条件分析

1. 有利条件

规划区内自然资源丰富，山清水秀，风景优美，气候宜人，具有良好的自然生态环境基底；风景名胜区历史悠久，人文资源丰厚，具有独特的瓷茶文化资源；古村镇、历史建筑保存较为完整，具有丰富的景点资源；瑶里周边分布有三大世界文化遗产（黄山、庐山、西递和宏村）及众多 5A 级旅游景点，既有自然风景类景观，也有历史人文类景点，这些资源对瑶里来说既是强力竞争者，也是可以联动发展的优势资源。

2. 制约因素

总规确定的旅游服务设施落地性不足，严重阻碍了服务区发展。建筑侵占河道、瑶河洪涝灾害现象严重，存在安全隐患。村镇和项目建设呈现无序态势，急需规划管控和引导。旅游产品传统单一，缺乏创新和多层次吸引力，高端旅游度假产品严重匮乏。部分具有价值的景点和资源尚未得到有效利用和开发，未能与周边著名的旅游景区联动起来，借势发展。

景点评价等级表　　表 1

级别	自然景点	人文景点
特级景点（1 个）	—	绕南陶瓷文化园
一级景点 (7 个）	瑶里古瓷土矿	瑶里古民窑群、瑶里古建筑群、明清商业街、王家坞古琉璃瓦官窑址、红军游击队瑶里革命活动旧址、栗树滩古瓷窑址
二级景点 (4 个）	瑶河、双龙溪	徽居门户、内瑶舒家窑址
三级景点（0 个）	—	—
四级景点（1 个）	—	宏仁寺遗址
小计	3	10

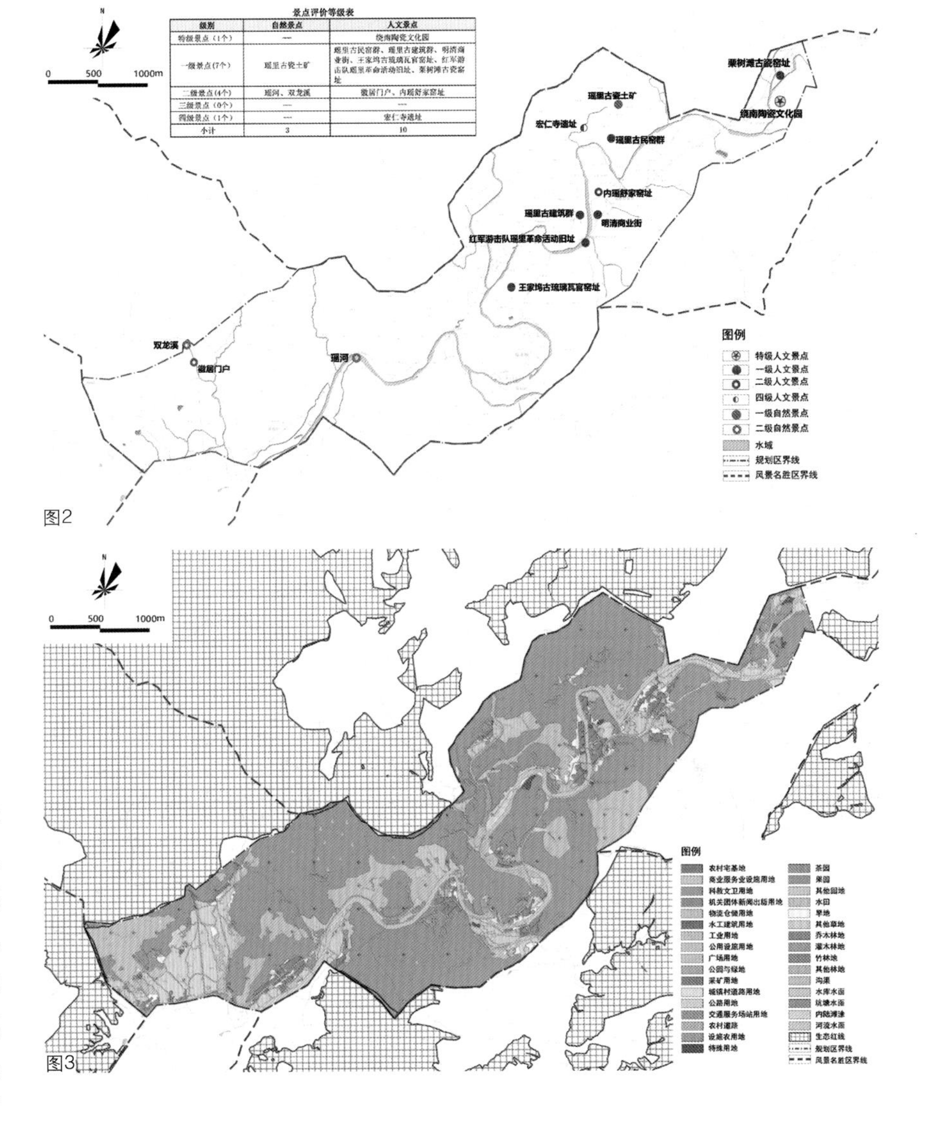

二、核心区旅游发展规划

（一）规划思路

2021 年 2 月，江西省文化和旅游厅发布《关于公告江西省级全域旅游示范区名单的通知》，浮梁县获评为省级全域旅游示范区。省级全域旅游示范区的成功创建，标志着浮梁县由“景点旅游”向“全域旅游”的转变，浮梁县旅游业步入发展快车道，旅游业已经成为全县的支柱产业和主导产业。

规划从旅游资源的禀存状况出发，在区域大背

图 2　资源评价图
图 3　土地利用现状图

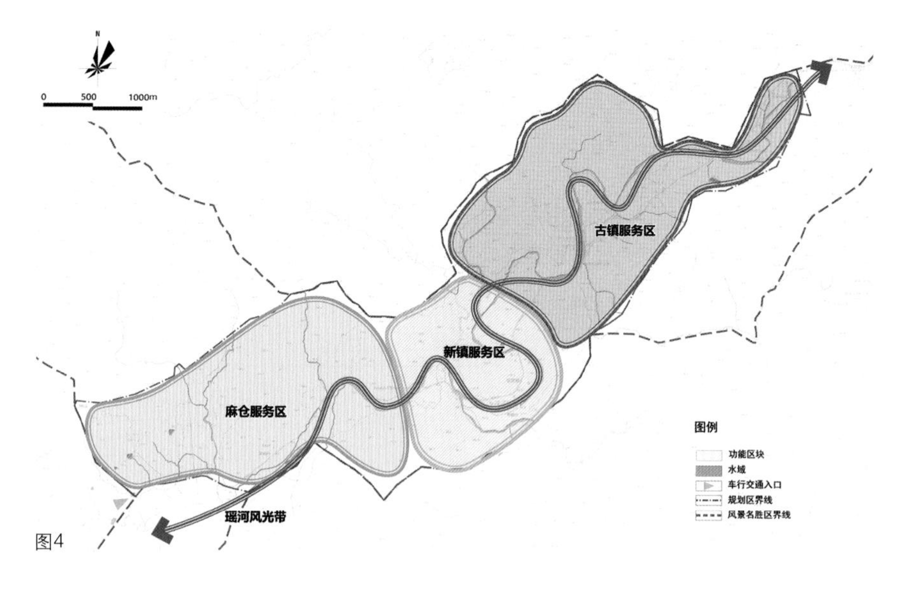

图4 规划结构图
图5 规划布局总图
图6 分级保护规划图
图7 游览组织规划图

景下寻求差异化发展方向，提升综合竞争力；充分挖掘当地历史文化资源，尤其是瓷茶文化资源，结合现场实际情况，将各景点整合、串联起来，形成不同时间和主题的游览线，增强项目吸引力和整体竞争力。

妥善处理好国土空间规划体系下的弹性用地和风景区规划体系下的刚性管控；通过用地适应性分析，整合优化现有存量土地，通过新建和改造的方式增加中高端旅游项目和服务接待设施数量和品质，提升公共设施服务水平。

规划区内有中国历史文化名镇瑶里，还有多个自然村落，这些村落生态环境优美，历史文化底蕴深厚，但都不同程度出现了"空心化""空巢化""老龄化"等现象，规划将这些村落融入核心区发展中，通过发展旅游实施乡村振兴，使村庄成为旅游重要目的地。

规划加强管理，控制开发方向和开发强度，优化用地布局，统筹平衡项目建设与资源保护的关系，引导文化产业服务于旅游业。

（二）分区规划

根据总体规划要求，结合自身的区位交通条件、风景资源优势，对应规划目标，将规划区定位为：高岭—瑶里风景名胜区的旅游接待服务中心，主要旅游设施基地，是集旅宿接待、休闲娱乐、游览观光等功能为一体的综合型旅游服务区。规划总体结构为"一带三区"（图4）。

一带：瑶河风光带。西至南泊，东至内瑶，串联南泊、麻仓、三墩、寺前、瑶里新镇、曹家坦、瑶里古镇、内瑶等村庄及旅游服务基地，全长约7km，是瑶河的核心景观段。

三区：麻仓服务区、新镇服务区、古镇服务区。①麻仓服务区位于景瑶公路南泊村段以北区域，依托优越的山水环境，结合麻仓山悠久的瓷土文化，打造高端陶瓷研学基地，提升双龙溪景区旅游服务设施水平。②新镇服务区以瑶里镇政府为中心，包括三墩村、瑶秀新村、寺前村、铁炉里、瑶里崖玉茶厂范围，是瑶里镇人民政府驻地，以行政办公、居住生活、商业服务为主要功能。规划结合镇总体规划及国土空间三调数据，将古镇、三墩村的安置地需求集中安排在该区域，统一规划、整体建设，将三墩村北部原有建筑和生活区规划为具有时代记忆的特色旅游服务用地。③古镇服务区充分体现瑶里作为古代瓷业原型聚落、徽饶古商镇的特征。整合优化存量用地，通过置换、改造等方式提升古镇服务接待能力（图4、图5）。

（三）景观保护与利用规划

1. 分级保护规划

规划区属于风景区的一、二、三级保护区范围，其中一级保护区主要分布在瑶里古镇及宏仁寺遗址周边山体。一级保护区内不得安排重大建设项目，控制机动交通进入。二级保护区主要分布在瑶里古镇和徽居门户北侧，二级保护区内严格控制设施规模和建设风貌，严禁除游览服务设施和基础设施外其他类型的开发建设，控制或疏解区域内的居民点，加强道路交通管理。规划区绝大部分为三级保护区范围，严格禁止破坏景观和地形地貌的活动，有序控制各项设施建设以及居民点的建筑高度、规模、形式等，适当安排旅宿设施（图6）。

2. 景观利用规划

规划区重点展示茶乡文化和瓷源文化两大景观特征，其中茶乡文化以瑶里为依托，构筑品茶场所、茶叶基地、茶文化度假酒店等体验项目。瓷源文化突出展示景区内多处宋、元、明时期的古窑遗址和瓷业遗迹。以麻仓御用瓷土矿遗址、王佳坞古琉璃瓦官窑遗址为主。

规划结合各功能区景观组织两条特色游线：瓷茶文化游线以麻仓和瑶里古镇为依托，以瑶里改编为历史背景，形成瓷茶文化、红色文化、田园风光旅游线路；瑶河风光游线依托瑶河水系古镇—三墩段，开展水上竹筏、漂流活动，全方位展示瑶河美丽的自然风光和古镇特色风貌，为游客提供多样化的水上活动（图7）。

（四）旅游服务设施规划

根据《风景名胜区总体规划标准》GB/T 50298—2018对规划区容量进行测算，确定环境

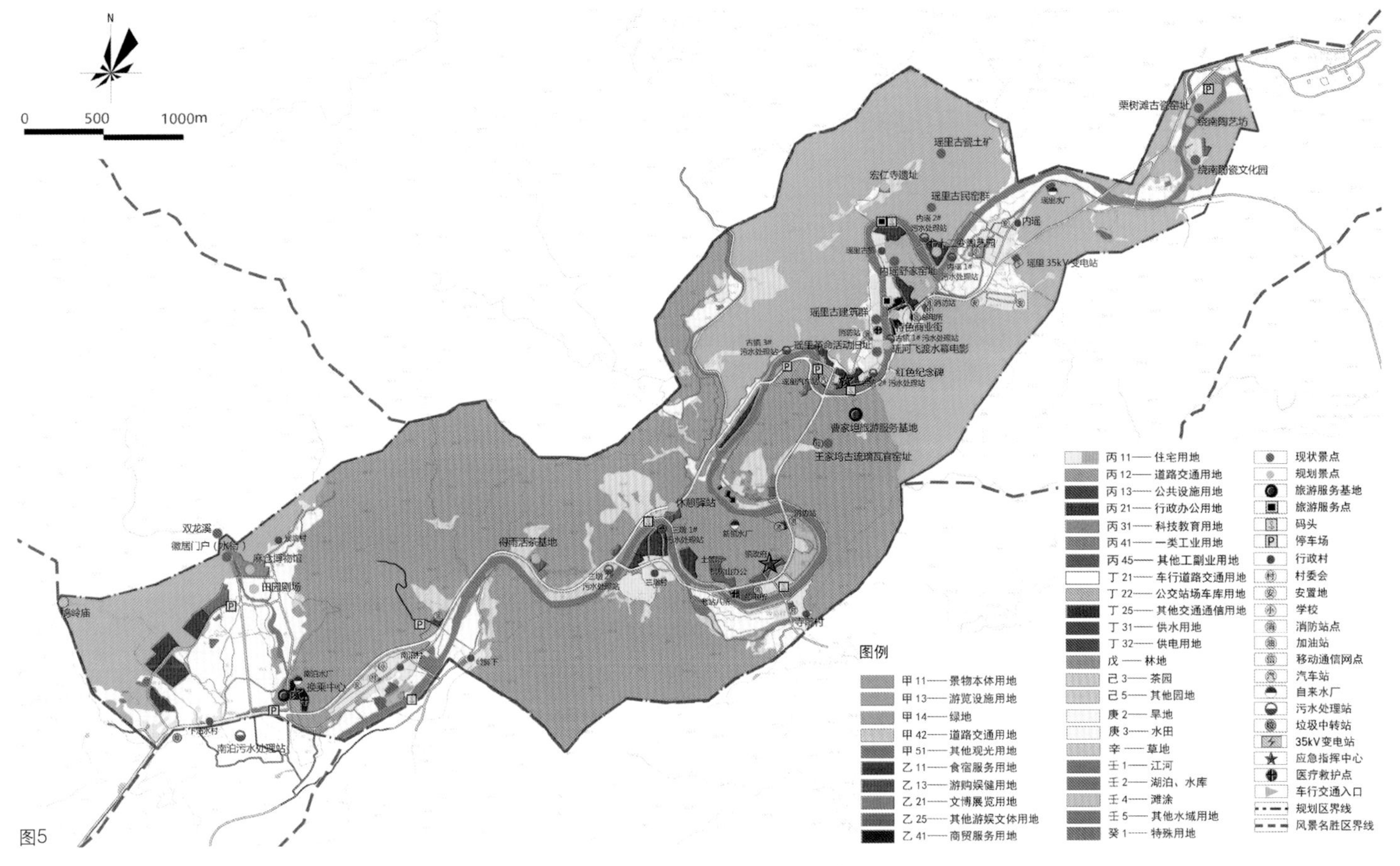

图5

容量和游人规模，为旅游服务设施的规模提供直接依据，综合考虑上位规划要求、区位条件、用地条件、游览组织等因素，在规划区内安排相应规模的旅游设施，并提出建设控制引导。

规划将新增旅游服务基地调整为麻仓，考虑到现状麻仓地区优美的自然景观资源和适宜建设用地，将其打造为集度假住宿、购物、餐饮、娱乐于一体的服务区，设施齐全，分布集中。

由于总规确定的部分旅游设施用地在国土空间三调中确定为耕地及永久性基本农田，需要对总规确定的部分用地进行调整游览设施用地指标，规划结合三调数据，考虑到现状用地条件的限制，结合基地地形及用地适宜性分析，以及与一、二级保护区、生态红线、基本农田的避让，将原总规规划与基本农田交叉的两个用地调整至其他适宜建设区域，实施总量控制（图 8）。

（五）居民点建设规划

规划范围内居民主要向瑶里新镇、内瑶、三墩、南泊等村落聚居，从经济发展引导和建设控制两方面对核心区居民点进行规划控制。

1. 经济发展引导规划

瑶里长期以来以林业为主导产业，随着近年来茶叶生产的迅猛发展，茶产业相关产品成为瑶里的

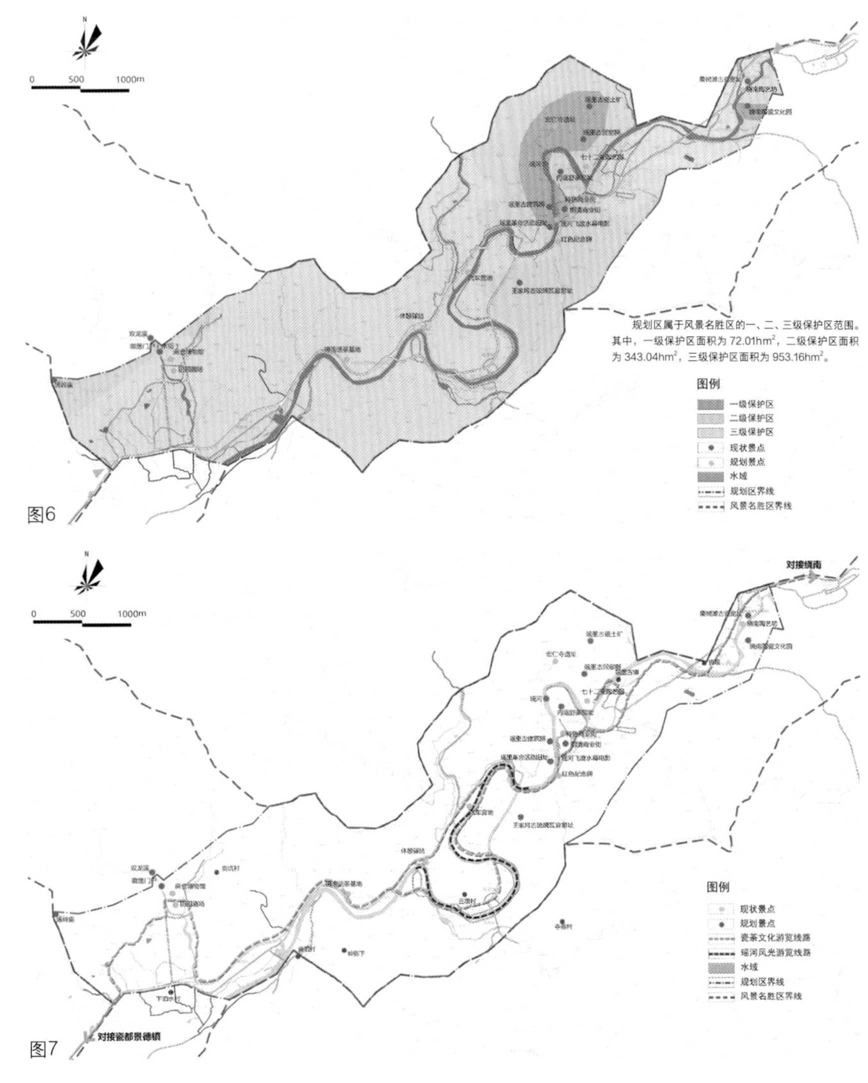

图6

图7

图 8　旅游服务设施规划图

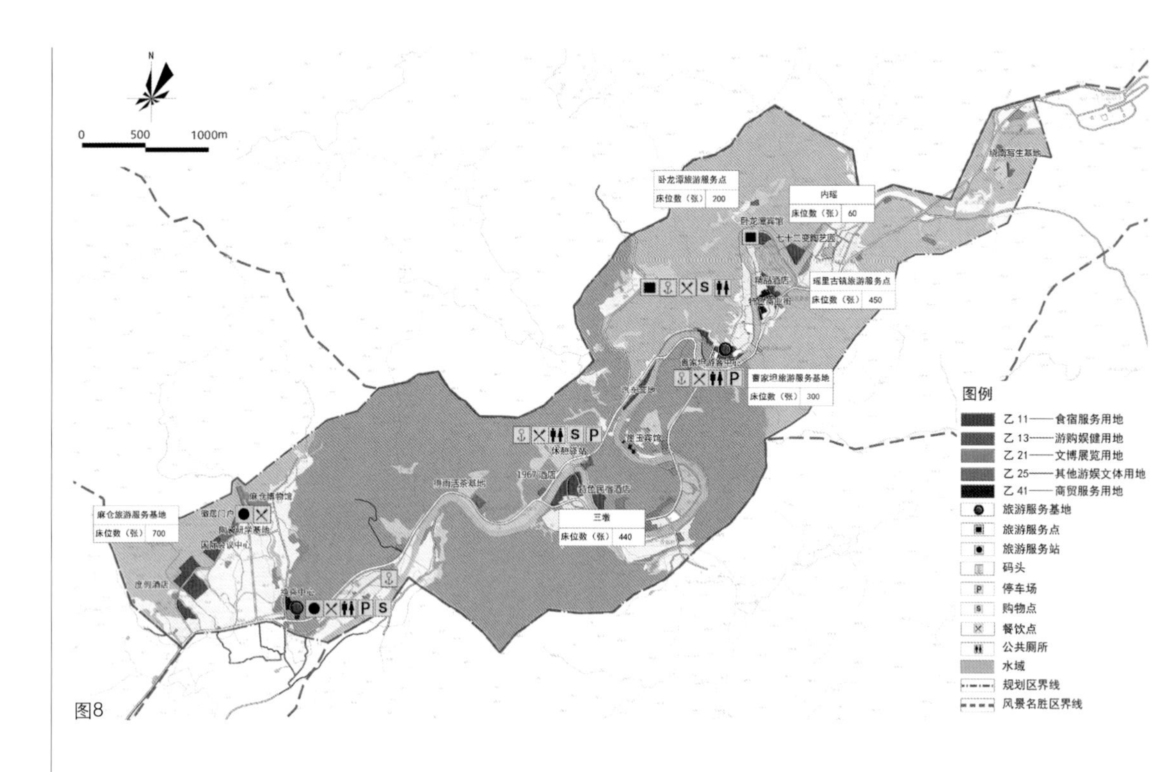

图8

核心产品，区域内的茶叶、茶油、香榧、苦槠等农产品销售难的问题随着旅游业发展得到了改善。规划充分发挥政府、集体、个人的积极性，集中力量加快建设基础设施及旅游服务设施，培育和发展旅游品牌，在综合服务区建成后，优先吸纳当地村民回村就业，涉及旅游服务、环卫、安保等工种，利用村民自己的房屋开展农家接待，随着旅游业发展，消费需求增加，农民可利用自家土地开展生态养殖，实现食材内循环。

2. 建设控制要求

整治规划区内村庄环境，重整治，轻改造，保护传统空间格局，打造具有乡土特征的传统村落；规划区内现状住宅多为村民自建房，风貌良莠不齐，需统一规划，外立面遵循现有村落脉络，体现传统村落文化特色，对于建筑质量差，对村庄景观造成影响的农牧附属用房，应予以拆除。适当增加邻里交往、民宿节庆等活动空间，满足村民需求，可利用各村的宗祠、礼堂等改造为村民活动中心、合作社、培训基地、特产商贸城等设施，为当地村民和游客提供服务，按照标准配建敬老院，为当地老人提供颐养天年的养老活动场所。对村庄进行社区化配套，部分资源与游客共享，根据各村庄实际情况开展旅游服务业，让村民就地参与经营，能够享受景区旅游发展带来的收益。

三、结语

高岭—瑶里风景名胜区核心区以“保护优先、突出主题、强化特色、合理环境承载力”为原则，规划“一带三区”，对麻仓、三墩、瑶里新镇、瑶里古镇分区实施管理和保护，依据现行法律和上位规划制定分级保护措施，在科学的环境容量测算基础上进行旅游服务设施规划，有效解决旅游服务设施落地性不足、村镇项目发展无序、旅游产品单一等问题，将风景区保护与居民生活、经济发展、旅游服务结合起来，实现核心区可持续发展。

在未来管理和建设中，建议在分级保护一经划定不再调整的基础上，功能分区和景观利用可随着保护管理实施和发展进行动态调整，在不占用基本农田和生态红线的原则上合理建设旅游服务设施，对待疏解的村庄落实安置地的合理设置，采用生态性、创新性，多层次地利用自然和文化旅游资源，促进风景名胜区可持续发展。

项目组情况
单位名称：上海现代建筑装饰环境设计研究院有限公司
项目负责人：应博华　尹景生　彭　雄
项目参加人：彭　雄　胡而思　侯　益　王晓烁　邹　妍

复杂功能区交织地带的景区化改造研究

——以江西省安源红色旅游景区建设规划为例

中国城市建设研究院有限公司／吴美霞

摘要：在老旧城区、衰退矿区的城市更新实践中，科学实施路径是规划建设的难点。本文以安源旅游景区建设规划为例，从总体策略、实施规划、项目建设等方面论述了如何将一个衰落的城区、郊区、矿区交织的杂乱地带更新成一个主客共享的旅游景区的实施路径，期望给众多类似项目提供方法借鉴。

关键词：风景园林；景区；红色旅游；建设规划

一、项目概况

（一）背景研究

项目位于江西省萍乡市安源区的城乡接合地带，行政区划涉及2个乡镇8个社区和1座煤矿，占地3.1km^2。

项目地内的煤矿是“洋务运动”时期引进德国工艺建设的大型机械煤矿，是当时中国“十大厂矿”之一。凭借煤矿和运煤建设的铁路，项目地发展成为当时期经济繁荣发达、人口稠密集聚的工矿重镇。1921年至1930年，老一辈革命家在这里开展了一系列革命实践活动，对中国共产党领导下的中国革命活动、经济建设、金融建设、人才建设等进行了有效的探索，创造了“安源精神”，留下了数量可观的革命故事和文物。2020年，煤矿进入资源枯竭5年倒计时，恰逢红色旅游发展势态旺盛，安源即将迎来“工运百年”“党校百年”“秋暴百年”等重要历史时期，萍乡市和安源区两级政府积极推动项目地创建5A级旅游景区。

（二）场地分析

（1）资源影响大。项目地是《毛主席去安源》的故事发生地，是中国共产党第一次独立领导并取得完全胜利的工人斗争的发生地，是江西省打造四大革命摇篮之一的“中国工运的摇篮”的重要支撑。

（2）资源价值高。项目地内现有可移动文物多达5000余件，其中一级文物就有61件（套），二级文物67件（套），三级文物2050件（套）。项目地内现有不可移动文物26处，其中有7处国家级保护文物、9处省级保护文物，包括历史建筑和构筑物两种类型。

（3）资源体量小。不可移动文物单体建筑面积在100m^{2}以下的有5栋，建筑面积在100～300m^{2}的有3栋，建筑面积在300～500m^{2}的有6栋，建筑面积在500～1000m^{2}的有3栋，建筑面积在1000m^{2}以上的有8栋。其中有1栋4层建筑、3栋3层建筑，其余均为1层建筑。

（4）资源分布散。不可移动文物呈点状散落分布在约1.8km^{2}的核心区域内（图1），与密集的民宅交织在一起，大部分文物建筑因体量小而被淹没在无序建设的五六层高的居民楼中。

（5）可游面积小。现状可游览面积约22hm^2，仅占景区总面积的7%。其中，湘赣边秋收起义军事会议旧址等8个资源点只有馆内可参观，缺少馆外集散空间，且资源点之间缺乏有效的游览线路联系。

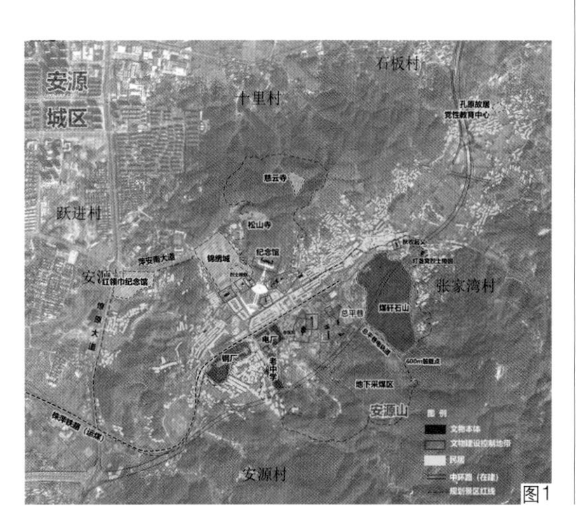

图1 综合现状图

（6）人居环境差。项目地居住人口约10000人，只配建了1处面积约790m²的公共休闲绿地，健身设施数量为0。民宅建筑跨越70年，约有90000m²的D级危房，大部分危房已经墙倒屋塌、无人居住。

（7）闲置土地多。闲置多年的电厂、钢厂等约23hm²，66%的建筑为D级危房，已成为堆砌垃圾的灰色地带。外围林地缺少道路等基础设施，不能为附近居民提供日常休闲服务。

二、总体策略与规划

（一）城郊矿景，四区合一

以项目地的红色资源为"血脉"、工业遗存为"骨架"、安源精神为"灵魂"，建设集工业遗址、城市旅游和安源精神传承地于一体的人文旅游景区。以创建国家5A级旅游景区为抓手，兼顾民生工程和经济工程，将"城区、镇区、矿区、景区"交织的混杂地带整合成一个主客共享的城市旅游景区，同时服务于本地居民和外地游人，景区牵头实施区域城市更新建设。

（二）七区分治，功能各异

以市场和场地资源为引导，以文化为核心资源，将景区划分为7个功能区——游客服务区、煤都风情区、工业遗址区、遗迹寻踪区、教育培训区、老街怀旧区、研学体验区（图2），浓缩安源百年发展的历史脉络，体现百年安源再探索复兴之路的创新精神。

游客服务区紧邻便于快速疏散的城市交通干道，主要提供集散和问询等服务，按照5A级旅游景区标准规划建设。

煤都风情区场地现状是沦落为D级危房的废弃煤矿职工宿舍；规划再次激活土地活力，以百年前车水马龙、热闹非凡的安源老街为蓝本，艺术化再现煤矿和铁路影响下安源老街上的人间百态；配建休闲服务业态，让游客体验安源百年前的市井文化。

遗迹寻踪区是景区内旧址建筑最为密集的区域，建设重点是凸显文物的重大价值，讲述文物承载的革命故事，让游客在游览中感悟百年前发生在安源的革命故事。

工业遗址区包括煤矿、电厂和钢厂等矿区和厂区地块，规划保护和再利用工业遗迹，盘活闲置的工矿资源。梳理可利用的矿井，开展矿井体验游览。梳理地上生产空间，开展煤矿科普游览、煤矿生产工艺观光游览等项目。梳理生活和办公建筑，拆除危房，将可利用建筑转化为旅游服务建筑。保留电厂冷却塔、烟囱等工业构筑物作为工业景观，景观化表现安源百年前土法炼焦等工业文化。该功能区重点讲述百年前洋务运动实业救国、百年汉冶萍公司和安源煤矿、中国煤炭事业发展等故事。

教育培训区包括闲置老中学校园、煤矸石山、灯盏窝抗战烈士陵园、安源党校、湘赣边秋收起义军事会议旧址地块，以"安源党校是中国共产党最早的两所党校之一"和"安源儿童团是中国共产党

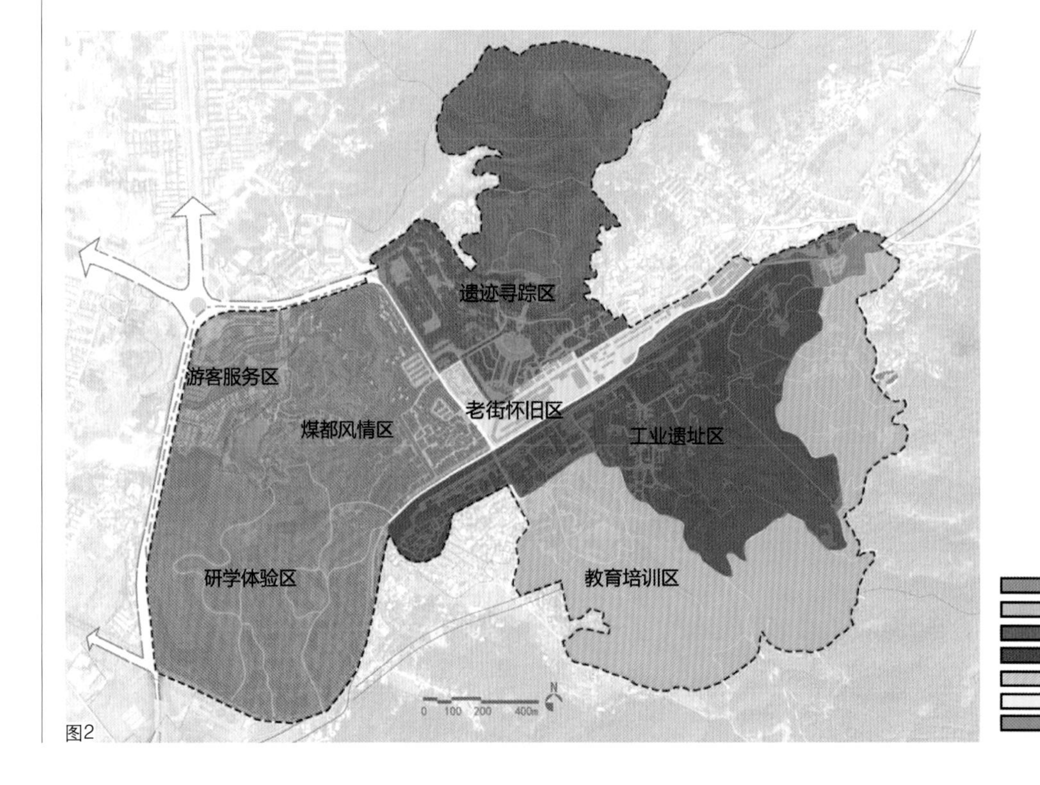

图2 功能分区图

领导的第一个少年儿童团体”为背景，建设一所集党校教育培训和少先队培训为主体的红培学校。重点讲述安源党校、中国少年先锋队、红领巾、湘赣边秋收起义、抗战救护医院的故事。生态修复后的煤矸石山作为红培学校的室外培训场地，讲述“两山”理论的故事。

老街怀旧区现状是镇区民宅密集的中心地带，规划拆除存在安全隐患、妨碍道路连通的建筑，增加休闲绿地和停车场等公共设施，重点在改善民生方面。

研学体验区以陡峭的密林山地为主，包括6hm^{2}耕地，规划以林间拓展运动、农耕体验、乡村生活体验为主要功能，讲述乡村振兴战略。

（三）三个百年，特色整合

一百多年来，景区范围内曾经聚集了本地人、工人和革命人等三类人，三类人在此从事农业生产、商品售卖、工厂劳作和革命活动，沉淀出市井文化、工矿文化和红色文化。通过遗存照片、历史建筑和《萍乡煤矿地上建筑图》厘析出百年前景区范围内的建筑风貌：株萍铁路两侧以中德结合风工业建筑为主，老正街以北区域以萍乡民居建筑为主。

规划以“市井百年、工矿百年、红色百年”这“三个百年”来整合景区文化主题和城市风貌。遗迹寻踪区、教育培训区、研学体验区演绎“红色百年”文化主题，城市风貌采用与旧址建筑、革命背景相吻合的萍乡民居风。煤都风情区、老街怀旧区演绎“市井百年”文化主题，煤都风情区采用萍乡民居风的城市风貌。老街怀旧区因现状多层建筑不具备改造为萍乡民居风的条件，因此匹配老街上具有重要意义的安源老站的建筑风貌，按照安源老站的中德风建筑风貌进行改造和再建设。工业遗址区演绎“工矿百年”文化主题，采用中德结合的城市风貌。

（四）点线片面，分步实施

针对景区现状并非一张白纸的复杂现状，抽丝剥茧，梳理出“点—线—片—面”分步实施的步骤。

“点”即是先把文物资源点变成旅游景点。清理文物保护范围内和建设控制地带内与文物主题相悖逆的建构筑物，亮出文物本体，凸显文物价值，利用文物建筑开展文化展示体验类旅游活动，增加景点数量，提升景点质量和吸引力。

“线”即是建设旅游线路。把旅游景点串联在一条或者多条实体道路上，把道路沿线的空间打造成有景可赏的游览空间，并在容易让游客乏味的路段上增加旅游景点。旅游景点建设与旅游线路建设相互矫正，优先建设已建成景点较多的线路，优先建设靠近旅游线路的景点，如此逐步完成若干旅游线路的建设。

“片”即是整合距离较近的两个或以上的景点，建成一个相对完整且干扰少的旅游片区。通过拆除、改造等方式，改造两个景点之间的非旅游线路空间，实现“点—片”的整合，增大可游览面积。若拟改造空间以建筑为主，则对建筑进行质量和功能评估后，做出留、改、拆的规划。若拟改造空间以林地、荒地等为主，则对其进行生态修复。

“面”即是把若干旅游片区连接成一座完整的旅游景区，优先建设旅游片区之间的衔接通道，实现片区之间的游览线路不中断，再逐步改造远离游览线路和景点的地块，最终完成整个景区的更新建设。

三、一期项目规划与设计

（一）亮出文物价值，建设核心景点

重点亮出核心区域内能够产生较大影响力的文物景点，补充建设极具影响力的文化景点。

（1）重现半边街百年革命历史。半边街是百年前革命活动最为活跃、今日革命旧址分布最为密集的区域，安源路矿工人消费合作社（后文简称“合作社”）是中国共产党领导金融事业的最初尝试，百年前的半边街和合作社是紧密联系的革命活动空间。现状半边街区域距离合作社旧址只有118m的直线距离，但二者不再相通，被28栋面积不等的居民自建房和一面围墙阻挡（图3）。规划拆除这28栋建筑和围墙，打通合作社旧址与半边街广场的游览线路，打通合作社旧址与纪念馆的视线通廊（图4）。借鉴历史原貌，用园林和旅游手段重建半边街广场、扩红演讲台、中共安源地委党校展馆，利用文物建筑布置主题展览，丰富半边街区域的旅游景点。改造后，半边街区域、合作社旧址区域、安源路矿工人运动纪念馆区域、萍乡烈士陵园、安源锦绣城这5个景点能串联成一个相对完整的较大的旅游片区（图5）。

图3　改造前现状照片

图4

图4　改造设计效果图
图5　改造后交通组织分析图
图6　游览线路和沿线景点分布图

图5

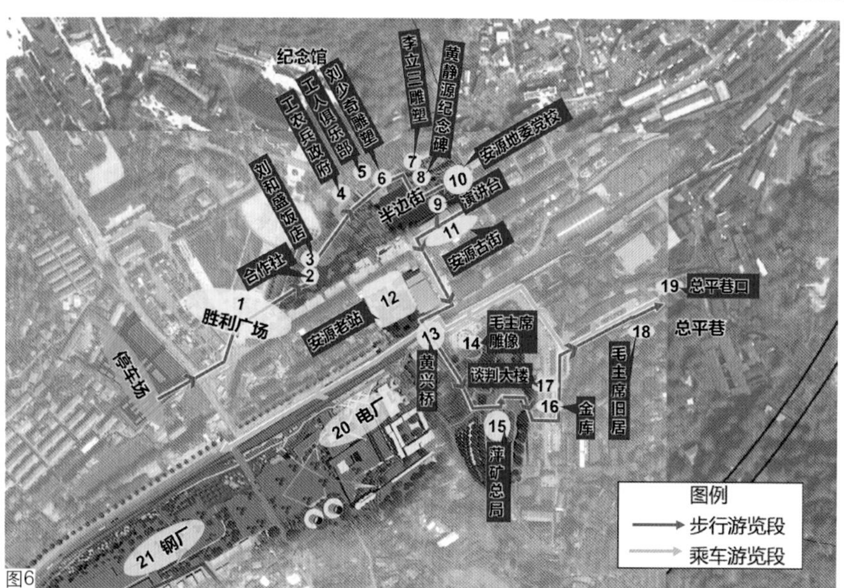

图6

（2）盘活国保盛公祠。盛公祠是1898年建设的萍矿总局办公大楼，整栋房子为德式建筑风貌，有古典宫殿的风采，三层砖木结构，总面积为2623m^2，大小房间共39间，保存完好。规划在建筑内展示洋务运动和萍矿的历史，完善工矿百年的故事链，作为工矿百年的第一个景点。在建筑外侧的平台花园上，按照史料记载恢复炮台，用炮台体现当时工人阶级和资产阶级的对立矛盾。

（3）展现江西省第一座火车站的历史。安源老站独领江西省铁路史上的5个第一，还是百年前安源革命活动的重要场地，火车房里诞生了中国共产党的第一个产业工人党支部，于车辆课签订了标志安源路矿工人大罢工取得全面胜利的"十三条"协议。规划利用安源老站原址的危房拆迁腾退土地建设一座主题文化展馆，讲述安源老站的故事，同时丰富游览线路上的景点。展馆的建筑风貌借鉴历史上的火车房和车辆课的外形。

（二）增加精品游线，链接重要节点

串联合作社旧址、中华苏维埃安源工农兵政府旧址、安源路矿工人俱乐部旧址、黄静源烈士牺牲处纪念碑、半边街、中共安源地委党校展馆、安源老站、盛公祠、谈判大楼、总平巷这10个景点，形成一条以旧址寻访为主题的精品游览线路（图6）。把沿途经过的老正街、总平巷路、十字街提升为可游览体验的休闲旅游街区，弥补短期内景区"吃"和"购"的短板。本条游线全程1.6km，可游览1～3小时。

（三）开发井下游览，丰富游赏内容

保留安矿未来5年的生产周期，利用已经停产的部分巷道开展井下旅游。西平巷、八方井大巷、六方井大巷不在矿井生产区域，且巷道安全系数较高，具备开发为旅游景点的条件。考虑到井下通风、光线等因素，人若在井下停留时间过长会产生生理上不舒服的感觉，因此井下游览时间应控制在2小时内，线路长度控制在1000m内。

井下旅游的入口设置在文物建筑八方井办公大楼内。考虑到总平巷的特殊历史意义和仍用于生产的现状，设置两个出口。出口1为现状总平巷口，选择这个出口不需要再挖掘巷道，井下游线完全采用现有巷道，该口作为特殊活动日的参观游览出口，其他时间仍然用于生产。出口2选在八方井毛主席旧居南侧的山体上，该出口需要新挖约170m游览巷道接西平巷，该口为日常游览使用，不影响生产。入口和两个出口均能与地上游览线路衔接，形成井下井上的旅游环线（图7）。

在井下设置革命先辈井下革命活动区、井下党课课堂、井下盘中餐休闲区、井下水吧、井下瓦斯爆炸或革命主题互动影院等旅游项目（图8、图9）。项目设置凸显3个方面的内容：①矿井的真实形态；②矿井的百年历史；③革命先辈在井下开展过的轰轰烈烈的革命活动，这是安矿和其他煤矿的不同之处。

四、结语

项目场地是安源这座城市的根脉，1898—2005年的这100多年间，这里都是安源人气最旺、最为繁荣的地方。近年来，随着“煤减产人外走”，区域进入“边缘化”“老龄化”，若不加以干涉自救，区域即将衰落成废弃地。规划改善人居环境，利用工矿遗迹和红色资源发展旅游产业，增加就业机会，再塑区域活力；利用“点线片面”结合与分步实施的方式推动项目场地逐步改造，建成一个既展示景区百年历史发展脉络又极具生产生活气息与情趣的活化博物馆。

项目组情况

单位名称：中国城市建设研究院有限公司

项目负责人：李金路　王玉杰　吴美霞

项目参加人：裴文洋　伍升峰　张　潮　陈　建　陈锦程　郑　爽　张　昕　邹昭鹏　陈建伍　李　凡

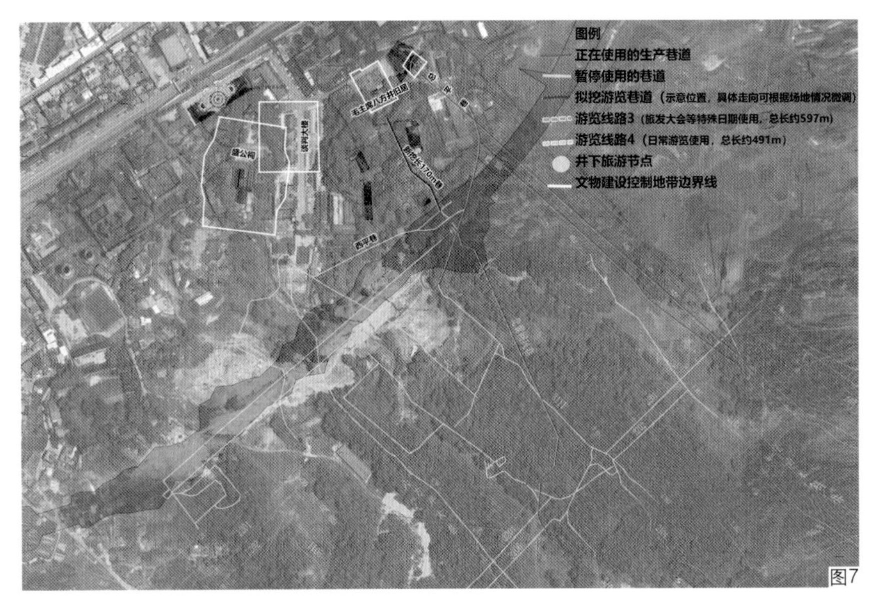

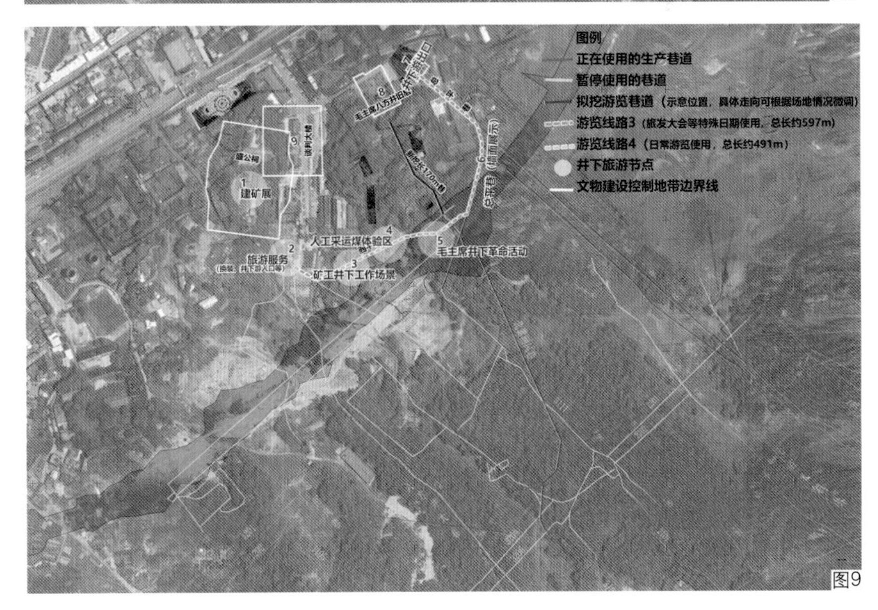

图7　巷道利用和挖掘布局图

图8　日常井下井上游览线路图

图9　特殊节日井上井下游览线路图

用自然做功 让湿地回归

——湖北武汉市杜公湖国家湿地公园及周边区域绿化

武汉市园林建筑规划设计研究院有限公司／姚　婧　肖　伟　随力夫

摘要：采用功能优先的模式去改造，以生态修复为主要手法。在保留现状鱼塘、水塘及圩田肌理的同时，期望维护和利用圩田湿地的生态本底，将湿地净化系统嵌入原有肌理之中，继而丰富生物多样性、实现湿地功能的恢复。创造出独具特色的“林—塘—田—湖—岛”复合型圩田湿地景观。远处林带与湿地交相辉映，结合场地内的湖、塘、堤，创造出丰富的景观层次以及独具魅力的湿地游览体验。

关键词：风景园林；湿地公园；生态修复；湿地功能恢复；自然生态

一、项目概况

杜公湖国家湿地公园位于湖北省武汉市东西湖区北侧，基地内以湖泊为主，总占地面积约 344hm²，其中湿地面积约为 257hm²，湖泊为 226hm²，退渔还湿面积 31hm²，湿地率约为 70.5%。

区域范围内野生动植物资源相对丰富：兽类 17 种、鸟类动物 12 种、爬行动物 21 种、两栖类 9 种、鱼类 54 种；高等植物 63 科、137 属、169 种（图 1）。

渔业养殖的历史背景遗留了如下问题：

（1）现状场地肌理人工化严重。由于鱼塘、水塘的建设，形成规则化、人工化的痕迹，同时原有的建筑也存在较大安全隐患。设计上需要解决如何采用最小干预与改造措施来保障配套服务设施安全，使其最终与现状圩田肌理和谐相融。

（2）水体污染及富营养化严重。前期建设鱼塘且周边农田较多，导致污染物通过地表径流排入周边鱼塘、水塘之中，污染严重。垂直的硬化驳岸又导致水生植物无法生长，同时水生栖息地严重破坏也不利于生物栖息。

然而因多年渔业养殖活动，整体湿地退化严重，林带、生物栖息地被破坏，生态系统逐渐脆弱，让杜公湖重回生机已经迫在眉睫（图 2）。

二、基于自然的解决策略

该项目以生态修复为主要的生态定位，故没有选择大量挖填方去整合、塑造场地肌理，而是选择

图 1　现状区位及平面
图 2　场地现状影像资料

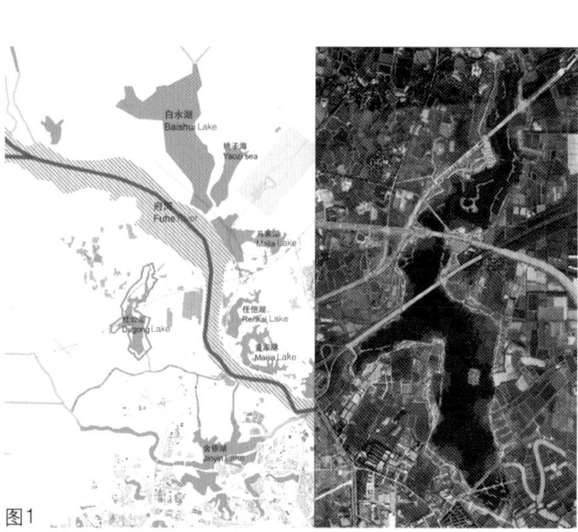

图1

图2

功能优先的模式去改造场地。在保留现状鱼塘、水塘及圩田肌理的同时，期望维护和利用圩田湿地的生态本底，将湿地净化系统嵌入原有肌理之中（图3），继而丰富生物多样性、实现湿地功能的恢复（图4）。

设计理念上引入基于自然的解决方案（NBS），针对基地现状肌理和条件提出了“保留—打破—整合”的设计概念。通过生态、自然的手法最大程度上提升场地的生态功能，让大自然做工。其中，“保留”是指保留外围有防涝要求且植被较丰富的堤埂，以及作为隔断的部分塘埂；“打破”是为了增加不同水塘之间水体流动，局部断开塘埂以扩展水体在湿地中的流动线路；“整合”则是指将打破后相互连通的水塘相互整合，最终呈现较大面积的湿地空间（图5）。

三、设计特色

（一）恢复生物多样性

在景观设计上，明确把生态修复放在首位，“公园”属性放置第二位。通过项目的建设，恢复湿地基本格局，减少原有建设对湿地的破坏和干扰，恢复植被及林带，营造适宜湖北地域带的湿地生境，使鸟类、两栖类、鱼类等再次栖息、繁衍。植被恢复举措主要有以下几种：

（1）湿地水下森林多样化。清退现状鱼塘约19hm^2，形成7.3hm^{2}荷塘湿地、6.2hm^{2}灌丛沼泽湿地、1.5hm^{2}沼泽化草甸湿地、4hm^{2}浅滩沼泽湿地等，加强了项目内水源的自净能力和应对气候变化的韧性，也给项目带来了生物多样性的巨大提升。

（2）引鸟浆果树种规模化种植。基地内原有树丛100%保留，新种部分林带根据鸟类觅食、栖息等需求和彰显湿地特色的要求，树种上多选择杉科植物、浆果类植物及其他乡土树种，在保证湿地自然风貌的同时，又保障了足够的鹭鸟停栖与觅食的滩地空间。针对鸻类鹭鸟偏好在成片的芦苇荡内躲避天敌及在乔木上筑巢的习性，选择两处圩田空间种植芦苇，并在芦苇荡中建造乔木树岛，以吸引鹭鸟在此栖居（图6～图8）。

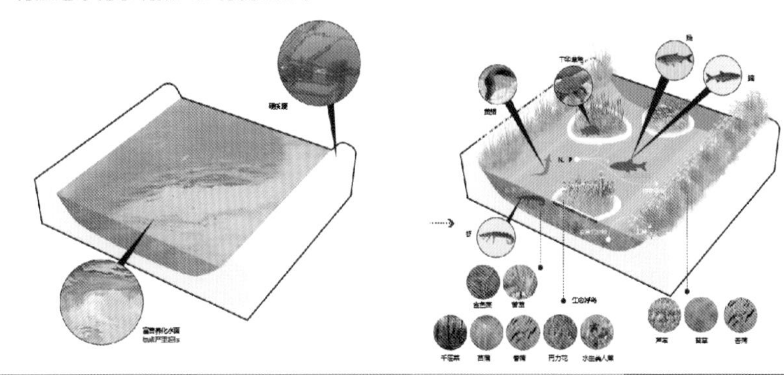

图3　保留圩田肌理，嵌入多重生境类型

图4　保留历史肌理同时对其赋能

图5　设计理念围绕鱼塘历史记忆保留，水体交换、流通以及场地赋能、生态修复

图6　现状植物的保留及浆果类植物的营造

图7

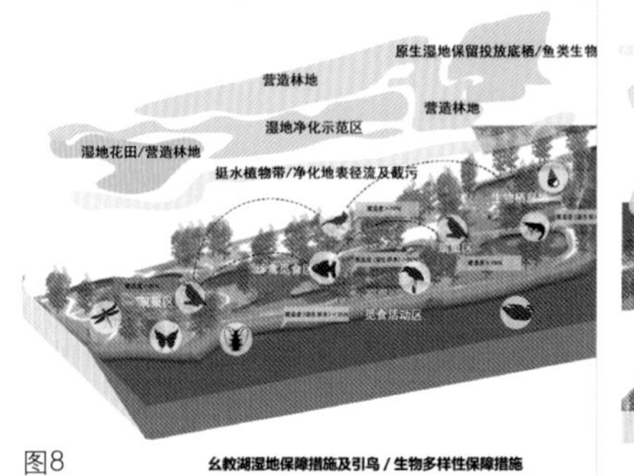

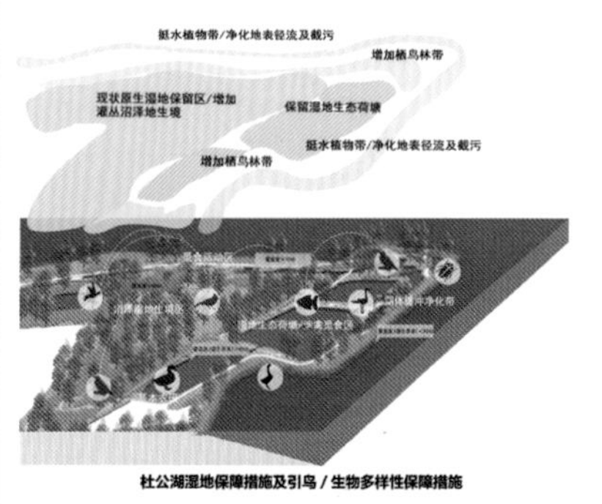

图8

图9

（3）国家保护品种回归。保护和恢复——国家二级保护植物粗梗水蕨（极危）；种植国家二级保护植物"野生普通稻"，恢复基本农田生产属性；种植国家二级保护植物野菱角，建设"可食湿地"。

（二）新优品种应用及推广

基于湖北省地域带及区域环境特征，筛选维护成本低、对水体净化效果好、景观效果呈现好的新优水生植物。形成持续性的物种跟踪及研究，针对其优势种，在市域范围内的湿地进行推广（图9）。

（三）水环境治理举措

通过内外源污染治理、湖泊形态控制、水位调控、底质改良、杂鱼清除、透明度改善提升、水生动植物群落构建、水体生境打造等多措并举，改善湖泊水质，实现"清水态"生态系统。水质达功能区所需Ⅳ类水质。

本工程采用喷洒底质氧化剂、底质微生物活化剂、锁磷剂等工序改善湖泊底质条件，为种植沉水植物群落营造条件。

对野杂鱼进行控制，由于新沉积层含水率较高，受到风浪和鱼类扰动极易频繁发生再悬浮，为上覆水体提供丰富营养盐，既会影响水体透明度和感官效果，又会促进藻类的增殖，导致局部形成水华。

利用现有鱼塘布局作为人工湿地净化带主轴

建立水流依次经过**"沉淀池——表流湿地——潜流湿地——鱼类栖息地"**的系统。栽植苦草、眼子菜等沉水植物，香蒲、鸢尾等挺水植物以及睡莲等浮水植物，实现**水下、岸上整体保护**，循环净化杜公湖湖水。

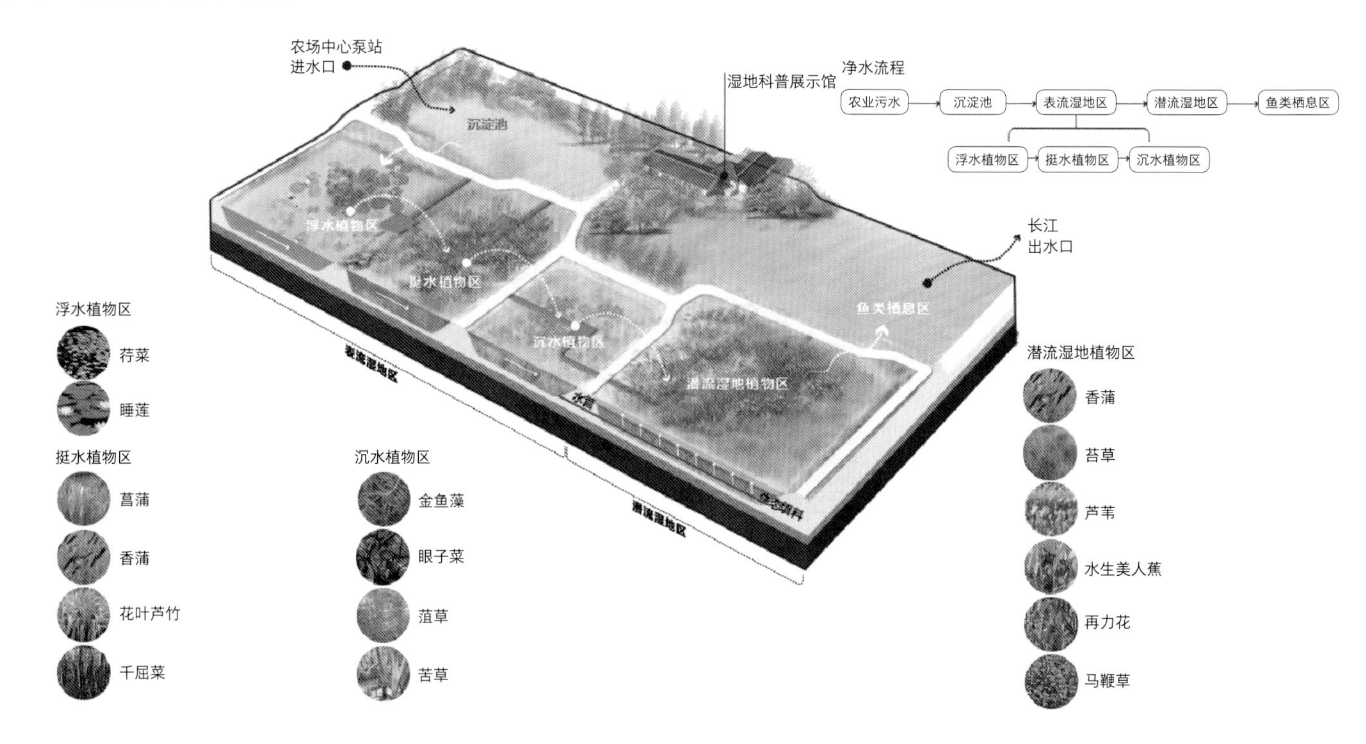

图10

图11

图 7　乔木树岛——鸟类栖息地
图 8　引鸟及生物多样性保障措施
图 9　国家保护植物及新优品种的应用
图 10　水环境治理流程及植物品种
图 11　改造后的湿地效果

水生植物群落构建。沉水植物对湖泊、自然水环境中氮、磷等污染物有较高的净化率，可固定沉积物、减少再悬浮，降低湖泊内源负荷；为附着生物包括螺类等提供基质，为浮游动物提供避难所，从而增强生态系统对浮游植物的控制和系统的自净能力（图 10、图 11）。

四、项目思考及总结

项目实施后已创造出独具特色的“林—塘—田—湖—岛”复合型圩田湿地景观。远处林带与湿地交相辉映，结合场地内的湖、塘、堤，创造出丰富的景观层次以及独具魅力的湿地游览体验。本项目在空间设计上尝试性地进行一定留白，如对现状堤梗、隙地等空间的预留、恢复，希望利用自然的力量使栖息地环境能够随着时间的推移逐渐演替、完善，回归自然的本真面貌。

项目组情况

项目负责人：随力夫　付　奔　姚　婧

主要技术成员：魏荣刚　盛聂铭　唐强军　熊　辉　付　奔　程　巍　张觉晓　陈　晟　李贺云　刘　哲

园林绿地系统

园林一词出现在汉代（公元1世纪），来自古代的游娱和畋猎范围，园聚如林；绿地源自古代的四旁植树和村宅园圃，有着防风避晒，表道圃地和生产实用功能；园林绿地系统是由若干园林、绿地和相关要素按一定关系组成的一个整体。当代的园林绿地系统一般占城市总用地的20%～38%。

新时代国土空间规划背景下湖北省安陆市绿地系统规划

华中农业大学园林规划设计研究院／周　媛

摘要：在新时代国土空间规划背景下，本规划从全域视角出发，以生态文明战略、绿色发展理念为指导，尊重自然生态原真性，保护山水生态基底，构建以人为本、功能完善、布局合理、景观优美、特色鲜明的城市绿地系统。从绿地分类规划、绿线管制规划、生物多样性规划、生态廊道构建等方面打造具有安陆特色的城市园林绿化环境。

关键词：风景园林；安陆市；国土空间规划；绿地系统规划

一、城市绿地现状及规划思考

（一）现状概况

安陆市位于湖北省东北部，涢水中游，总面积1352.8km^2。目前安陆市正在进行国土空间规划，在新时期国土空间规划背景下，绿地系统规划与国土空间总体格局优化密切相关。在生态文明建设理念的指导下，绿地系统规划实际上已成为市县级国土空间总体规划的前置性、基础性工作之一，应运用自身兼顾保护与发展的双重属性的优势，确保“多规合一”的真正实现。安陆市于2017年获得“国家园林城市”称号，在新时期新背景下，安陆市委、市政府提出建设“国家生态园林城市”与“公园之城”的绿地建设目标，安陆市绿地系统规划随之开展修编工作。

安陆市绿地系统规划以安陆市国土空间总体规划范围为依据，分为市域、中心城区两个层次。市域总面积1352.8km^2，中心城区总面积66.14km^2。至2021年，安陆市建成区面积20.39km^2，人口23.73万。建成区绿地率40.99%，绿化覆盖率43.53%，人均公园绿地面积12.03m^2。各项绿地指标均达到“国家园林城市”标准。

（二）现状分析

从安陆市域范围来看，区域生态安全格局体系有待健全，绿地网络体系有待完善。目前安陆市区域绿地集中分布于西北地区，某些重要生态源地存在保护空缺，且各绿地斑块之间连通度低，不利于整体性保护工作（图1）。

中心城区绿地建设方面，从整体上看绿地结构不完整，未形成系统的网络。绿地散点分布，中心老城区绿地匮乏，无法满足居民的使用，带状绿地中存在多处断点，绿地斑块之间连通性有待提高。对现存绿地文化挖掘不足，没有充分利用丰富的文化资源，缺少体现地域特色和文化的公园。绿地建设往往只注重了发挥绿地改善城市环境的功能，却没有担负起彰显城市历史文化的功能，地域的历史文化脉络没有很好地融入绿地景观建设中，使绿地的建设缺少了新城独特的历史风貌和文化底蕴；外围绿地与城区的渗透和沟通不够，生态资源利用率有待提高。没有把外围良好的背景山体与水系资源与城区进行有效的渗透和沟通。

（三）规划目标

本次规划在美丽宜居公园城市的目标下，从全域视角出发，以生态文明战略、绿色发展理念为指导，尊重自然生态原真性，保护山水生态基底，构建以人为本、功能完善、布局合理、景观优美、特色鲜明的城市绿地系统。从绿地分类规划、树种规划、防灾避险绿地规划、绿线管制规划、生物多样性规划、生态廊道构建等方面打造具有安陆特色的城市园林绿化环境。

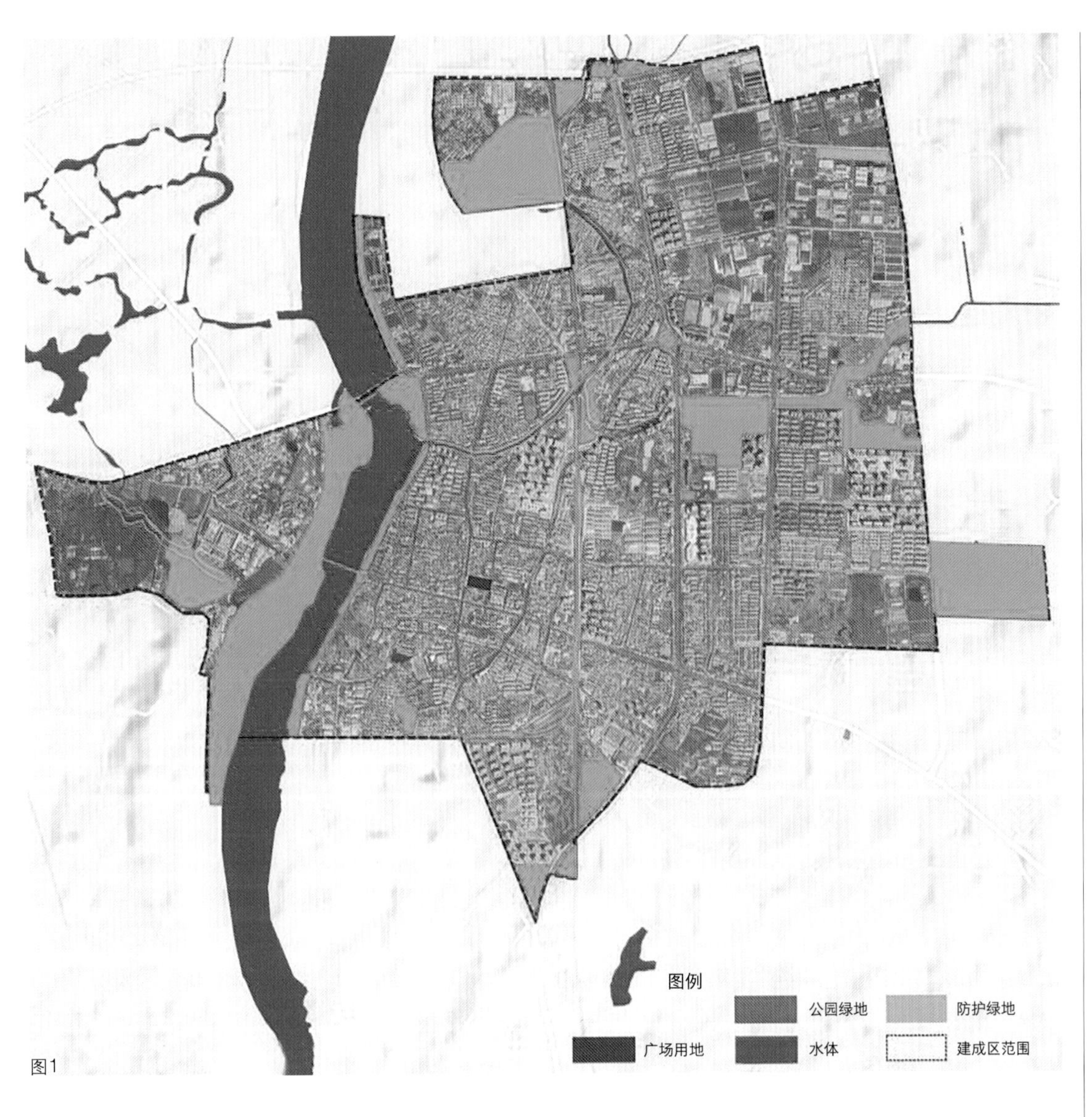

图1

图1 现状绿地分布图

二、区域绿地规划策略

(一)落实“全域规划”思想,城乡一体化协同发展

在国土空间规划背景下,安陆市绿地系统规划空间范畴从城区内拓展到全市域,在“全域规划”的思想指导下,绿地系统专项规划应突破“城市本位”的编制思维,从全域视角出发,以问题和目标为导向,尊重自然生态原真性,保护山水生态基底,统筹城内城外的绿色开敞空间。

同时遵循“公园城市”发展理念,发展路径应打破传统城市乡村“二元结构”分离的状态,跳出仅是“城市公园”建设的范畴,将城市、乡村和自然保护地当成一个协调互动的体系和完整的复合人居生态环境系统,围绕城市生态环境、乡村生态环境和保护地生态系统等领域展开研究和实践,合理、均衡地布置各种类型的绿地,使城市与郊区结合,城市与乡村结合,形成一个有机的整体,最大限度地发挥绿地系统的功能。

宏观上,加强全域绿地资源的评价,对城内外“绿色空间网络与山水格局”进行整合;中观上,使绿地生态、游憩、景观、防护功能子系统形成分工协调的布局;微观上,落实指标体系和建设要求,服务于“高水准公共空间与游憩体系”。

(二)构建全域绿色网络,明确市域绿地结构

通过数字信息化分析手段,构建全域绿色网络。首先,运用地理信息系统识别全域绿色生态空间要素,分析生态本底资源,在此基础上进行生态敏感性评价以及生态重要性评价,并结合MSPA形态空间格局分析法,科学有效识别核心生态资源,确定市域需要保护的生态空间要素,积极保护生态源地。然后,通过生态阻力面分析,运用最小累积阻力模型粗略判定生态廊道,再依托市域范围内的各类设施隔离带、安全防护绿带、生态保护岸线、主干河流等,建立市域范围内线形的绿色廊道,从而构建全域绿色网络。最后,结合城市上位规划,根据城市社会、经济发展目标,

将安陆市域内特有的“山、水、田、林、城”资源环境要素有机融合，构建以“三片多廊为骨架，一环一轴为经脉，田林水草为基底”，基质、斑块、廊道相结合的市域绿地系统总体格局。

（三）构建区域三大绿地体系

构建“生态保育绿地体系 + 风景游憩绿地体系 + 区域设施防护绿地体系”的区域绿地布局体系，强化生态斑块建设和保护。

通过收集安陆地形、坡度、高程、水域、降水、土壤、自然保护区、植被、土地利用等基础资料进行安陆市域生态敏感性分析。选取了水土保持、生境质量、水源涵养3个指标进行生态系统服务重要性评价。将生态敏感性分析和生态系统服务重要性评价叠加分析选出生态源地。通过构建安陆市生态阻力面，并结合MSPA景观类型模型分析构建出廊道，以对生态保育绿地斑块进行连通。最后根据安陆市地形地貌、山水格局、交通设施分布、河流分布构建生态保育绿地体系。

风景游憩绿地由风景名胜区、湿地公园、森林公园、地质公园、郊野公园和其他生态旅游度假区组成。立足安陆市府河、银杏谷、白兆山、槎山、漳河等自然景观资源，7处省级文保单位和61处市级文保单位等人文景观资源，以及围绕优质稻、畜牧、林果、特色蔬菜展开的特色的农旅项目，并结合旅游交通规划形成了安陆全域游憩体系。

通过分析安陆市现有以及规划的各大区域设施，包括输变电设施、环卫设施、蓄滞洪区和各级公路，根据《城市绿地分类标准》以及《城市绿地规划标准》等相关规范构建区域设施防护绿地体系。

（四）明确区域绿地布局，突显地域景观特色

为了在区域绿地规划中充分保护安陆市景观的完整性和特色，充分体现和强化地域特点，进行了安陆市景观特征的识别与挖掘，揭示了安陆市地域景观特征差异，明确了安陆市景观特征类型与景观特征区域。在区域绿地体系构建的基础上，通过安陆市景观特征类型分析，结合安陆市景观特征区域分布范围，因地制宜，从实际出发，明确各类区域绿地布局方式与范围。

三、中心城区绿地规划策略

（一）构建景观生态安全格局，明确城区绿地结构

引入生态学方法，利用数字信息化分析手段，进行了中心城区景观生态安全格局分析，为中心城区绿地结构构建提供依据。通过ArcGIS的空间分析功能，对中心城区的林地、水库、绿地、河流等重要生态要素进行提取，作为“生态源地”，以实现对重要生态功能区，即较大斑块的生态元素（森林、湿地、水域等）的保护。景观阻力指物种在不同景观单元之间进行迁移的难易程度，斑块生境适宜度越高，物种迁移的景观阻力就越小。而安陆中心城区的扩张可以视为人为干扰活动克服景观阻力的时空过程。以文献分析与专家判断为基础，按照受人为干扰的程度，将景观阻力要素分为8级。接着计算各个“生态源”与各景观阻力要素之间的费用距离，并将分级的景观阻力、要素阻力值考虑进去，得到安陆中心城区景观最小累计阻力面。

根据分析结果，确定生态节点和廊道，从而构建景观生态安全格局（图2）。以水平方向的链接强化城镇发展空间与生态源区的有机联系，拓展生态源区的服务功能，缓解经济开发对自然生态系统的压力，增加城市发展空间内部的景观异质性。

最后，结合中心城区生态要素的空间分布（林地、河流、水库等）提出“一轴、两环、四楔、多廊成网”的绿地格局规划（图3）。一轴：府河滨水生态景观轴。两环：生态防护外环和景观绿色内环。通过四楔把外围良好的背景山体、水系资源与城区进行有效的渗透和沟通，最终通过府河、毛河与郊野公园将绿色引入城区内部。利用滨水景观廊道、城市通风廊道、道路防护廊道形成廊道网络。

（二）贯彻以人为本理念，建立公园体系

如今城市绿地不再是以单纯游憩和景观功能为主线，在公园城市发展理念下公园的建设主要是作为统筹“以人民为中心”的城乡建设规划的重要载体，联动“自然、人、社会”发展本体要素，构建城市绿色发展共同体，营造人居层面的“十分钟生活圈”，实现“公园 + 人居”的城市宜居模式。规划后，至2035年，安陆市公园绿化活动服务场地服务半径覆盖率将达到97%（图4）。

中心城区公园绿地规划充分利用城区丰富的河流资源，积极拓展并完善城区河流水系和开放式空间，并充分利用城市闲散地、废弃地、城市主干道交叉口等积极开发游园，同时在城市旧区结合旧城改造项目，积极开发开放式绿地。各类型绿地相互融合、相互补充，以满足居民对公园差异化的功能需求，包括不同年龄、不同兴趣爱好居民的多样化需求。

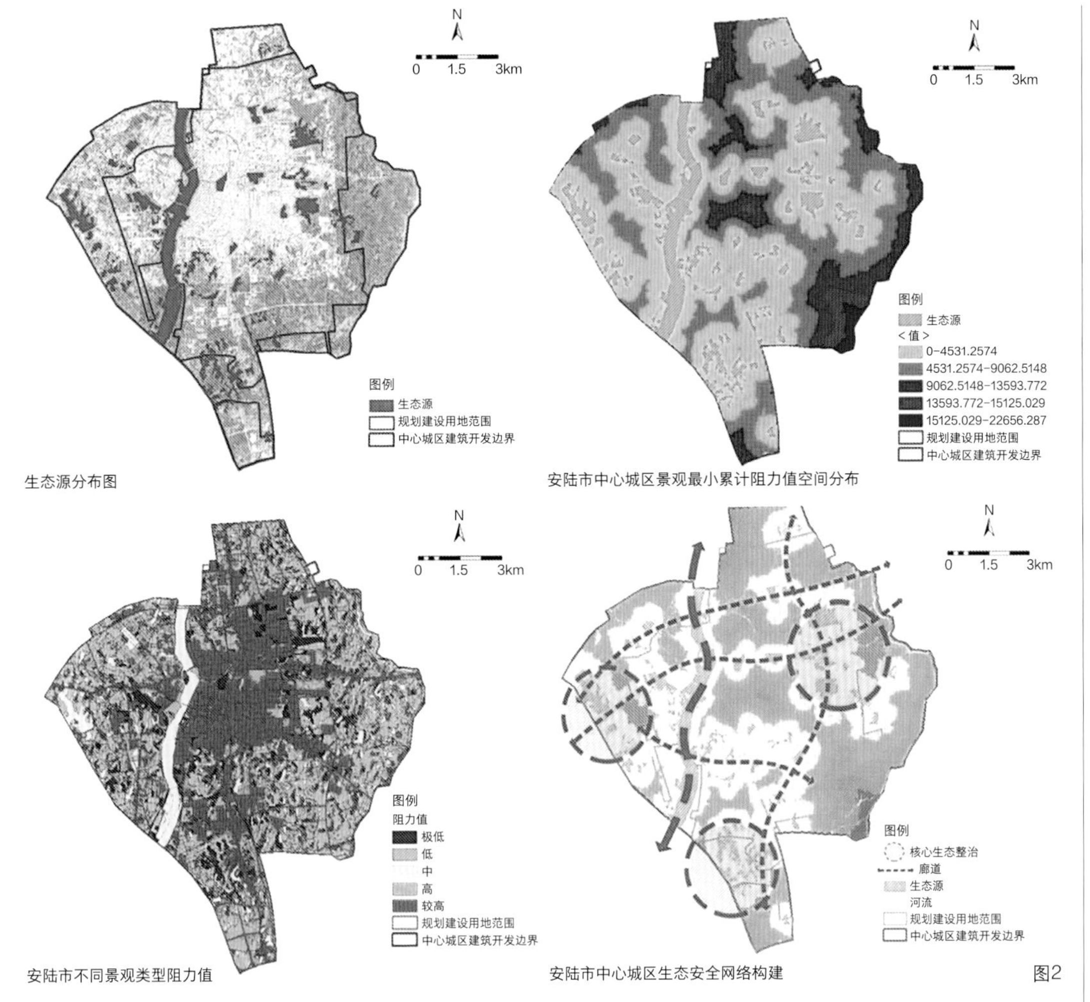

图2

图 2　中心城区景观生态安全格局构建图

图 3　安陆市中心城区绿地结构图

图 4　安陆市中心城区绿地布局图

（三）融入地域历史文化脉络，打造专类公园

文化的传承与展示能让绿地具有持久的生命力，为人们所熟知和铭记。安陆市拥有深厚的历史文化和现代文化，在绿地建设中融入文化元素，突出绿地的地域性特色。规划注重突出安陆市的多元文化，依托专类公园规划，充分融入地域文化特色(表 1)。文化主题涵盖李白文化、古城文化、银杏文化、漫画文化和红色文化等。

（四）城乡一体，加强与区域绿地的连通性

城镇开发边界内的结构性绿地不但包含城市

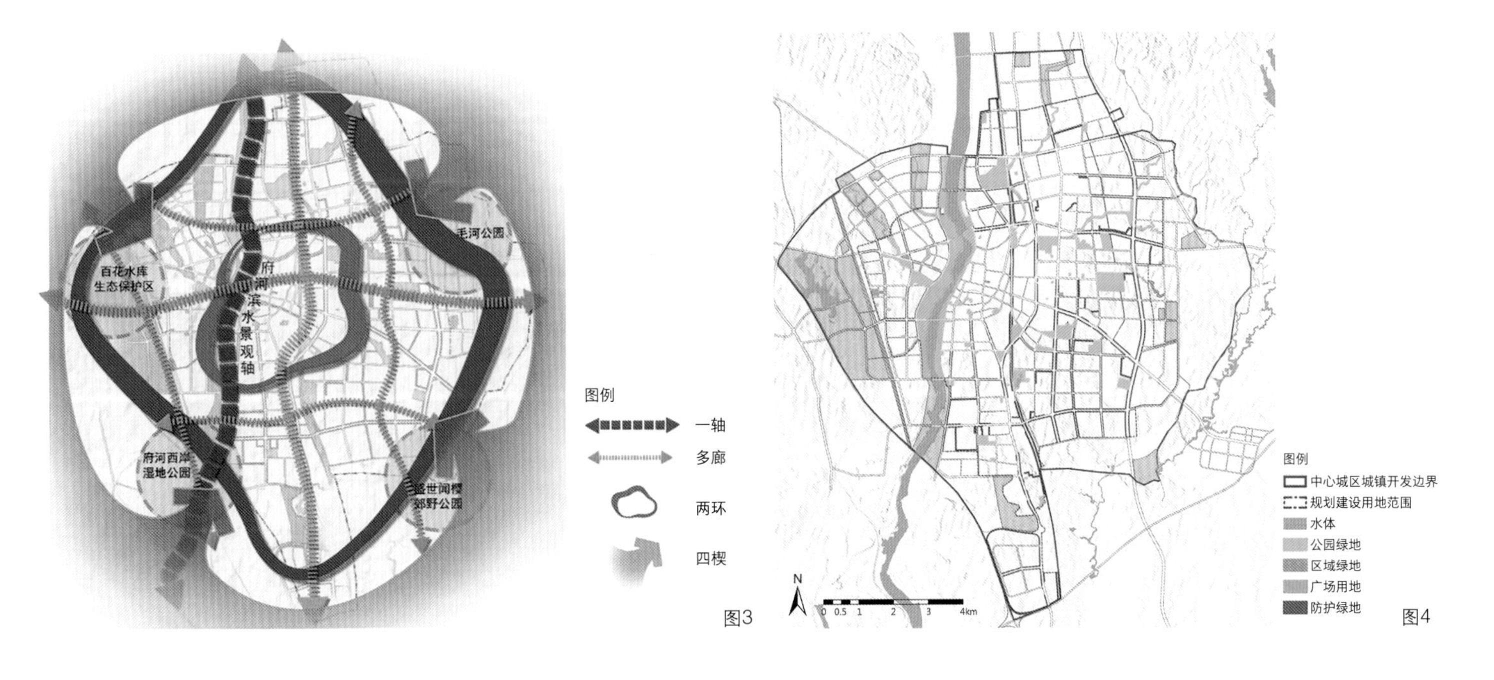

图3

图4

安陆市专类园一览表　　表 1

序号	类别编号	绿地类别	绿地名称	文化特色
1	G13-1	专类园	劝学公园	李白文化、古城文化
2	G13-2	专类园	李白纪念公园	李白文化
3	G13-3	专类园	长岗河康养公园	古城文化
4	G13-4	专类园	银合园	银杏文化
5	G13-5	专类园	民主儿童乐园	漫画文化
6	G13-6	专类园	桃花源	市花文化
7	G13-7	专类园	廉政主题雕塑公园	红色文化、廉政文化
8	G13-8	专类园	十里体育公园	红色文化

建设用地中的公园绿地和防护绿地，也应注重与区域绿地的连通，纳入城市建设用地以外但具有风景游憩功能的区域性绿地，利用其建设郊野公园等，提供可供中短途游憩、远足、自然教育的生态场所。

规划极大地加强了城内外水系的连通性，且将城市中重要的水系（护国河、毛河、府河）均纳入综合公园规划中，各沿河绿地之间实现相互连通。这可以使水系在生态功能的补充、景观层次的丰富、城市空间的延续、丰富城市居民休闲生活等方面都发挥更好的作用。

四、规划实施的重要意义

（一）营造优美环境，服务安陆市民

本规划对安陆市“公园城市”建设和绿地系统建设提供了有力支撑。营造出城市与自然山水相伴的景观生态空间格局，让安陆市生态环境更加优美；打造出绿色空间与历史文化交融的新风貌，让安陆市公园建设更有特色；将公园服务渗透入城市生活，让安陆市绿色服务更有品质。

到 2035 年，中心城区绿地率将达到 43.11%，城区人均公园绿地面积达 16.63m^2。安陆市将拥有“更生态、更自然、更亲民、更有温度”的绿色空间，让市民“近”能推窗见绿、出门见园、漫步府河畔，“远”能郊野观鸟、文旅结合、徒步白兆山。充分享受人与自然和谐共处的美好环境。

（二）在新时期国土空间规划背景下，支撑国土空间规划

安陆市绿地系统规划受国土空间规划约束指导，核心内容符合上位规划的总体空间管控。同时，绿地系统规划将支撑国土空间总体格局优化。绿地系统规划数据全部纳入 GIS 平台绿地数据库，与国土空间规划要求的数据平台及数据形式一致，为国土空间规划提供数据支撑。另外，通过绿地系统规划明确的生态目标与构建的蓝绿生态网络可以为国土空间总体格局优化提供重要内容支撑。

项目组情况

单位名称：华中农业大学园林规划设计研究院
　　　　　上海唯美景观设计工程有限公司

项目负责人：吴雪飞

项目参加人：周　媛　高露文　洪永凌　王翀裕
　　　　　　李业涵　蔡锐鸿　秦露筠　马经纬
　　　　　　陈丽玮　徐震海

安徽马鞍山长江两岸生态保护与绿色发展总体规划

南京林业大学风景园林学院／蔡明扬　苏　欣

摘要：本文基于安徽马鞍山市沿江片区愈发严峻的生态环境形势，借力长江经济带发展战略全面实施和生态文明建设加快推进的契机，注重“源头—过程—终端”三者间的生态关系，构建科学、系统的生态安全格局与简约、自然的生态景观格局，对马鞍山沿江片区进行生态保护与修复，统筹绿色发展，助推长江大保护战略实施。

关键词：风景园林；马鞍山市；长江；生态保护

一、规划源起

生态文明建设关系人民福祉、关乎民族未来，对于中华文明摇篮之一——长江的保护更是如此。随着推进生态文明建设的大力推进，以及尊重自然、顺应自然、保护自然等绿色生态文明理念的提出，为长江沿岸生态发展带来了重大机遇。在此契机下，团队开展了马鞍山段长江岸线生态保护与绿色发展规划，充分贯彻落实全面推动长江经济带发展和扎实推进长三角一体化发展，坚持生态优先、绿色发展，坚持“共抓大保护、不搞大开发”，把修复长江生态环境摆在压倒性位置。

二、区域概况

马鞍山市是安徽省辖地级市，位于中国华东地区，安徽省东部、长江下游，接壤南京，地处东经117°53′～118°52′、北纬31°24′～32°02′。长江马鞍山段上游起自东、西梁山，下游至慈姥山，全长约36km，呈两端窄、中间宽的直分汊形态。

本次规划范围分为马鞍山长江东岸与马鞍山长江西岸（和县段）两个部分。马鞍山长江东岸起自长江与姑溪河交汇处，下游至慈姥山，岸线长约23km，为马鞍山主城区滨江岸线。马鞍山是一座滨江资源型城市，经历了“先有矿后有市，先生产后生活”的发展过程，故长江东岸滨江区域集聚码头、工厂及废弃地，岸线类型以工业型岸线与生活型岸线为主。

马鞍山长江西岸（和县段）起自长江与太阳河交汇处，下游至长江与驷马新河交汇处，岸线长约23km，为马鞍山市辖县和县的滨江岸线。和县是传统农业大县，岸线类型以滩涂、湿地、水田等风貌的自然型岸线为主，局部散布码头，工业产业分布较少。

三、规划理念

马鞍山长江两岸生态岸线综合规划是一个大尺度的长江生态保护与景观规划，它不是单纯的造景，而是侧重达成与自然的联系。因此，从生态系统的整体性和流域系统性出发，依据景观生态学中“斑块—廊道—基质”理论，梳理全域范围内的生态斑块、廊道及基质，构建“源头—过程—终端”的生态安全格局，科学、系统进行长江生态保育及修复工作。

在生态优先的前提下，沿江区域以自然景观为基础，营建水清岸绿的长江生态岸线，绘就“蓝绿交织、人城相融”的滨江画卷，从而实现自然生态修复、低影响开发与城市人文记忆的有机融合。

四、生态安全格局构建

在规划过程中，强调规划视角不能仅局限于长

图 1　马鞍山长江东岸生态安全格局构建思路
图 2　马鞍山长江西岸（和县段）生态安全格局构建思路
图 3　马鞍山长江东岸生态景观格局规划

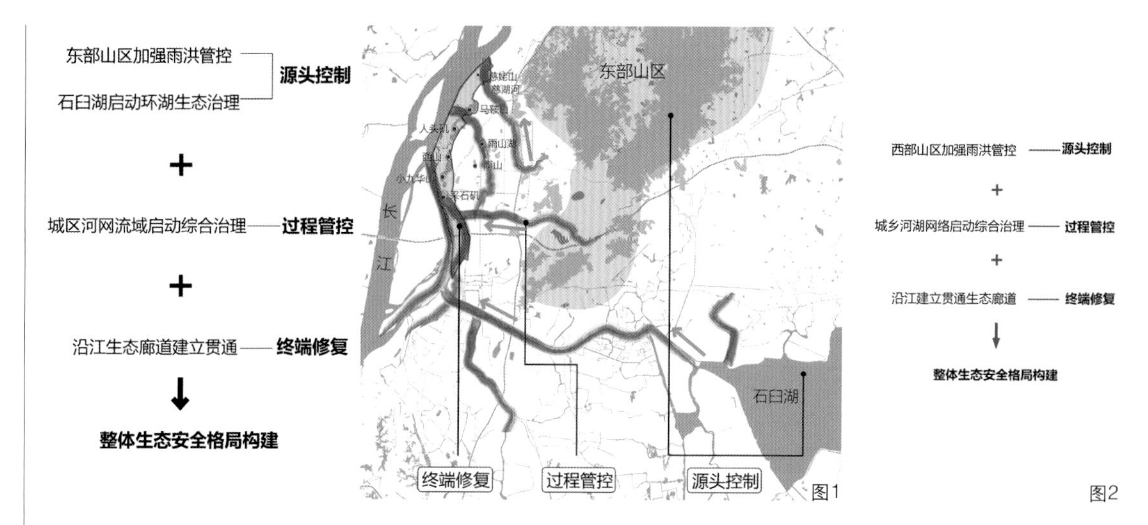

图1　图2

江岸线的生态景观修复，而应着眼于城市整体生态安全格局的构建，注重源头、过程、终端三者之间关系，系统修复的重要性远大于局部治理。

在规划系统中，源头控制、过程管控、终端修复是生态保护纲要的重要部分。源头控制注重上游湖泊及山区的雨洪管控、合理调蓄；过程管控侧重综合治理流域范围内河网，加强沿线河流生态蓝道建设，逐步缓解城市雨洪压力，改善城市及沿江雨洪安全格局；终端修复着重强调对沿江片区全方面综合整治，建立多样性丰富的沿江生态廊道，从而对马鞍山沿江片区进行生态保护与修复（图 1、图 2）。

五、生态景观格局构建

马鞍山是跨江型城市，两岸滨江片区在现状基底、现状生态生境、岸线类型等方面均具有较大差异性，因此我们因地制宜，在生态修复与保护的基础上对两岸差异性进行生态景观格局构建。

马鞍山长江东岸岸线类型以工业型与生活型岸线为主，故在规划中，主要是对原有工业棕地进行生态修复与改造。规划生态修复区、湿地风情区、文创旅游区、田园风光区 4 个分区，展现本土特色，打造一个山清水丽、节奏分明、开合有度的沿江序列景观（图 3、图 4）。

生态修复区片区现状以工业用地为主，规划充分利用区域内零星场地，融入工业文化、航运文化，发展绿色空间。湿地风情区现状以砂场、港口为主，生态破坏较为严重，区域内违法、高污染企业征迁后，所遗留的废弃场地贯彻自然恢复为主、人工措施为辅理念，还原场地原有的江畔湿地肌理，并在局部借现状硬质场地，低影响介入观江空间（图 4～图 6）。文创旅游区依托采石风景区，融入本土特色文化（包括以李白为主的诗歌文化、改革文化、古镇文化），构建集生态、文化、旅游等功能于一体的综合性文旅片区。田园风光区现状以农田、水塘肌理为主，借区域内自然肌理，融入乡土文化、农业文化，再现滨江

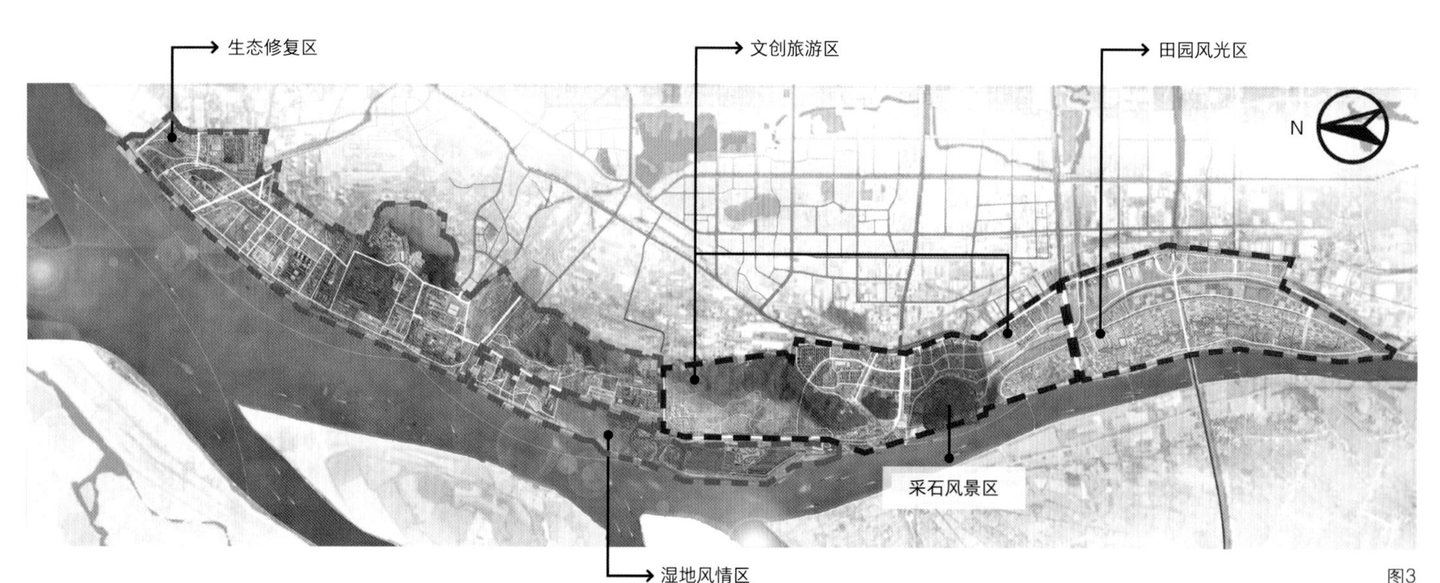

图3

图4　东岸——滨江风光
图5　东岸——湿地风情区"薛家洼片区"生态治理前后对比
图6　东岸—— 薛家洼夜景

一脉三核 四区十景

一脉： 滨江生态景观脉

三核： 零点公园——北启先导核心

浮沙圩——生态修复示范核心

和州之心——生态景观核心

四区： 生态修复区 田园风情区

城市视窗区 智慧农业区

十景： 十大生态文化景致

滨江生态景观脉 三大核心

四大功能分区 十大生态文化景致

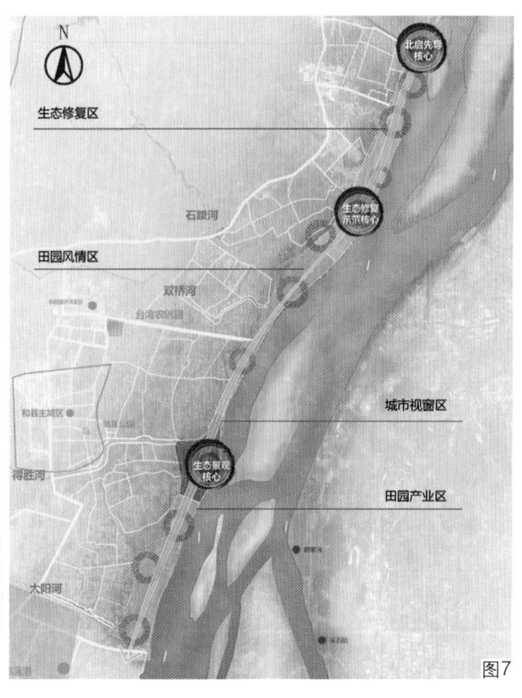

图7

图8

图9

图7 马鞍山长江西岸（和县段）生态景观格局规划

图8 西岸—— 一期浮沙圩湿地公园风光

图9 西岸—— 一期浮沙圩生态公园“云朵”驿站

田园风光。

马鞍山长江西岸（和县段）以自然型岸线为主，沿线村落与农田分布较多，工厂、码头分布较少，局部地块存在工业拆迁遗留区域，需要后期统一整治。和县作为传统农业大县，正处于产业转型、拥江发展的新阶段，沿江片区绿色发展示范片区的建设，对于探索城市绿色发展路径、带动周边区域发展等均具有重要意义。

规划首先对滨江区域逐步进行林相更新（丰富植物景观、提高森林覆盖率、优化林分树种结构、完善生态保护体系）、对农业点源、面源污染进行治理等，提升生态效益，而后在生态修复的基础之上，贯通生态廊道，融入地域文化，规划形成“一脉三核、四区十景”的生态景观结构（图7）。利用部分废弃码头拆迁遗留区域，营建北启先导核心——零点公园、生态修复示范核心——浮沙圩、生态景观核心——和州之心3处生态景观重点区域，作为居民主要的休闲、观江场所，以“和”为脉，将其打造为联结城区与沿江片区的生态纽带以及和县对外展示的生态名片（图8、图9）。

经过各方共同努力，马鞍山长江两岸的系统性修复治理目前已取得了显著成效。马鞍山长江岸线综合治理和生态环境保护修复工作得到了充分认可与肯定。如今的马鞍山长江段风景如诗如画，放眼望去一碧万顷、游人如织，可以称得上是再现了李白“天门中断楚江开，碧水东流至此回”诗句中的长江美景。

项目组情况

单位名称：南京林业大学风景园林学院

马鞍山市城乡规划设计院有限责任公司

安徽林海园林绿化股份有限公司

项目负责人：严　军　周征舸　程　俊

项目参加人：肖祥样　季慧林　陈　晨　马舒雅

蔡明扬　王　婷　程　刚　申婧婷

姚恒钊　李星媚

山水妙境，禅茶之源

——浙江湖州市妙山村“两山”示范点创建EPC工程

浙江大学城乡规划设计研究院有限公司／李　瑛　赵烨桦　汤　珏

摘要：妙山村借助“两山”示范点乡村发展新模式，以禅茶之源为文化特色，以绿水青山为基底，重新梳理村庄产业，挖掘、盘活存量资源，通过景观提升，引入小微项目主体，推动村集体经济提质扩量，实现村强民富，成为吴兴区乃至全国的“两山”实践示范样板村。

关键词：风景园林；“两山”理念；乡村发展新模式；湖州市

一、项目背景

2020年是“两山”理念提出15周年，也是湖州市“两山”转化提升年，吴兴区紧紧围绕“两山”理念，提出“两山”示范点乡村发展新模式，开创城乡融合发展新局面，位于西塞山度假区内的妙山村有幸入选此次吴兴区“两山”示范点计划名单。

在“两山”理论的基础上，我们为妙山村寻找了一条合理高效、适应妙山村的“两山”转化路径：深挖妙山村内在，提升“绿水青山”价值；整合优化村内的第一、第三产业；以高质量的产业结构，吸引更高层次的人才和资方，让“两山”转化的直接路径能够带来“金山银山”，将妙山入打造为吴兴区乃至全国的“两山”实践示范样板。

二、现状概况

妙山村位于湖州市吴兴区妙西镇西塞山度假区内，包含11个自然村，总面积9.07km²，交通便捷，紧邻莫干山风景区及湖州中心城区。境内山水资源优质，茶田层叠、佳木成荫、竹林掩映，水库与溪流联通，花鸟鱼虫和谐共生。“西塞山前白鹭飞，桃花流水鳜鱼肥”就是妙山生态的真实写照。此地“茶禅文化”源远流长，陆羽古道主要出入口就位于此。村内有古寺、古桥等人文景观，深厚的文化底蕴为妙山村旅游开发奠定了扎实基础。

三、创新技术路径

构建规划、建设、管理、经营四位一体的长效体系。我们在初期规划设计上就把建设同今后经营、管理密切结合起来，同时要求特色鲜明、文化彰显、便于操作。用经营的理念来研究确定发展的远景目标和定位，倒逼乡村建设与经营的规划设计、项目落实和工作安排。

（一）资源为根——挖掘存量空间，壮大集体经济

我们以盘活存量空间以及线路串联为设计主导，充分挖掘、盘活闲置空地、集体资产和山水田湖等存量资源，打造乡村特色景观（图1），植入业态，引入项目运营主体，促进村集体经济提质扩量。

（二）文化为魂——禅茶属地文化，丰富乡村内涵

妙山所处的妙西镇是茶圣陆羽生活和撰写《茶经》的地方，是中华茶道的发祥地。茶禅文化是项目地最具代表性的资源。我们提出了“山水妙境、茶禅之源”的妙山村主题形象，充分挖掘当地人文底蕴，深耕世界茶禅文化思想源地，突出妙山村绿水青山、村景相融的绝妙意境。结合妙山村的陆羽文化，我们打造了一条陆羽茶经主题绿道（图2），串联妙山新十景及现有生态旅游项目，并设有10座以茶经篇章为名、功能各异的茶经驿站（图3、图4），实现“行十里妙山，品陆羽茶经”的游览体验。

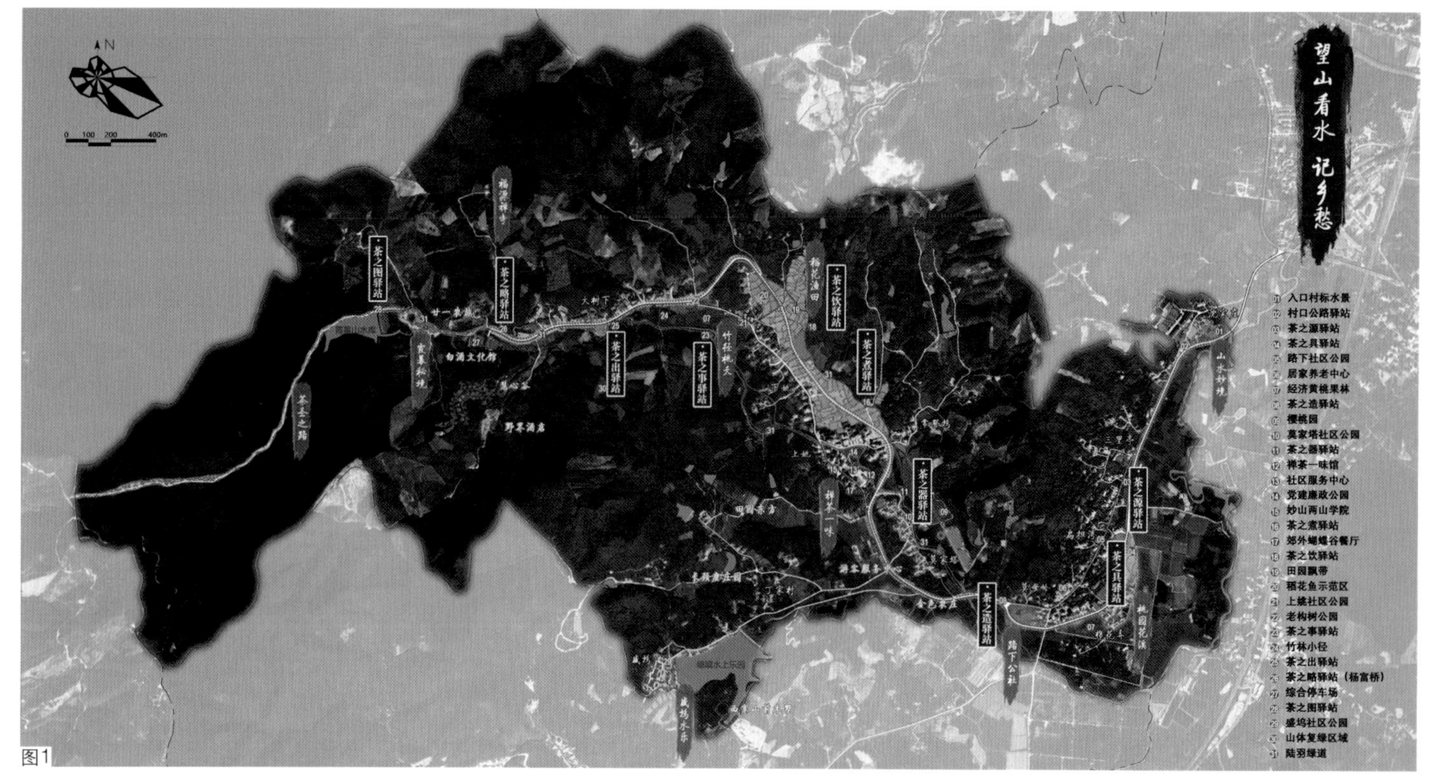

图 1　项目总平面图
图 2　陆羽茶经主题绿道
图 3　茶之源驿站
图 4　茶之器驿站
图 5　稻花渔田田园产业区

（三）产业为基——统筹产业发展，促进农旅融合

规划“一带四区”产业布局，包括桃源路下休闲区、绿水盛坞度假区、田园农事体验区和茶禅山谷康养区，引入农旅、游乐、文创、餐饮等新兴业态。打造以果桃、白茶、水稻为主的三大特色田园产业区（图 5）。

（四）形态为美——微改造精提升，改善人居环境

1. 妙山村新十景

对片区内的闲置老宅、羊圈、老水塘和废弃水厂等存量资源实施“微改造、精提升”，使其蜕变为山水妙境（图 6）、桃园花溪（图 7）、路下公社（图 8）、禅茶一味、盛坞水乐（图 9）、稻花渔田、

图6

图7

图8

图9

图10

图11

图12

图13

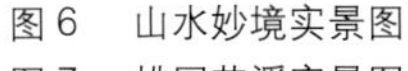

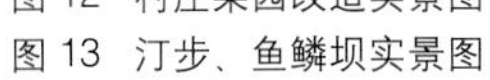

图6　山水妙境实景图
图7　桃园花溪实景图
图8　路下公社实景图
图9　盛坞水乐实景图
图10　围墙改造实景图
图11　村庄公共空间改造实景图
图12　村庄菜园改造实景图
图13　汀步、鱼鳞坝实景图

竹径桃夭、福源禅寺、霞幕秘境、茶圣之路等妙山新十景，包括水生态科普园、美术馆、水上乐园等新晋文创旅游打卡地，打造“西塞山前白鹭飞，桃花流水鳜鱼肥”的未来乡村风貌场景。

2. 村庄风貌提升

重点针对路下、莫家塔、上下姚、丁家村、盛坞村和大树下六个乡村组团进行全域景区化提升，形成山水林田与村庄和谐统一的整体风貌。根据建筑风貌和业态的不同，以及每户居民需求，对农家乐、民宿和园艺爱好者家庭的围墙进行个性化设计（图10），美丽庭院覆盖率超过85%。改造村庄公共空间（图11），规整村内菜地（图12）、鱼塘和水系，增加汀步、鱼鳞坝（图13）、休闲廊架、生产管理用房、生态停车场等，方便村民生产生活。

3. 乡村设计元素

景观节点中的建筑、围墙、小品及铺装材料等尽可能来源于当地或采用当地做法，如夯土墙、青砖、垒石等。呼应本土乡村风格的同时，局部大胆使用新材料，展示地方特色，避免同质化、千村一面和“跟风”现象。尊重当地民风民俗又满足现代生活的需要。

图 14　村庄业态植入

四、项目落地保障

（一）工作组凝聚力强大

我们牵头联合业主和建设、施工、运营等其他相关单位创建了凝聚力强大的妙山村“两山”示范点建设 EPC 工程工作组。在设计、建设和管理过程中，驻场设计团队全时在线、方案在地，与各业主、各村民、联合体工作时无缝衔接，随时沟通、及时调整，有效保障了设计的合理性和落地性，确保方案设计完美落地。

（二）村民共建人居环境

方案设计团队全程参与，根据每户村民需求，一户一图进行设计，经过对门牌、店招、美丽庭院、围墙围篱等景观的设计，最大化发挥村民的创造性和兴趣。许多村民在设计师与施工团队带动下，积极改造自家前庭后院和菜园。我们还联合业主组织村民考察民宿，鼓励农户和返乡人员开发利用自建房屋自主经营乡村民宿。

五、社会经济效益

（一）引游客——满足旅游需求，助力村民创收

依托建设后的景观节点和特色旅游项目，妙山村已在建成的景点内成功策划举办了各类活动，如年猪文化节、丰收节、田园集市、汉服秀、夏日嘉年华等，成功构建村民—游客两级文化活动圈，吸引众多游客驻足消费。

（二）引乡贤——引入专业管理，提高运营效益

村域水稻、果桃产业经过整合梳理后，引入大户，形成农业生产大户模式，推进农副产品规范化、品牌化。凭借越来越佳的乡村环境，村内妙山十景中的桃园花溪、盛坞水乐已完成运营方招商，成功吸引了如老邓漫画美术馆、南山露营、水上乐园、松菓咖啡的投资改造（图 14）以及高端酒店的引进。

（三）引青年——增加新兴业态，丰富体验产品

引进投资的入驻项目为村里提供了大量就业岗位，许多村民实现了家门口就业。除此以外，建成的多类项目及景观节点融合运营理念，将如自然教育、餐饮服务、户外运动等创业机会提供给返乡青年。

六、结语

妙山村现已有较大的经济效益和良好的媒体反馈。常住人口显著增长，村民人均收入和村级集体经济收入不断增加。2021 年，妙山村成功入选全国乡村旅游重点村；2022 年，妙山村成功入选浙江省首批未来乡村。

项目组情况

单位名称：浙江大学城乡规划设计研究院有限公司

项目负责人：李　瑛　汤　珏　章世杰

项目参加人：桂　博　刘洪扬　陈　敏　褚李飞　赵烨桦　阮佳莹　阮一帆　史绮莲

图14

乡村线性景观营造

——浙江义乌美丽乡村“画里南江”休闲精品线

浙江农林大学风景园林与建筑学院 / 金敏丽

摘要：义乌市美丽乡村“画里南江”山水休闲精品线路的线性景观设计实践，是以南江流域的乡村人居环境为对象，通过利用精品线路的创新规划设计策略与方法，对沿线山水生态修复保育、乡村生活场景优化营造、特色产业带动发展、人文古韵传承彰显以及乡村人居环境建设等方面提供规划设计的思路和实践经验。

关键词：风景园林；美丽乡村；景观营造；休闲

一、项目背景

线性景观（Linear Landscape）的概念源于西方“绿道”(Greenway)，可理解为具有线性的形式，同时兼有连接开敞空间、连接自然保护区、连接各种景观要素的绿色景观廊道，是一个集生态、游憩、文化、美学及土地可持续发展等功能于一体的复合生态系统。狭义上说，线性景观可延伸到风景道、文化线路、遗产廊道、历史线路、精品线、观光带、绿道、绿带等概念。“画里南江”精品线是基于浙江省美丽乡村精品线建设背景，旨在实现城乡联动发展的乡村线性系统。

2003 年，浙江省启动“千村示范、万村整治”工程，经历了示范引领、整体推进两个阶段；2009 年，为了解决村庄、城镇、农业园、农家乐、景点等“各自为政”、点状分散布局的种种问题，率先尝试用串点成线、以线带面的思路，探索美丽乡村精品线建设；2012 年，浙江省美丽乡村建设进入以“两美浙江”为目标的深化提升阶段，全省各地开始美丽乡村精品线的实践探索，是具有浙江特色的新概念和新思路，多以公路交通线、河道为纽带，链接城乡，充分挖掘、利用沿线自然资源和人文资源，整合山、水、林、田、村镇等要素，以改善人居环境、推动产业经济、提高生态质量、传承乡村文化为根本任务，融居住生活、农业生产、休闲旅游、生态保护等功能于一体，实现资金、人流、技术、信息从城市向乡村输送，生态农产品、生态旅游等从乡村向城市输送，形成带动沿线城乡区域发展的产业带。

二、项目概况

义乌市是浙江省中部地区的重要城市，县级城市综合竞争力居全国前列，是全球最大的小商品集散中心，第二、三产业发达，城市与乡村之间的二元结构明显，城乡差距逐渐拉大。2016 年义乌市按照“建设美丽义乌、创造美好生活”的总体要求，扎实推进新一轮美丽乡村建设，编制完成《义乌市美丽乡村建设提升总体规划》，确定“一环、三带、四片、十线”的市域美丽乡村空间布局，规划打造 10 条美丽乡村精品游线，全力建设城乡统筹先行区。美丽乡村“画里南江”山水休闲精品线项目正是其中之一。

“画里南江”山水休闲精品线位于义乌市佛堂镇，自东向西分别经过画坞坑、坑口、八岭坑、石壁村、陈村、钟村、南王店、东上村、许宅村、梅林村、奕岩头等 11 个行政村，以及王坞坑、金光顶、摇石里等自然村，东西单向全长约 11km（图 1），总建设面积约 39.2 万 m^2。项目所依托的南江是当地最大河流义乌江的最重要支流，沿线山水风光秀丽、生态环境优越、历史底蕴深厚，产业以粮食、果蔬种植等为主，二、三产业占比较低。规划设计重点集中在精品线主题定位、主线景观、沿江绿道、村庄改造、乡村游园、景观节点、古道修复等方面。

图 1　休闲精品线区位图
图 2　南江风光图

三、实践经验

（一）打破边界，资源整合

基于乡村环境的综合性，乡村语境下线性景观规划设计的研究范围包括具体景观节点、线性道路及其拓展延伸至道路两侧的视线所及范围，还包括区域内山水林田等自然要素资源、村庄聚落、历史文化、产业经济等各方面的研究分析，打破原有区划范围限制，对周边区域研究范围进行摸底调研，从区域统筹发展的视角，对可整合的资源要素进行全面、深入挖掘与利用，坚持规划引领设计落地，以多规合一来引领与指导设计。

首先对项目区域开展充分详尽的调研，厘清沿线山林、农田、南江、生物（义乌小鲵、白鹭）等自然资源和生态本底（图 2），挖掘周边古韵村落、名人典故、宗教信仰、遗址遗存等人文资源，以“山林—南江—农田—村庄—人文”作为综合系统来考虑，将自然资源和人文资源进行有机整合，以打造“浙中富春山居图”为规划愿景，山水筑体、活力筑形、文化铸魂，来描绘群山萦连、草木如画的南江山水画卷，确立“美心宿乡归田园、慢山慢水慢生活”的主题定位，通过营建“山居、水居、田居、园居”等乡村生活空间，让游人享受田园慢生活，再续乡愁梦。整个规划设计工作都充分结合利用南江流域优越的山水风光，合理有序开发利用沿线的人文资源，让自然风光与人文风情有机结合，进一步提升精品游线的地域气质。

（二）问题导向，寻求突破

以发现项目区内亟待解决的自然生态、人居环境、产业经济、历史文化等问题和难点作为规划设计突破口，以解决实际问题为导向来制定针对性的规划设计目标和策略。

通过实地考察和研究分析，发现“画里南江”精品线的主要难点在于：①如何选定休闲精品游线的线路，通过组织内外交通，淋漓尽致地向游客展现南江的秀美风情，并与周边资源有机联动发展；②如何演绎南江优美山水画卷并突出南江“慢山慢水慢生活”的鲜明主题；③如何既能保持南江原生态景观，又能吸引游客停留，巧妙配置彰显精品线游赏特色的活动内容。针对以上难题，项目组通过科学规划、合理设计，制定相应的对策：①合理选择休闲精品线主线景观的游赏线路，做到人车分离、快慢分行，对东西两侧入口的交通衔接进行梳理，在交通上与佛堂古镇、双林景区、东阳横店等旅游资源串联，整合资源、联动发展（图 3）；②深入挖掘地域特色，充分结合山、水、田、园本底资源与特色，坚持回归乡土，修复八岭坑古道，打造沿江绿道，提升改造乡村小游园和村庄风貌，使景观营造与现代休闲度假完美契合，并保持南江的原汁原味；③结合山水环境、农贸特产与乡土元素，围绕主题定位，布置既具乡村特色又符合现代审美要求、适宜休闲娱乐度假的相关活动，以新业态、新景观示范引领一村一业的产村融合发展方向，让游客在此望山见水、记住乡愁。

（三）挖掘特色、提炼主题

为加强休闲精品线的特性与辨识度，对线性景观进行主题形象定位。主题是灵魂，统领并贯穿规划设计的始终，运用园林艺术和技术的各种方法，因地制宜地使主题中的艺术形象得以生动体现，并达到融情入境的效果。

通过特色挖掘与主题凝练，将南江的落日、山形、木舟、白鹭、江滩等典型的自然和文化元素进行抽象演绎，结合地域独特的山水资源禀赋和历史文化特色，深入挖掘提炼，突出与彰显文化基因，并巧妙地将其转译为体现乡村和地域语境的形象符

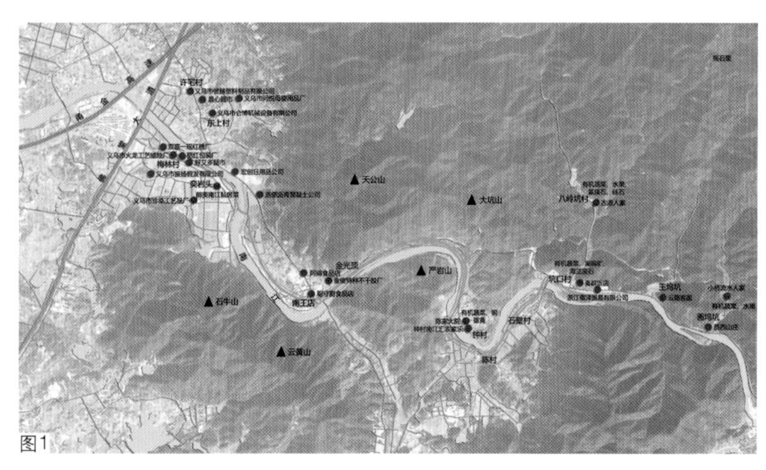

图1

图2

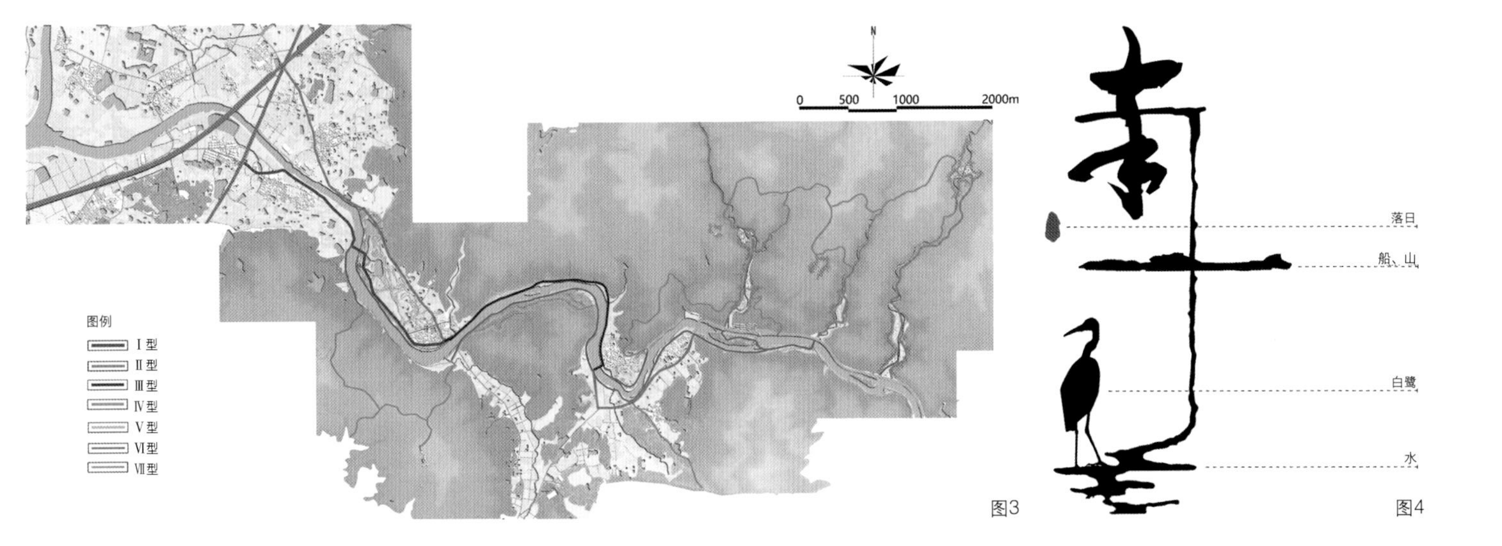

图3 图4

号，从而设计出符合南江气质、特色鲜明的景观标识Logo（图4），灵动地运用到休闲精品线的重要景观节点、景观小品、服务设施和标识标牌之中（图5），完美营造出特色的地域场景和浓郁的文化氛围。

（四）借力而为，素以为华

明末计成《园冶》中提到："俗则屏之，嘉则收之。"休闲精品线结合沿线视线分析，运用借景的设计手法，巧借沿线自然风光，如枫杨林、自然江滩、远景山林和田园风光等，兼容并蓄，让自然做功，将之与休闲精品线完美融合在一起。

同时，"画里南江"休闲精品线还把本土砖、瓦、土、木、石等材料融入沿线乡土景观设计建设中（图6），用朴素、极简的手法，营造标志性的地域特色景观，以体现场域的本真和乡土文化底蕴，既满足了现代人的多元使用需求，又能实现乡村地域文化景观的再生和可持续发展。

（五）文化赋能、回归本土

地域文化是一定地域内的人们在长期历史发展过程中通过体力和脑力劳动创造，并不断得以积淀、发展和升华的物质和精神的全部成果与成就。休闲精品线的规划设计中就大量融入人文故事、宗教信仰、风俗习惯、历史遗迹等地域文化，通过地域文化的赋能和加持，让其有得以延续的载体，并与沿线的游览风光相结合，从而更好地展示和传承地域文化。

为彰显精品线的人文内涵底蕴，"画里南江"休闲精品线规划恢复南江历史悠久的古渡口（图7），将废弃的红糖厂改造设计为游客中心与驿站（图8），并营造"石壁挽月"等游赏活动场地，同时修缮八岭坑古道，让历史遗存得以重现，节点雕琢、串联成景，将分散于各处的人文资源聚合到精品游线上，实现地域文化的保护传承与利用发展齐头并进。

图5

图6

图7

图3 道路交通规划图
图4 休闲精品线主题Logo
图5 入口景墙
图6 乡土材料运用
图7 梅林古渡口

图8

图9

图10

图11

图 8　南王店驿站
图 9　农产品展销
图 10　马拉松活动
图 11　精品线航拍

四、建成使用

精品线通过近三年的建设打造，梳理了沿线的自然景观，挖掘展示区域内丰厚的文化底蕴，有效地提升了沿线的景观环境，也极大地改善了各村庄的人居环境。"画里南江"绿道的贯通，还快速带动了梅林村、钟村等乡村各项产业的发展（图 9）；研学教育、马拉松、乡村骑行等各项活动也在沿线积极开展（图 10），广受游客与居民的好评。

五、结语

"画里南江"休闲精品线（图 11）将沿线的各类资源衔接起来，融景观、生态、产业、经济为一体，有效串联沿线村庄的联动与发展，极大地提升了村庄人居环境、服务设施水平和旅游接待能力。游客纷至沓来，各项活动也广泛开展，助力义乌做大做强乡村旅游品牌，有力促进城乡区域联动发展，既实现了从美丽景观线性串联到美丽乡村经济面域发展的深层跨越，也为乡村地区实现"两山"理论转化模式和区域共同富裕作出了积极的探索。

项目组情况

单位名称：浙江农林大学风景园林与建筑学院
浙江农林大学园林设计院有限公司

主要成员：江晓薇　蒋润芸　李　萍　傅丹诺
顾文华　王玮玮　刘　超　黄广龙
郑妙玲　雷　宇

第十届江苏省园艺博览会博览园创新实践

江苏省城市规划设计研究院有限公司／刘小钊　陶　亮　孟　静

摘要：第十届江苏省园艺博览会博览园依托场地条件和优越的自然环境，提取江苏地域景观风貌和文化分区特征，围绕新时代高品质园林绿化建设和创新示范要求，通过彰显江苏地域特征、传承传统造园精粹、践行绿色发展理念、塑造百变生活空间和促进区域融合发展，塑造具有良好文化性、参与性和示范性的园艺博览园和区域郊野公园。

关键词：风景园林；园博会；创新；江苏省

一、项目概况

第十届江苏省园艺博览会于2018年9月在扬州市举办，展会以“特色江苏·美好生活”为主题，活动内容主要包括造园艺术展、园林园艺专题展、宁镇扬花卉节系列园事花事活动及“继承与发展”科技论坛等。博览会紧紧围绕“探索、创新、示范、引领”的办会宗旨，打造精品园林，推动城市园林绿化行业技术创新与高质量发展，促进宁镇扬一体化和枣林湾旅游度假区建设，为地方经济社会各项事业发展作出积极贡献。第十届江苏省园艺博览会博览园（以下简称“博览园”）选址于仪征市枣林湾生态园内，面积约120hm^2（图1）。

二、总体构思与布局

（一）立意与构思

围绕“特色江苏·美好生活”这一主题，坚持以人为本、因地制宜、生态协调、文化传承的原则，基于场地环境特征，充分利用现有地形地貌、水系、植被等自然要素，展现郊野景观风貌；基于省域特色空间，梳理并提取省域典型风貌特色，展示江苏大地景观；基于地域文化资源，挖掘并提炼省域典型文化特征，传承发展园林文化；基于多样功能需求，发挥场地优势和功能潜力，营造百变生活空间（图2）。

（二）布局与分区

充分利用丘陵、湿地、水系、植被、村庄等现状要素，通过江苏地景园和“百变空间、花样生活”意境营造，展现江苏典型地理景观特色、植物季相特征、建筑文化特质和城市林荫路绿化风貌特点，打造融示范性、文化性、参与性于一体的区域郊野公园和大地景观，形成“一心（百花广场）一廊（山水景观廊）两带（湿地生态带、滨水景观带）五区”的空间结构（图3）。

百花广场：以原有村落为基底，结合美丽乡村建设、乡村庭院绿化和非遗文化展示，营造院落、街巷、建筑、广场等多维空间，打造“新扬派”聚落式民居。

公园花园

公园一词在唐代李延寿所撰《北史》中已有出现，花园一词是由“园”字引申出来，公园花园是城乡园林绿地系统中的骨干要素，其定位和用地相当稳定。当代的公园花园每个城市居民占有面积为6～30m^2。

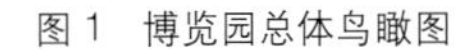

图1　博览园总体鸟瞰图

图2

山水景观廊：由空中廊桥、水上栈桥和林荫游步道组成，串联入口区、展园区、百花广场、台地花园及公共景观节点。

湿地生态带：是在保留基地原有湿地及岸线基础上，通过系统整理营造湿地生境。滨水景观带通过改造、沟通原有鱼塘洼地、灌溉水渠，打造富有活力的滨水空间。

五区包括入口展示区、园艺博览区、滨湖休闲区、台地游赏区和林荫活动区。入口展示区由南出入口广场、游客服务中心和主展馆组成。园艺博览区由13个城市展园和1个主题展园（园冶园）组成，是全园核心展区。滨湖休闲区通过修复原有云鹭湿地，提升景观效果，完善休闲功能，形成滨水生态游览区。台地游赏区利用水库堤坝与园区的地形高差，打造以菊科植物为主的台地花园。林荫活动区是博览园与周边环境的缓冲区域，利用优美的疏林景观，为游客提供游憩空间。

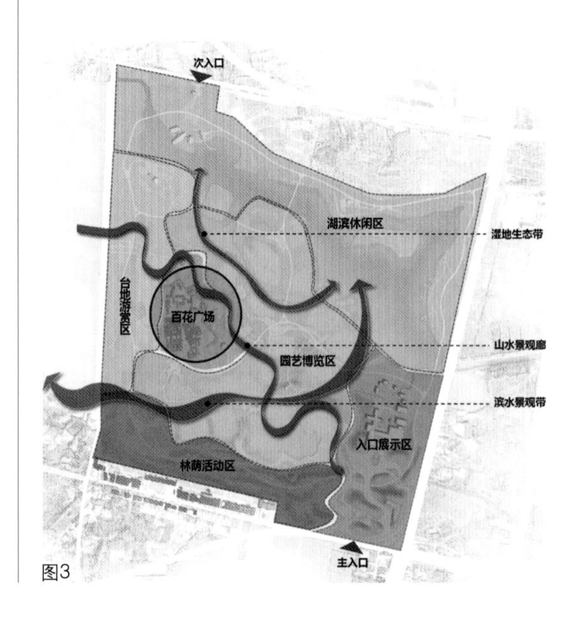

图3

图2　博览园总平面图
图3　博览园分区结构图

三、项目实践要点

（一）彰显江苏地域特征

以江苏自然地理格局为蓝本，以江苏五大文化为内涵（包括秀美灵动的江南文化、大气雍容的金陵文化、繁华古朴的淮扬文化、汉韵楚风的两汉文化和开放多元的江海文化），梳理地景风貌与文化分区的关系，优化山水环境并对博览园进行特色布局，深入挖掘地方园林文化和建筑文化，通过丘陵、湿地、水系、植被等要素，形成展现江苏大地景观风貌特色和植物季相景观特征的江苏地景博览园和具有地域文化特色的城市展园布局。在浓缩江苏地景风貌和文化特色的同时，呼应“创造美好生活”的时代要求，延伸江苏率先执行的区域特色空间规划展示（图4、表1）。

其中，宁镇沿江片区包含南京、镇江展园；苏锡常太湖片区包含苏州、无锡和常州展园；苏中运河片区包含扬州、淮安和泰州展园；沿海片区包含连云港、盐城和南通展园；苏鲁黄河片区包含徐州、宿迁展园。

（二）传承传统造园精粹

秉持自然生态的设计理念，强调“天人合一”“师法自然”。结合场地丘陵为底、水网丰富的优渥自然条件，耦合江苏省域特色空间的地理风貌和文化分区，通过传统的造园手法整合地形，掇山理水，将自然要素和人文资源巧妙融合，形成博览园自然人文相融的生态基底。

江苏传统园林的经典之处在于对自然山水的高度提炼，追求“一峰则太华千寻，一勺则江湖万里”的艺术境界。博览园中包括多个城市展园和主题展园，如扬州展园、园冶园、云鹭居等，设计重视园林艺术美的表达方式，运用现代造园技艺传承古典园林文化。多处运用“巧于因借”的中国传统造园手法，通过对原有地形的分析整理和景观再造，塑造特色鲜明的地景风貌。台地游赏区利用枣林水库大坝与园区地形高差形成的坡地，以错落的台地花

江苏省地景风貌特色分区　　表 1

序号	片区名称	涵盖地区	地景特征	建筑文化特征	空间发展特征	总体空间景观特色
1	沿江丘陵都市景观风貌区	南京北部、镇江北部、西部及扬州西南部地区	丘陵地貌	宁镇扬沿江文化圈	跨江高密度城市群	以宁镇扬沿江文化圈为背景，浑厚大度兼容，具有典型丘陵地貌特征的跨江高密度城市群
2	江南丘陵田园景观风貌区	宜兴、溧阳、金坛、高淳、溧水	丘陵地貌	苏锡常环太湖文化圈	点状城镇空间	以苏锡常环太湖文化为背景，风貌清雅精巧，在美丽山水基底上的点状城镇空间
3	江南水乡田园景观风貌区	太湖环湖地区及苏州南部	水网地貌	苏锡常环太湖文化圈	水乡古镇群	以苏锡常环太湖文化为背景，风貌清雅精巧，具有典型水乡地貌特征的古镇群
4	沿江平原都市景观风貌区	常州北部、无锡北部、苏州北部、泰州南部、南通南部、镇江东部	平原地貌	苏锡常环太湖文化圈、扬淮苏中运河文化圈	跨江高密度城市群	以苏锡常环太湖文化圈、扬淮苏中运河文化团为背景，清雅与雄秀兼具，具有典型平原地貌特征的跨江高密度城市群
5	里下河水乡田园景观风貌区	淮安南部、扬州北部、泰州北部及盐城西部地区	水网地貌	扬淮苏中运河文化圈	水乡点状城镇空间	以扬淮苏中运河文化圈为背景，秀雅兼容，具有里下河水网地貌特征的点状城镇空间
6	黄淮平原田园景观风貌区	淮安北部、宿迁南部、盐城西北部、连云港西南部地区	平原地貌	扬淮苏中运河文化圈	平原点状城镇空间	以扬淮苏中运河文化圈为背景，秀雅兼容，具有平原地貌特征的点状城镇空间
7	滨海生态城市景观风貌区	连云港东部、盐城东部、南通东部地区	平原地貌	通盐连沿海文化圈	点轴城镇空间	以通盐连沿海文化圈为背景，简朴多元，具有平原地貌特征的沿海点轴城镇空间
8	徐海丘陵城市景观风貌区	徐州、宿迁北部及连云港西部地区	丘陵地貌	徐宿苏鲁文化圈	点轴城镇空间	以徐宿苏鲁文化圈为背景，雄浑刚劲，具有丘陵地貌特征、大疏大密的点轴城镇空间

资料来源：《江苏省城乡空间特色战略规划》。

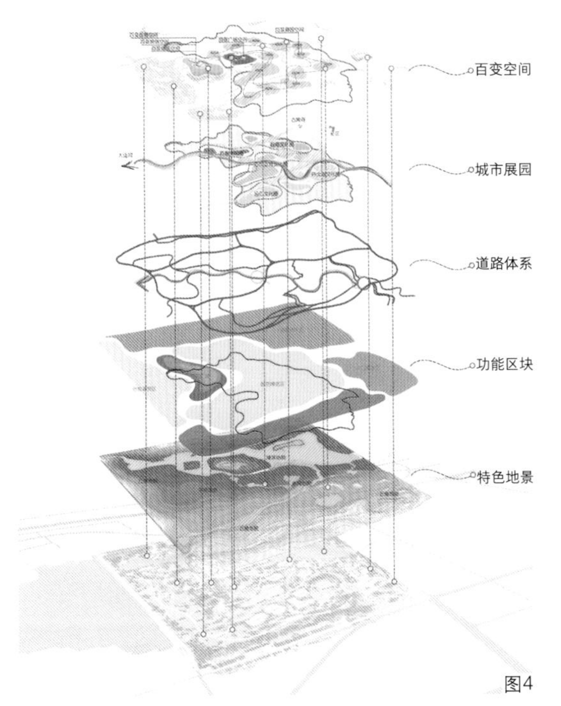

图4

图5

图6

园及充满趣味的活动设施，营造出坡地花田、趣味地景、互动体验等特色空间。入口展示区结合扬派盆景技艺展示和入口功能需求，营造山水印象空间，在咫尺山林中展现步移景异的景观形象（图 5）。

（三）践行绿色发展理念

秉持“生态优先、绿色发展”理念，围绕美丽江苏建设要求，充分彰显自然生态之美、城乡宜居之美、水韵人文之美、绿色发展之美，体现行业担当。追踪当代风景园林的发展趋势，落实生态修复、绿色建筑、立体绿化等低碳环保的现代技术，探索参数化设计技术和极简的设计表达，展现园林新材料、新结构、新工艺、新品种等方面的创新实践，尝试生土材料、废弃物、新型膜材料等材料创新（图 6），引领生态文明，为“水韵江苏”建设提供生态样板。

图 4　博览园布局分析图
图 5　博览园鸟瞰
图 6　阅读空间镀膜玻璃新材料应用

图7

图8

图9

(四)塑造百变生活空间

顺应百姓对美好生活的新期盼，引领绿色生活方式融入功能相宜的公共服务设施，细分需求，强化互动。融入包括社交、阅读等多种具有生活气息的园林空间，让博览园成为文化教育活动的场所；融入水、雾、石、木、土等自然元素和趣味特色雕塑，在丰富景观的同时增添游人趣味体验，让博览园成为促进健康生活且内涵丰富的活力场所，为城市公园绿地营造多元服务的功能场所提供示范引导（图7、图8）。同时将场地原有村落纳入园区统一建设，既将园林文化与民众的幸福生活有机交融，又在设计中探索“新扬式”建筑风格，为美丽乡村建设提供新思路。

(五)促进区域融合发展

综合考虑与周边景点的整合，设计提出“一主多辅”组团展示概念，将“园博效应”放大至枣林湾度假区，促进园博园内外融合发展和该地区城乡融合（图9）。同时，充分考虑后续利用，从功能整合、设施共享等方面与2021年扬州世界园艺博览会博览园规划建设全面衔接，节约重复投资。并发挥以点带面的积极作用，以枣林湾旅游度假区全域基础设施提升，带动仪征市环境的整体改善，为宁镇扬协同发展发挥触媒作用。

图10

图11

图7 博览园童乐园局部鸟瞰
图8 博览园百变空间大草坪
图9 博览园及周边区域鸟瞰
图10 凌空花廊、螺旋塔参数化设计建造
图11 贴近生活的花样园林空间

四、结语

本项目保留湖泊、湿地、丘陵和村庄的肌理，浓缩江苏地景风貌和文化特色，实现布局创新；传承传统园林文化，继承和发扬传统造园理念，探索新时代背景下传统园林文化的艺术表达，彰显江苏园林文化特色，营造出具有形式创新、风格创新、体验创新、互动创新的特色园林景观，实现设计手法创新；在建设中运用多种新技术、新工艺和新材料，对生态修复、建（构）筑物工程、园林绿化技术的研究、应用、推广起到引领与示范作用（图10）。

项目形成良好实施成效。生态效益方面，通过生态修复、湿地营造和生物多样性培育，增加了生物多样性和景观丰富度，提升了区域生态环境品质，为升级绿色产业、释放生态红利创造良好条件。社会效益方面，集中展示当代园林园艺发展最新成果，探索园林绿化建设新理念、新模式、新技术，激发全社会对和谐人居环境的关注与追求（图11），引领园林绿化行业高质量发展。经济效益方面，通过园博搭台、经济唱戏，放大园博关联效应，既带动承办城市的社会经济发展，也发挥以点带面的积极作用，推动区域协同发展。

项目组情况

单位名称：江苏省城市规划设计研究院有限公司

项目负责人：刘小钊 陶 亮

项目参与人：吴 弋 张 弦 汤文浩 宋成兵 孟 静 陈京京 翟华鸣 夏 臻 何黎军 陈步金

河北省第三届园林博览会总体规划方案和总体策划方案

北京林业大学／李　雄　姚　朋　戈晓宇　葛韵宇

摘要：项目总体规划以习近平新时代中国特色社会主义思想为指导，贯彻国家生态文明建设和美丽中国战略，秉承生态环保、文化传承、创新引领、永续利用原则，依托秦皇岛厚重的历史文化和栖云山原有的自然环境资源，撷取中外园林的艺术精华和河北省独有的地域特色，为秦皇岛打造了一届国内外一流的高水平专业园林博览盛会。

关键词：风景园林；园林博览会；秦皇岛市；规划方案

一、项目背景

近 20 年，我国城市事件性景观发展迅速，建设城市事件性景观日益成为推动城市发展与宣传城市形象的重要契机。河北省紧随国家先进发展理念，自 2011 年起开始举办河北省园林博览会，旨在促进园林行业互动交流、百姓互动参与，推动政府企业合作共赢。2018 年第三届园林博览会在秦皇岛举办，为港城的发展带来了重要契机。

河北省第三届园林博览会园区建设项目位于秦皇岛市经济技术开发区栖云山片区内，总面积约 127hm²。现状地貌以浅山坡地为主，地形走势西高东低，存在多条冲沟和雨水汇集的低洼地带。因栖云山采矿活动频繁，现状山体、植被、农田、水域遭受了严重破坏，片区生态环境亟待修复与整治（图 1）。

二、规划设计主要内容

项目总体规划以习近平新时代中国特色社会

图 1　项目综合现状分析

主义思想为指导，贯彻国家生态文明建设和美丽中国战略，遵循十八届五中全会提出的“创新、协调、绿色、开放、共享”新发展理念，围绕“山海港城，绿色梦想”的办会主题，以“五位一体园博会，三生共融栖云山”为目标，紧扣国家生态文明建设战略定位，响应区域一体化发展需求；集创新、协调、绿色、开放、共享于一体，融生态、生产、生活于一身。结合山、水、港、园，突出秦皇岛地域文化，强化创新引领，打造特色亮点，为秦皇岛打造一届国内外一流的高水平专业园林博览盛会。

项目在现状地形基础上，形成“三谷一脉、三核双组团”的总体规划结构，力求以多维度的创新视角来展示当代园林艺术和美丽中国建设风采。“三谷”为现状地形基础上形成的特色谷地景观，包括：展示河北省观赏花卉景观的省域花谷、展示秦皇岛能源植物主题景观的港城能源谷以及展示京津冀示范性植物景观的京津冀绿谷。“一脉”为贯穿园区南北的水脉景观，通过多样的滨水景观类型串联园区南北空间。“三核”为主展馆、绿色馆、栖云阁三大建筑形成的核心控制点，立足区域未来发展。“双组团”为园区北部的城市展园组团和园区南部的创意花园组团，融入城市、惠及市民。其中，北部城市展园组团包括主入口区、主展馆区、河北省城市展园区、秦皇岛市展园区以及主题园区5个区域；南部创意花园组团包括绿色馆及南入口区、主题创意展园区、专类花园区、京津冀示范展园区、地域风情展园区5个区域（图2～图9）。

图2

图3

图2 设计总平面图
图3 实景鸟瞰

三、创新与特色

（一）规划设计创新

项目以协调传承与创新、政府与企业、会时与会后3组关系为突破点，在规划设计层面实现了展览展示内容组织、展园布局模式和未来发展模式三大创新：

1. 展览展示内容组织创新

本项目为各类园林展览会提供了如何创新性地展示园林历史、园林艺术和园林技术的典范。展园设计采用命题方式对由设计师及企业为主导的主题创意展园区的展园进行设计引导，形成政企合作、指导布展的全新组织方式。设计从周边市民的使用功能出发，规避由于设计师主观因素而造成会后发展持续性不足的弊端。联动企业，实现京津冀协同发展，为河北带来一届极具示范性的园博盛会。

2. 展园布局模式创新

以往此类城市大型事件性景观的总体规划多采用传统单一串联式展园组织方式，公共景观与展园单一串联，往往导致公共空间与展园空间脱节，从而大大降低游客的游览体验。本项目创新了展园布局模式，将传统的串联式分布调整为组团式布局，更加突出地域景观，便于游线组织，打破主展馆在园区轴线的常规思路，形成相对独立的主展馆区，展会期间有利于参观游览的节奏体验，更有利于会后的充分有效利用。

3. 未来发展模式创新

在规划设计过程中，设计师充分考虑了项目作为展会项目的会时会后联动发展策略。会期实现参与性共享策略，结合境域性园林景观、主题性节事活动策划和互动性媒体体验等多种展览和活动吸引游人参与其中。展会落幕后，127hm^{2}园区永久保留，成为栖云山片区供市民享用的永久型绿地。会后园区作为城市大型绿色开放空间，流转展园展馆功能，部分专类园将转化为园艺租赁花园，增加业态，维护会后发展，实现会后持续性共享。

图4

图5

图6

（二）工程技术特色

1. 科学的海绵体系

项目的海绵体系设计通过科学数据的模拟支撑，以收集雨水、存蓄雨水、利用雨水为主要目标，依托现状地形设计水系承接栖云山汇水，缓解外部雨洪威胁。依托道路系统设置海绵设施消减内部雨水径流，形成科学建设示范。通过园区内部各项雨洪管理措施，周边235.75hm^{2}区域全年80%以上的雨水径流均可以得到有效利用。在一定尺度上园区内“人工”与“自然”水循环保持协调与平衡。

2. 创新的工法技术

工法技术创新以地被快速建植为特色。由于园博会展览展会的特殊性质，急需植物景观快速出效果。园区内部大量采用快速建植地被栽植方法，保证场地内部的植物景观快速复绿。此方法需建植前一个半月左右对乡土花卉提前育苗，大大缩短了育苗周期，并且可以成卷移植，节约运输成本。同时

图4　秦皇岛市展园区实景鸟瞰
图5　秋季实景鸟瞰
图6　滨水景观建成实景

施工时可直接模块化栽植，从而加快建设速度。本项目应用此方法迅速修复山体破损面，会期快速成景，解决工期紧张问题，形成生态修复示范。

3. 生态的建设选材

材料选择创新以生态为导向，在园区构筑物设计中采用了环保新材料——竹钢，其材料肌理和色彩与周边自然环境融为一体，形成材料创新示范。部分道路和场地采用新型透水材料砂基透水砖，完善全园的海绵体系，增强项目的雨洪管理功能。为解决边坡高差过大、水土流失较为严重的问题，园区内采用由聚酯纤维（PET）为原材料制成的双面熨烫针刺无纺布加工而成的生态袋，打造柔性生态边坡。形成的永久性高稳定自然边坡，大幅度减少了工程成本，对土壤流失、边坡塌方等具有很强的防护和稳定作用。

图7

图8

建成前 2018年4月22日

建成后 2018年7月16日

图9

图 7　儿童活动区建成实景
图 8　绿色馆及温室花园建成实景
图 9　建成前后对比

四、效益

园博会展会期间充分发挥了园区会时的本体效益。自开园以来，7—10 月展会期间共有超过 105.6 万人次游客前来参观，创造了超过 8000 万元的门票收益。展会结束后，园区作为大型城市公园持续向公众开放，园区中的慢行体系和各类活动设施给市民提供了充足并且安全的活动空间，可满足不同年龄段市民的健身康养、科普教育和休闲游憩需求，成为市民的乐园，持续发挥后园博时代效益。展会期间共举办节日活动 37 项、市民健身活动 105 次，广受市民欢迎。展会期间共吸引 57 家地方企业参与园博会的建设与展览，共展示高新技术 76 项，展示功能型植物新优品种 287 种，包括耐盐碱品种、增彩延绿树种、节水抗旱花卉，促进了京津冀园林行业的交流。24 个社会组织深度参与了园区内部丰富多彩的文艺活动与学术交流，共举办园艺科技传播活动 16 次，学术会议 10 次，大型文化表演 11 次。以本项目为载体，进一步扩大了园博会的行业影响力。

项目组情况
单位名称：北京林业大学
北京北林地景园林规划设计院有限公司
北京市建筑设计研究院有限公司
项目负责人：李　雄　姚　朋　戈晓宇
项目参加人：郝培尧　葛韵宇　肖　遥　朱卫荣
段　威　董　丽　孙　勃　李程成
张　璐

齐风鲁韵，山水家园

——2019 年中国北京世界园艺博览会山东园方案设计

济南市园林规划设计研究院有限公司／曹　庭　潘佳琪

摘要： 山东园通过融入历史元素、经济作物与园艺景观相结合、组织多重地形与水体形态、以农为本融入新理念与新科技等方式，塑造了一个高品质的展园空间，展现了“齐风鲁韵、山水家园、国色天香”的山水人文意境以及齐鲁大地的独特魅力。

关键词： 风景园林；世界园艺博览会；方案设计；展园

一、项目背景

2019 年中国北京世界园艺博览会（以下简称“世园会”）位于北京市延庆区，以“绿色生活、美丽家园”为主题，主要展示各地特色的园艺植物、材料和技术，体现地方园艺特色。山东园位于中华园艺展示区华东组团内，占地约 3000m^2。山东作为齐鲁文化的发源地，圣贤智者群星灿烂，山川旖旎阡陌纵横，具有悠久的历史文化与秀美的自然风光。

二、设计理念

山东园以山水园林为骨架、孔子思想为脉络，贯穿了泰山精神、齐鲁文化、农业文化等特色人文元素，展现了“齐风鲁韵、山水家园、国色天香”的山水人文意境。布局采用传统山水园林造园手法，通过障景、框景、借景、虚实结合等形式，营造典雅的北方传统园林。同时展园通过多样化的园艺展示方式串联起人文与自然景点，形成“一带串多珠，山水紧相融”的景观结构，共同构成齐鲁迎宾、杏坛遗风、五岳独尊、齐鲁胜境、小康人家五大展区（图 1、图 2）。

三、设计策略

（一）融入历史元素，弘扬源远流长的齐鲁文化

孔子是象征着华夏文明的伟大丰碑，其开创的

图 1　总平面图

图2　鸟瞰图
图3　齐鲁迎宾
图4　杏坛遗风

图2

图3

图4

全新教育理念，影响了中华民族乃至世界的发展。山东园在设计中融入历史元素，提炼以孔子文化为代表的儒家文化，借由文化符号、意境象征、情景再现等方式呈现出景观的丰富文化内涵。

山东园入口设计成敞开式，表达山东人民“有朋自远方来，不亦说乎”的热情好客，垂花门以孔府中的重光门为设计原型，隐喻孔子“天下第一家”的概念。设计通过环植杏树形成杏坛，以“孔子”“颜子”“曾子”雕塑组景再现孔子讲学的历史情景，周边种植楷树、松树、海棠等乡土树种，展现儒家文化及孔子思想，寓意将孔子文化传播全世界的美好愿景（图3、图4）。

全园统领建筑齐鲁轩位于入口中轴线上，采用中国古典建筑样式结合新材料构建的模式，现代与传统的碰撞体现了齐鲁文化开放包容、融合绽放的特色。建筑外远香台取“香远益清”之意，在此进行吕剧表演，展示山东吕剧文化特色。同时，齐鲁风韵长廊内运用漏窗和剪纸结合的形式展示了“山东十景”，原生态的表现手法与山东大地丰富的自然人文景观相互融合，呈现出富有地域特色的展园形象（图5、图6）。

（二）结合经济作物，展示山东文化与场地精神

植物景观是体现展园地域文化内涵的重要部分。山东园在营造植物景观的过程中注重将经济作物结合园艺景观，展现出山东特色的文化内涵与场地精神。山东菏泽牡丹素有“菏泽牡丹甲天下，国色天香冠群芳”的美誉，每年花开时节，接阡连陌，艳若朝霞，蔚为壮观。园区中设计“国色天香”牡丹山，搭配山石形成壮观的牡丹胜景，取其雍容华贵、富贵平安的美好寓意。牡丹山周边根据季节定期更换时令花卉，打造四时花溪，形成“春色满园关不住”的意境，体现山东独特

的园艺文化（图 7、图 8）。

通过常绿乔木营造厚重、威严的氛围，体现齐鲁文化源远流长、万古长青的特点。选取烟台苹果、莱阳梨、枣庄石榴、烟台樱桃、沾化冬枣、菏泽牡丹、平阴玫瑰、泰山迎客松等多种山东特色植物，搭配常绿树、花果树和色叶树，形成三季有花、四季常绿的景致，使游人四季有景可观、有怀可感、流连忘返，传达园艺植物色、香、味、触多重体验的独特美。

（三）组织地形水体，彰显齐鲁特色的山水画卷

良好的地形与山水空间的营造是展园设计的重点，山东园在地形设计中注重融入齐鲁的山水文化。位于山东的泰山自古就有神山、圣山的美誉，"登泰山，保平安"。"孔子登东山而小鲁，登泰山而小天下"，设计叠石堆山形成高山流水，打造"五岳至尊"景石、泰山石敢当、十八盘、孔子登临处等景观，取国泰民安的寓意。

象征国泰民安的泰山，代表人们追求绿色生活与美好家园的愿望。山石与松树盆景的完美结合，不仅展现了独特的园艺价值，更烘托出"泰山"的巍峨壮丽。全园水源自山顶"五岳独尊"景石间缓缓流下，以多层叠水打造龙潭飞瀑的壮丽景观，同时结合雾喷技术形成"泰山之水天上来"的仙境风光。拾级而上，可在泰山之顶俯瞰全园，树木葱郁，花香鸟鸣之间，和谐祥瑞之感油然而生（图 9）。

山东省会济南又称"泉城"，全园将"泉"的理念贯穿其中，通过展现涌、响、静 3 种泉水形态，赋予泉水生命，展现泉水的灵气。齐鲁轩前的远香台上可观水面"大明湖"，仿佛一面镜子镶嵌在园子的正中央，将一切美景揽入怀中。湖岸杨柳随风飘扬，湖中荷花娇艳盛开。中心水面三座小岛象征"蓬莱""方丈""瀛洲"3 座仙山，模拟古典园林"一池三山"的造园手法。

园内的"齐鲁轩"中，观澜亭与"泰山"形成青山连绵不绝、绿水长流不断的文化意境，共同形成了自然和谐的生态空间，体现仁山智水、家园情怀、青山绿水的山水格局，传达人与自然、人与社会和谐共生、可持续发展的理念，勾勒出"海岱文化"下的独具山东特色的山水画卷（图 10、图 11）。

（四）突出以农为本，打造多维度生态智慧展区

山东作为中国农业第一大省，自秦汉以来便有"膏壤千里"的美称，北魏时期更是诞生了中国现

图5

图6

图7

图8

图9

图 5 齐鲁胜境
图 6 齐鲁轩
图 7 牡丹山
图 8 四时花溪
图 9 五岳独尊

图10

图11

图12

图13

图14

图 10　观澜亭
图 11　迴澜亭
图 12　小康人家
图 13　蔬果园艺展示廊
图 14　无土栽培展示

存最早的完整农书《齐民要术》。山东园体现了山东“以农为本”的特色，在“小康人家”区域展示山东寿光蔬菜与特色果树的园艺种植新科技，融入《齐民要术》文化，在回顾了齐鲁农业发展的辉煌历史的同时，也着重将造景与农业新技术相结合，体现了山东农业源远流长的历史与蓬勃旺盛的生命力（图 12、图 13）。

为了丰富游赏体验、烘托展园主题，山东园在设计中融入了新理念与新科技，打造多维度生态智慧展区。设计无土栽培、智能滴灌、立体种植等组合展架，360° 全方位展示不同蔬菜花卉植物的特色种植工艺；通过手机 APP 语音和智能数据远程管理的智能灯光和喷灌技术；采用纳米气泵，增加水中含氧量，减少水质污染，提高水利用率，以保持鱼菜共生系统用水的长久性；利用雾森系统在空气中形成颇似自然雾气的白色水雾，增加空气湿度的同时打造如梦似幻的仙境效果；通过地下传感器和地上温室，控制温度、湿度、pH 值等，实现牡丹的定时开放；用光伏发电为展园提供设备及照明用电，形成能源的绿色转化和再利用，体现可持续发展的设计理念，达到科技展示与景观效果相结合的目的（图 14）。

四、结语

山东园建设完成后，以其深厚的文化内涵、精美的设计建造和独具山东特色的花草树木备受游客青睐，得到了游客和评审团的一致好评，通过各环节的合理衔接，山东园不仅回应了“绿色生活、美丽家园”的世园会主题，也成为向世界展现齐鲁大地独特魅力的一个窗口，成为世园会上的亮点。启迪人们将园艺与生活有机结合，诠释“绿水青山就是金山银山”的发展理念，取得了良好的社会反响。

项目组情况

单位名称：济南市园林规划设计研究院有限公司

项目负责人：曹　庭

项目参加人：潘佳琪　段晓雁　刘文静　武雪琳
李晓佳　孙　霄　刘　畅　张　鹏

山水城相融的河南省汝州滨河公园规划设计

北京北林地景园林规划设计院有限责任公司／孔宪琨　王　敏

摘要：汝州滨河公园是汝州市水生态综合治理PPP项目滨河生态水系整治工程的两大核心公园项目之一。项目以重塑山水城相融的空间格局、连通广域生境系统、促进城市转型为远期目标，以带动城市向南发展为近期目标，通过公园的建设将消极的城市边缘地带建设成为城水相融、全民共享的滨水开放空间。

关键词：风景园林；公园；滨河；设计

一、项目背景

汝州市地处河南省中西部，嵩山山脉和伏牛山山脉之间的平原地区。北汝河自西北向东南穿城而过，矿产、河流、地热等资源丰富，适宜烧制瓷器，中国五大名瓷之一的汝瓷便诞生于此。

矿产资源开发曾是汝州的经济支柱，但随着资源枯竭和环境恶化，汝州的发展陷入窘境，城市急需寻找新的发展方向。2015 年，汝州市水生态综合治理 PPP 项目滨河生态水系整治工程启动，其中包括汝州滨河公园与汝州中央公园两大核心公园，以及一系列的河流治理、道路修复和农业灌溉项目。这些项目帮助汝州市优化城市空间格局，提高人居质量，促进汝州从资源城市向宜居旅游城市转变。

汝州滨河公园（以下简称“滨河公园”）位于汝州城区南部，北汝河大堤的北岸，公园和河流被 5m 高的防洪大堤隔断。公园南北宽 300～400m，东西长 6km，总面积约为 $180.9hm^2$。拟建公园基址内有 7 个城中村、分散在各处的 $50hm^2$ 杨树林、多片鱼塘、大量的河卵石和村庄拆迁留下来的大量的红砖，大部分区域野草蔓生、少有人迹。城市的污水自北向南排入公园，再从大堤下的污水管排入北汝河（图 1）。

二、建设目标

滨河公园的建设旨在将这片消极的土地转变成为一个以森林生态为基底、森林运动为内容、滨河观光为特色、城市与自然融合为目标的郊野公园（图 2、图 3）。项目通过地块自身由污染向生态、消极向积极的转变，成功将其建设成为城水相融、全民共享的滨水开放空间，并引导城市由北部中心城区向南发展。从远期规划的角度看，公园对于重塑山水城相融的空间格局、连通广域生境系统、促进城市转型都具有重要的意义。

三、设计内容

（一）重塑山水城相融的空间格局

设计团队对汝州城市总体规划中的绿地系统结构进行了调整。原规划将包括滨河公园在内的 7 个公园布置在城市的不同区域，公园之间缺乏联系。为解决这一困境，设计团队策划了城市水

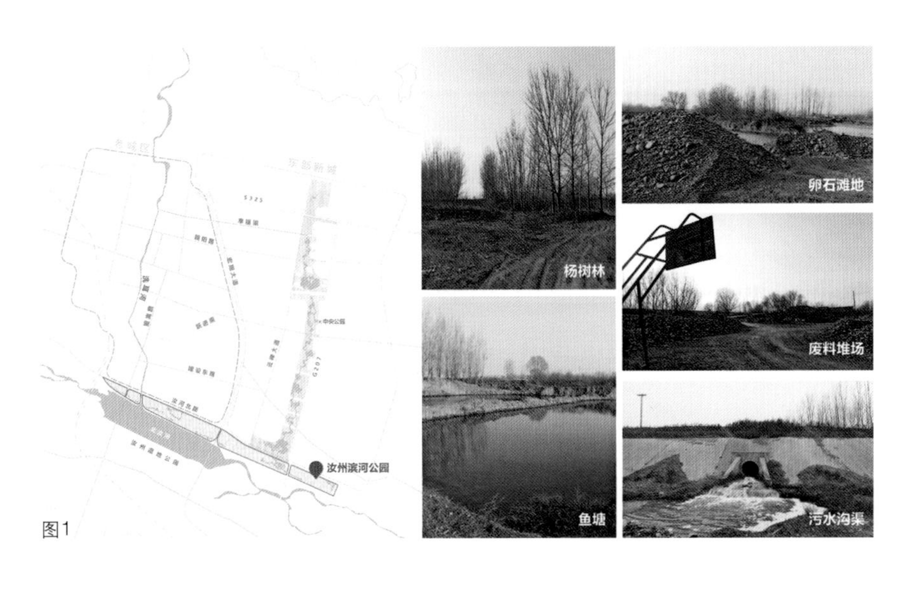

图 1　公园区位及原貌

图2

图3

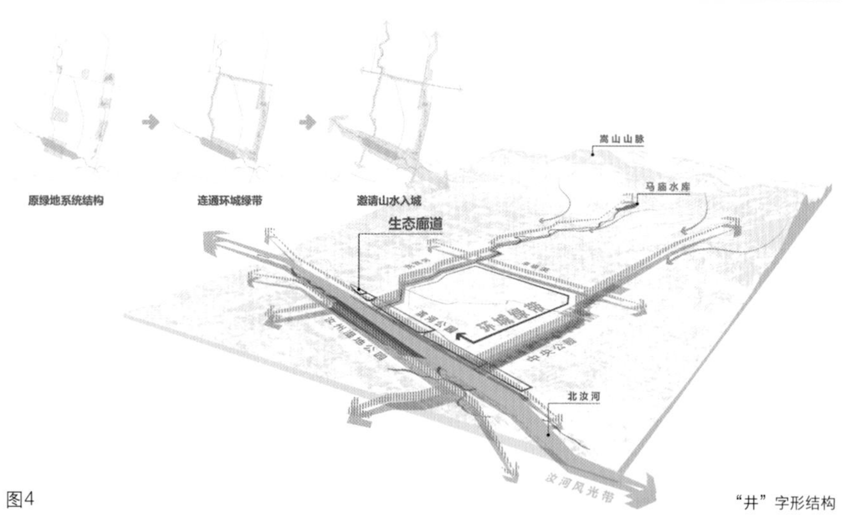

图4

图2　公园总平面图
图3　公园鸟瞰图
图4　城市绿地系统结构调整

系连通，将城内的水系与北汝河连通形成闭合的"口"字形环城水系，用水系将分散的公园串联起来。一方面利用北汝河河水缓解了城市周边农田的灌溉压力，另一方面用连通的水系带动了城市滨水区发展，形成了"口"字形环城绿带。

在"口"字形环城绿带的基础上延伸出的4条生态廊道，将城市绿地系统拓展为"井"字形结构，使城市与嵩山和汝水相连，打开了汝州的城市空间格局（图4）。

（二）连通广域生境系统

1. 连通生态廊道

滨河公园是城市绿地系统中南部生态廊道的重要部分，也是连接北汝河与城区生态系统的过渡地带。公园与北汝河的生态系统紧密联系在一起，在项目建成后的两年时间里，共计16目37科260种鸟类出现在北汝河和滨河公园中，公园成为汝州鸟类"新食堂"（图5）。

2. 构建生态食物链

公园的设计在充分尊重地块原有自然条件的基础上，在6km的带状土地内营造了包括林地、疏林草地、滩涂地、季节性湿地、湿地、河流湖泊等不同类型的生境，为从分解者到高级消费者的一系列生物提供了适宜的栖息环境，极大地丰富了北汝河滨水区的生境类型（图6）。

其中季节性湿地、湿地及河流湖泊都是利用原有沟渠、坑塘和鱼塘改造而成，通过地形塑造，形成入水缓坡、滩涂地、浅滩、深水区等区域。配合挺水植物和灌木，共构建了约30hm^{2}的湿地和12km不同类型的生态岸线，这些区域成为各种鸟类、鱼类和其他水生生物的绝佳栖息场所。

依据不同的生境类型，公园内共种植了100多种，总计4.1万株食源、蜜源乔灌木，30hm^{2}食源、蜜源地被，20hm² 水下森林，以吸引昆虫、鸟类、两栖类和鱼虾等形成生物群落，最终形成稳定的生态食物链。

3. 利用生态净化措施维护水质

园内所有的湿地、河流及湖泊都使用了“生态岸线＋水下森林＋底栖放养 / 鱼类放养”相结合的生态净化系统（图 7），配合水循环设施，为在此栖息的动物提供长久、清洁的水源，也提高了公园的景观品质。

（三）促进城市转型

1. 合理的三带结构

公园南北向宽 300～400m，过宽的距离造成城市与河流空间在视线上的分隔，而抬高的北汝河大堤又进一步减弱了公园和北汝河的联系。

从北汝河至市区，从静谧到喧闹，设计团队将公园划分成滨水风光带、森林休闲带和城市活力带（图 8）。通过局部加宽大堤形成滨河活动区，加强了公园与北汝河的视线联系，解决因地势过低公园临水不见水的问题。森林休闲带中布置了类型丰富的游憩空间，承载了公园的主要活动功能。城市活力带中设置了多个便民人行出入口，加强了公园边界与市政慢行道的联系，使公园成为开放边界，进一步促进公园与城市的融合。

2. 贴心的交通组织

滨河公园是开放式的郊野公园，园内设置了一条宽 7m，东西向贯穿整个园区的车行路，连接了 27 个出入口及路侧机动车停车场以及 27 个自行车停车区。其中位于入口处的机动车停车场无缝衔接了城市共享单车停放点，在照顾人们便捷出行的同时，也提倡绿色游园（图 9）。

3. 全民共享的开放空间

为满足不同年龄段和不同兴趣爱好的游人，公园内设置了森林探索、体育健身、林中书屋、演艺舞台、烧烤场地、露营基地、多季赏花等多种动静结合的游憩内容（图 10～图 12）。游人可以通过园内车行道快速到达相应的活动区域，滨河公园成为汝州市民踏青赏景、亲子游戏、户外运动、团体聚会的新去处。

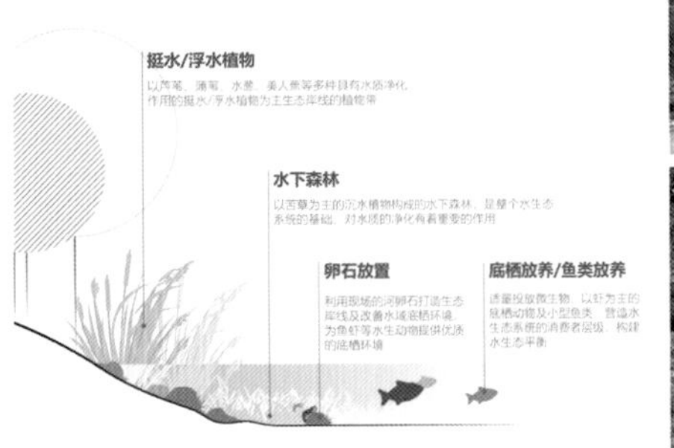

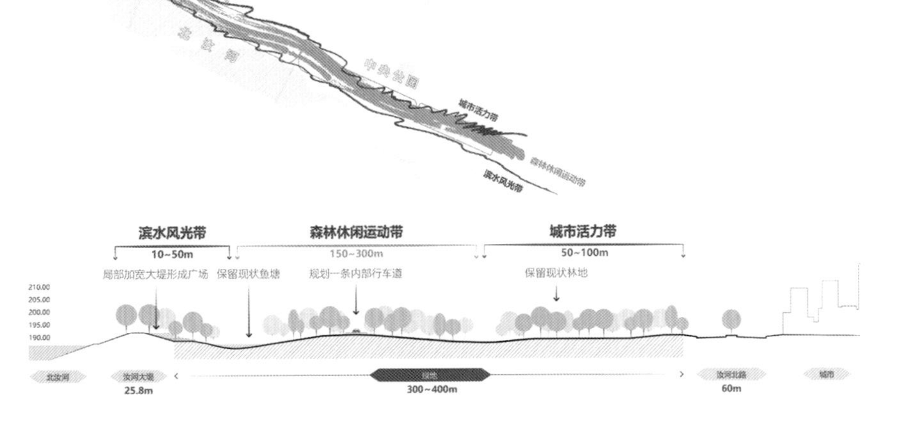

图 5　公园中栖息的鸟类
图 6　公园内的不同生境类型
图 7　生态净化措施及建设前后的水质对比
图 8　公园三带结构

图9

图10

图11

图12

（四）推行低碳设计

1. 保留原生植被

滨河公园内保留了约 50hm^2 以杨树林为主的原有林地，并通过开林窗和梳伐等方式改善植物生长环境，促进林木继续生长。这些规格、长势情况不一的原生高大乔木是鸟类理想的筑巢场所，也是绝佳的林下游憩空间（图 13），并为公园节约了近亿元工程造价。

2. 二次利用河卵石与废弃材料

作为曾经的河滩地，公园内有取之不尽的河卵石，设计团队就地取材，使用了约 47 万 m^3 河卵石，用于填筑地形内核、制作各类公园设施，例如景墙、廊架、标识牌等（图 14），节约了 2000 万元的工程造价。

项目拆迁了沿河的 7 个城中村，因此遗留下来了大量的红砖。这些红砖经过清理之后，二次利用在园林环境中（图 14），节约了 500 万元的工程造价。

3. 落实海绵城市建设

公园的设计严格落实了《汝州市海绵城市建设项目规划设计标准（暂行）》中的相关要求，在解决公园自身雨水问题的同时，还将公园变为吸纳周边雨水的海绵。设计团队通过提高水系溢水水位，增设沿道路和场地的生态植草沟和雨水花园，大量使用生态透水铺装，建设覆土生态构筑等方式（图 15），增加绿地的有效蓄水容积，加强地表径流下渗，协助雨水管网组织园内排水，实现公园的低碳建设。

（五）展现古今共鸣的文化气质

北宋年间的汝瓷呈现温婉、淡然、含蓄的清贵之气，滨河公园在设计中大量使用木铺装、碎石、河卵石等自然材料，整体色彩清新淡雅，与 900 年前的汝瓷气质产生了共鸣。

图 9　便捷的游园方式
图 10　儿童活动场地
图 11　运动健身场地
图 12　园内的各种休闲活动
图 13　保留杨树林间的创意营地
图 14　二次利用河卵石和红砖
图 15　海绵城市措施

四、结语

汝州滨河公园将河流、大堤、绿地、城市融合在一起，完善了城市生态环，打造了市民社交圈，助力汝州从“半城煤灰半城土”的工业城市转变为“一城青山半城湖”的宜居旅游城市。因创新性的设计理念和良好的建成效果，公园于 2020 年获得河南省中州杯优质工程奖；于 2021 年获得教育部年度优秀勘察设计园林景观与生态环境设计一等奖；于 2022 年获得 IFLA AAPME 雨洪管理类（Flood and Water Management）杰出奖（Outstanding Award）。

项目组情况

单位名称：北京北林地景园林规划设计院有限责任公司

项目负责人：孔宪琨

项目参加人：孔宪琨　张一康　王　敏　孟　盼　范万玺　吕海涛　孙少华　厉　超　池潇森　欧　颖

图13

图14

图15

基于景观原型的空间塑造设计方法
——以山东省济南市卧牛山公园设计为例

济南市园林规划设计研究院有限公司 / 陈平平

摘要：本文诠释了景观原型的概念，并以景观原型为理论，从自然原型、历史原型、地域原型三方面阐述了景观空间塑造的设计方法，并以此理论为指导，通过济南市卧牛山公园设计这一案例，探究景观原型设计方法在设计领域上的实践。

关键词：风景园林，景观原型；空间塑造；卧牛山；实践应用

一、景观原型

景观设计过程中的创作灵感来自何处？如何创造有特色的园林景观？这是景观设计师一直思考的问题。一个有特色的园林景观不仅要有视觉上极为特别的效果，还要与观赏者之间建立起情感认知上的共鸣。这种情感共鸣是设计灵感的重要来源。怎样才能做到情感共鸣，这就要从景观原型说起。

原型思想有着悠久历史，瑞士心理学家卡尔·古斯塔夫·荣格以此为出发点，提出“集体潜意识”理论，进而对文学、艺术、历史等方面产生了持久广泛的影响。“人类祖先的经验经过不断重复后，会在种族的心灵上形成原始意象”，然后保存到种族成员的“集体潜意识”里，世代沿传不止。这样的“原始意象”就是“原型”，“集体潜意识”主要由“原型”组成。

原型并不是设计本身，而是一种“催化剂”，它提炼自“集体潜意识”中，埋藏着以往典型经验。当某个特定原型出现时，关于这个原型的共同认知就被激活，人们的集体记忆便接踵而至。集体意识需要通过“原型”这一媒介来表达，设计者努力追溯并把握这些意象，将其从人的潜意识中挖掘出来，运用设计语言赋以新的面貌，转化成为具有特色的设计作品，使人产生情感共鸣。

景观原型是设计师设计过程中使用的参照物，是设计灵感的集合，它发生于自然、历史、地域中。自然原型、历史原型、地域原型是设计灵感的子集。在景观空间塑造过程中，景观原型可以基于自然，将自然原型融入特定环境中；景观原型也可以基于历史，将历史与现实中某种相似点还原到现实中；景观原型还可以基于地域，通过多种景观设计手段对地域原型进行重构。

二、景观原型的空间塑造设计方法

（一）自然原型空间塑造——保留与融入

由于人类朴素自然观的影响，人们往往对场地原有自然状态的景物容易产生情感上的留恋，唤起记忆；同时场地现状自然状态也最能反映场地最原始的特点和本质。因此，设计时应考虑对场地现状自然条件的适度保留利用，同时适当地融入新的景观元素，但这种融入不能对原有自然景观状态构成威胁，要恰当地嵌入自然肌理当中，与自然建立起和谐的关系，最大限度地减少对原有场地的干预。通过这种保留与融入的手段，才能创造出有特色的园林景观。

（二）历史原型的空间塑造——还原与转译

相比自然原型的直接、易识别，历史原型则更多与人类的历史、文化的潜意识相关联。英国著名风景师杰弗里·杰里科认为，“不管有意还是无心，在现代公共性的景观之中，所有的设计都取自人们对于过去的印象……在景观设计中不断追求的是创造一种属于‘现在’与‘未来’的东西，然而这种东西是从‘过去’产生出来的……我们努力要做的是将过去与未来结合起来，使人们在体会他们经历

的事情时，不仅看到眼前的表面现象，更加感受到其内在的深刻含义……”因此，有些历史性的事物可以重现在现代景观当中，有些历史性事物需要通过景观手段进行转译，使其历史性的精神、内涵得到再现，其表现形式是多样的。赋予历史文化后的园林景观，必然会让人们产生心理上的情感共鸣。

（三）地域原型的空间塑造——引入与重构

地域原型，是人类在漫长的历史中由于气候、地理、文化等形成的，不同地方种族之间的集体意识的差异性体现。而基于地域原型的设计方法是通过对基地文脉和场所精神的解读，提炼出一部分并引入设计中，然后通过相应景观设计手法进行重构，最终产生新的园林景观。

三、场地现状概况

济南市卧牛山公园位于济南城郊东北部，是华山历史公园片区的重要组成部分（华山即为元代赵孟頫所作《鹊华秋色图》中的华不注山），占地73hm^2。卧牛山，原名九里山，因原有山体回环有势，形似卧牛，故得此名，是济南著名的“齐烟九点”之一（现指自千佛山“齐烟九点”坊北望所见到的九座孤立的山头）。由于盛产济南青花岗石，遭到开山采石的破坏，后又作为垃圾填埋场。整个山体破坏严重，生态全无，采石坑遍布（图1）。2012年，卧牛山开始全面治理建设，目前已建设成为一座环境优美、生态良好、景观独特的山体公园。

四、卧牛山公园的景观原型空间塑造

卧牛山独特的自然场地条件、丰富的历史文化资源、特殊的场地地域精神是公园设计的重要灵感来源及原始素材，本项目将结合景观原型空间的塑造方法应用到景观设计实践当中（图2）。

（一）保留与融入

卧牛山原有山体虽然遭到严重破坏，但场地残留的断崖、巨石、山谷、采石坑等自然景观资源都是最独特、最难得、最能体现公园场地精神内涵的景观元素，必须保留（图3）。设计以最小干预为基本设计理念，对场地的山、石、水三大特色景观元素充分保留利用，并融入其他的景观元素，打造全新的以地质景观为主要特色的景观空间，实现采石废弃地的重生与利用。

园内将景观效果独特、结实牢固的残留山石

图1

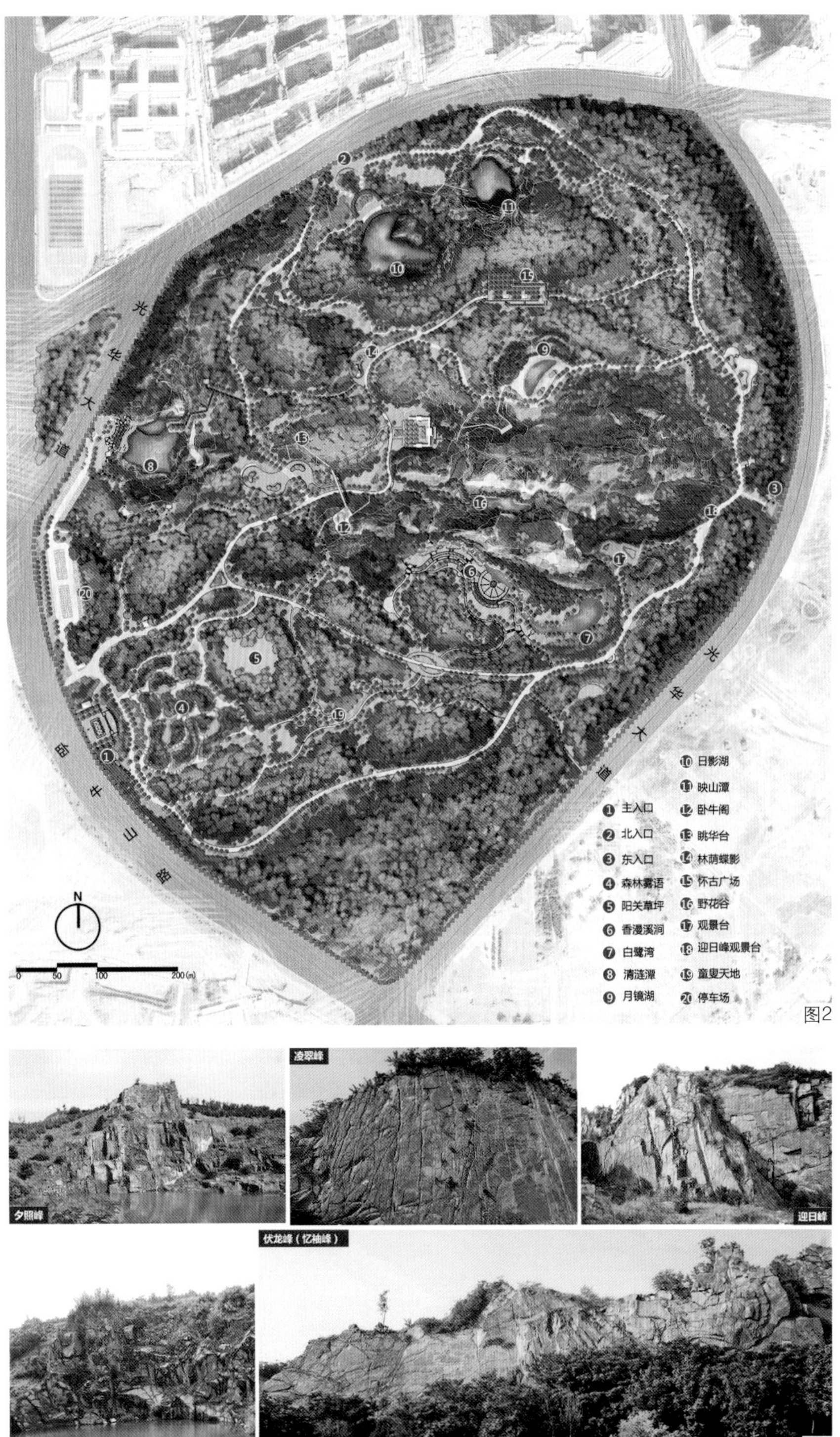

图2
图3

图1　建设前场地现状实景
图2　总平面图
图3　保留利用的残山

经过精心的植物配置，与观景平台、景观小品相结合，形成五峰（伏龙峰、迎日峰、夕照峰、凌翠峰、环翠峰）、七石（展翼石、静许石、顽卧石、瑞流石、枕流石、望乡石、叠云石）、一谷（野花谷）的特色山石景观；将景观效果良好、水质清澈的采石坑保留，同时融入亭台轩榭，形成二潭（映山潭、清漪潭）、二湖（日影湖、月镜湖）、一湾（白鹭湾）、一溪（香漫溪）的特色水体景观（图4～图9）。

通过上述景观的营造，使游人观赏到了原有的自然美景，心情愉悦，同时，也会让人们对人类如何疯狂地破坏自然的行为有了深入的思考，产生了心灵上的共鸣。

（二）还原与转译

卧牛山曾经盛产的济南青花岗石是非常有名的石材，此山也因此被破坏，卧牛之形早已荡然无存，难以恢复原状。因此，历史记忆中的卧牛山也不复存在。这是千百年来对于了解卧牛山的人们"集体潜意识"里面最重要的一部分，我们希望唤起人们的记忆，在不能还原的情况下，借助其他手

图4

图5

图6

图7

图8

图4 "野花谷"设计效果
图5 "香漫溪"设计效果
图6 "迎日峰"景点建成实景
图7 "日影湖"景点建成实景
图8 "清漪潭"景点建成实景

图9

图10

图11

图12

图13

段对历史记忆进行转译。在主入口处，利用场地原开采留下的几个大块济南青原石雕刻公园名字及卧牛山历史传说来展现对场地历史的记忆，同时也是对人们的一种警示（图 10）；另外对相传卧牛山东侧有一处古老的进山通道进行重新转译设计，东入口以自然古朴风格为主，尺度小而宜人、曲折回转（图 11）。

（三）引入与重构

“齐烟九点”是济南重要的地域记忆。从古至今一直影响着人们。卧牛山是九点中重要一点，又与华山遥相对望。但由于山体的严重破坏，很难再现齐烟九点之景。如何引入重构？选择场地一处高地，设计卧牛阁作为全园空间上的最高点，亦是卧牛山新的景观标志，站在阁中即可以眺望华山，站在千佛山齐烟九点坊上又可以遥看卧牛阁，这也是现阶段对齐烟九点之卧牛山的一种全新的诠释（图 12、图 13）。

五、结语

基于景观原型的空间塑造，我们通过对自然原型、历史原型、地域原型的解读，运用保留与融入、还原与转译、引入与重构等方法将其引入景观设计当中，使景观产生了独具特色的效果。卧牛山公园的设计是引入景观原型空间塑造理论的一次尝试，努力挖掘“集体潜意识”，以此来寻找公众的情感和精神上的共鸣。希望在以后的景观工程设计当中，仍可以借鉴这种理论，设计出能打动人的、独具特色的园林景观作品。

项目组情况

单位名称：济南市园林规划设计研究院有限公司

项目负责人：陈平平

项目参加人：李　季　窦晓霞　赵兴龙　苏建鑫　刘文静　孙　霄　纪同同　王国强　刘　畅　李中才

图 9 “映山潭”景点建成实景

图 10 “主入口”设计效果

图 11 “东入口”设计效果

图 12 “卧牛阁”设计效果

图 13 “眺华台”设计效果

采矿废区蝶变绿色惠民的城市公园

——湖北省第三届（荆门）园林博览会设计

武汉市园林建筑规划设计研究院有限公司／冉高军　张萌哲　谢先礼

摘要：湖北省第三届（荆门）园林博览会以“生态荆门、品质生活”为主题，以“打造绿色生态范例、展示健康生活场景”为理念，精心规划建设六大板块32个特色展园。本项目始终将践行生态文明理念摆在首位，使废弃煤矿采空区、渣土填埋区华丽转身，成为一座绿色惠民的城市公园。

关键词：风景园林；城市展园；生态设计；可持续发展

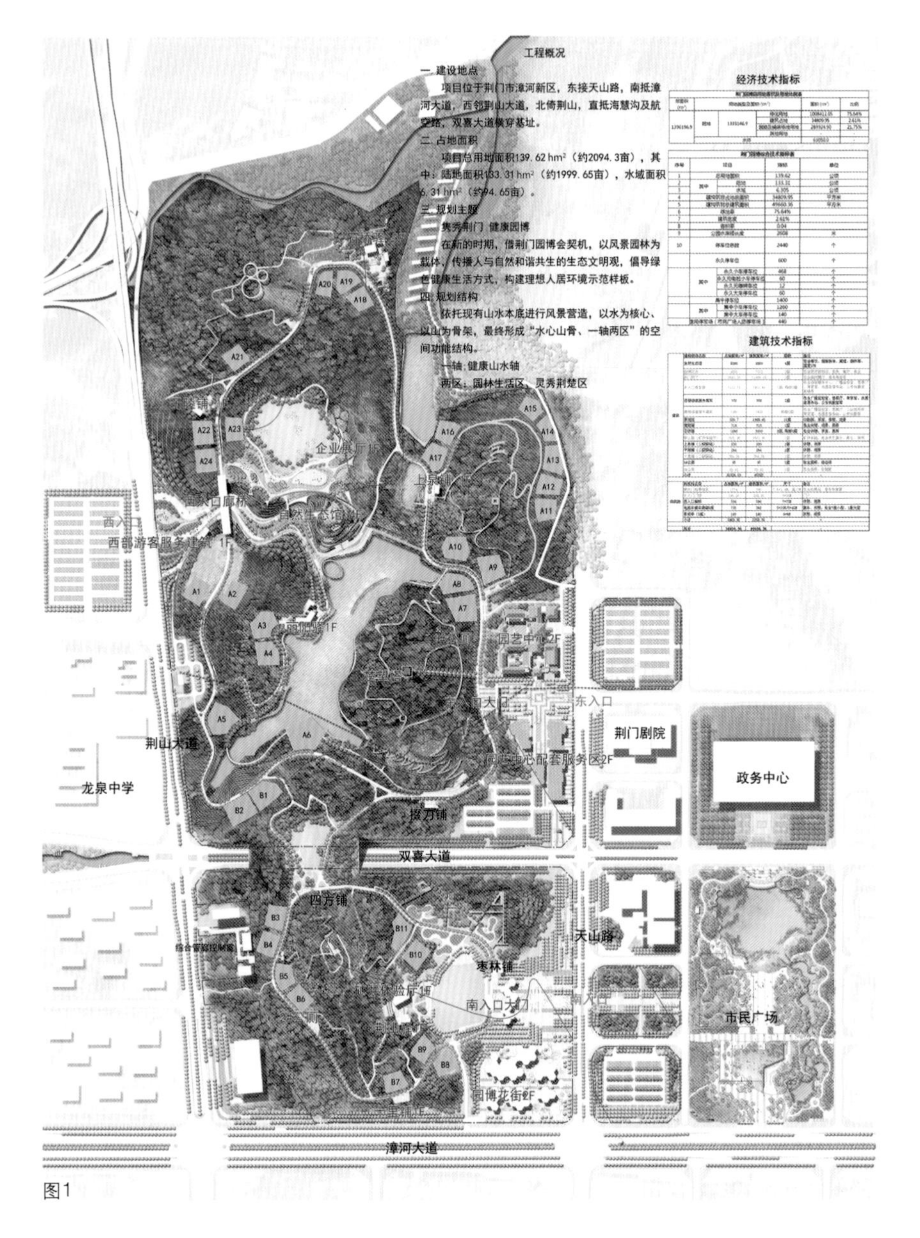

图1

湖北省第三届（荆门）园林博览会（以下简称“荆门园博会”）选址荆门市漳河新区，项目总面积138hm^2。以“生态荆门·品质生活”为主题，以“打造绿色生态范例、展示健康生活场景”为理念，规划建设六大板块32个展园，湖北省内17个地市州及部分友好城市参展。

本届园博会主要有以下特色亮点：

一、坚持以人民为中心的发展观

湖北省园博会每届的定位与关注点均有所差异。第一届黄石园博会以“转型黄石·灵秀湖北——绿色引领未来”为主题，围绕资源枯竭型城市的转型而展开。第二届荆州园博会以“辉煌荆楚·水乡园博“为主题，围绕传承悠久荆楚文化展开。第三届荆门园博会围绕“生态荆门·品质生活”的主题，更加关注的是“人”，贯彻落实以人民为中心的发展观，回到人与自然和谐共生的目标，更加突出风景园林创造持续美好生活（图1）。

本届园博会依托现有山水本底进行风景营造，以水为核心、山为骨架，形成“水心山谷、一轴两区”的空间功能结构（图2、图3）。

“一轴”是健康山水轴；“两区”分别是园林生活区和荆楚灵秀区。

由自北向南五座山峰串联而成的健康山水轴，重点关注人、园、城之间的关联，将荆山大生态体系引入园博园形成绿色生态枢纽，将绿色基础设施（如绿道、海绵设施等）、健康设施、旅游设施与自

图2

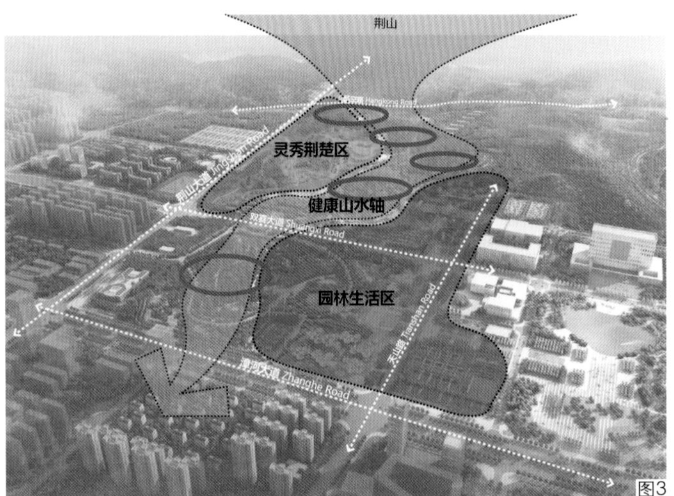

图3

然、城市的相关设施联动起来。

灵秀荆楚区位于健康山水轴以西，是园博创新转型示范区。

园林生活区位于健康山水轴和城市建成区之间，采用开放式绿色生活街区形式，功能上与政务中心、居住组团互补，打造慢生活中心。人们可以在绿色空间中进行拓展、运动、休闲、亲子、嬉水、餐饮等活动。

二、将生态放在首要位置

荆门园博园的规划建设中，始终践行生态文明理念，将生态摆在首位，完成煤矿采空区、渣土填埋区的华丽转身。具体表现在以下几方面：

一是通过生态修复、削坡减载、护坡覆绿等手段，对原有被渣土掩埋、水泥硬化的场地进行生态覆绿，设计季相特色丰富的植物，形成春山、夏山、秋山三大核心自然山林景观及九曲花谷、盛世花谷（图 4、图 5）等特色景点。

二是通过生态治理，布置雨水花园、生态草沟、生态旱溪，从源头保证入湖雨水充分净化。全园水体运用水下森林 + 湿地岸线等模式，采取生物净化措施，种植千屈菜、梭鱼草、水葱等水生植物 30 余种，约 15000m^2。同时，景观大瀑布保证水体内循环，增加曝氧防止水体富营养化。

三是丰富植物多样性。全园植被 80% 采用原生乡土树种，包括栾树、对节白蜡、枫香、紫薇等荆门特色树。全园共计 400 多个植物品种，增加了植物群落稳定性，并为野生动物提供栖息地。

同时，园博园采用 LID 低影响开发理念，建设低影响、低维护的节约型园林。整体布局充分尊重现有场地，因地制宜、随形就势布置建（构）筑物、景点、展园等（图 6），避免不必要的大挖大建。如西入口结合现状山谷布置，巧妙利用叠级石墙稳定弃土山坡，营造出盛世花谷；所有展园不追求集中规模效益，散点分布于全园岗地、山坡、湖滩、山谷等地，节约土方，同时也更好地融入山水环境中。

图4

图5

图 1　规划总平面
图 2　“水心山谷”建成效果
图 3　空间功能结构
图 4　盛世花谷实景照片
图 5　盛世花谷细部实景照片

图 6　荆门园博建设模式分析图
图 7　九曲花谷建设前照片
图 8　九曲花谷实景照片

现状风貌

传统建设模式：
平整场地 集中建设

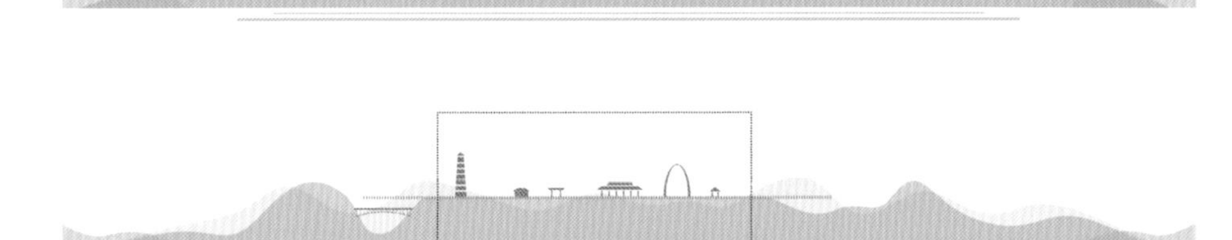

荆门园博园建设模式：
随形就势 分散布局

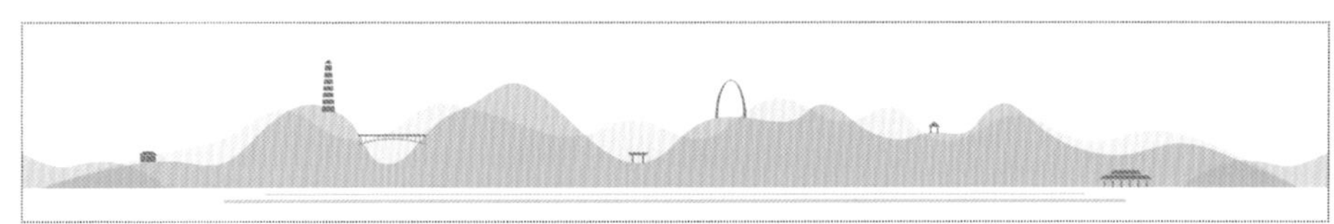

图6

本届园博会是由矿山采空区改造而成，采空区占地表面积约 50hm²，约占园博园总面积的 36%。前期经过专项研究、专项设计，专门出具了《园博园场区煤矿采空区影响安全勘查评价报告》，来指导园博园总体规划布局。建设过程中为保证安全、节约建设成本，全园所有建筑物均合理避开采空区，并留足安全距离。采空区内以植物景观为主，通过削坡减载、护坡覆绿等手段，并同步实施绿化工程建设，重新营造良好的自然生态。项目建成后，不仅可有效避免地质灾害的发生，同时也保护了片区水土与植被资源，完善了城市绿地系统，提高了绿地率，重塑了良好的自然生态。

图7

图8

其中九曲花谷景点（图 7、图 8）最具代表性，是一处具有生态修复示范意义的景点。九曲花谷位于采空区正上方，原先为输水管道工程形成的混凝土硬化山谷，是典型的生态毁坏区。设计以恢复植被、修复生态为理念，清除现有混凝土硬化护坡，同时通过微地形营造减小坡比，让山坡土壤达到自然稳定状态；再利用植物造景，如大丽花、醉蝶花、柳叶马鞭草、深蓝鼠尾草、墨西哥鼠尾草、西伯利亚鸢尾、安吉利亚鸢尾等开花地被打造复合型特色花谷，并在山坡山谷布置生态植草格园路——九曲花径。

三、可持续发展、永不落幕的园博会

（一）“点亮全域”功能地位

荆门园博园功能定位于“点亮全域”，园博园不是作为一个孤立的景区景点存在，它将和荆门市域内各县市的分会场一起，相互联动，成为荆门全域旅游的亮点和支点，带动荆门全市范围和周边地区的全年、全域、全时空旅游。点亮全域也体现在点亮城乡，为人、城、园的融合与交流提供更大的场域与时空，激发人们更加热爱生活、热爱自然、热爱城市、热爱家乡。

（二）“运营前置”规划理念

展会后如何实现可持续发展，一直是园博会建设绕不开的问题，从历届园博园的运行情况来看，或多或少存在着重展园规划、轻项目策划，重建设、轻运营，重游览观光、轻互动参与等问题，许多园区展后荒废。

本次荆门园博会，在规划设计阶段便前瞻性地融入“运营前置”的规划理念，综合统筹策划、规划、景观、运营展陈等多专业工作，例如园博西入

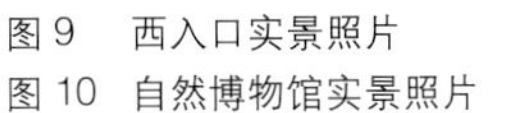
图 9　西入口实景照片
图 10　自然博物馆实景照片

图9

口设计 3 万 m^2 的主草坪及建筑面积 7000m^2 的主场馆，展会期间用于举办开幕式和闭幕式（图 9）。展会后，主草坪立刻作为草坪婚礼、草地音乐节等活动的运营场地投入使用；主场馆则转化为自然博物馆（图 10），填补了荆门市缺失自然类展馆的空白。

此外，本届园博会闭幕后，专业运营单位对园区进行商业化运维管理，充分运用园区内各场地及展园设施开展科普教育、学术交流、研学培训、商业运营等多层次、多类别活动，繁荣园区经营业态，吸引社会各界持续关注，凝聚发展人气，全力打造荆门生态文化旅游新名片，让“精彩园博”永不落幕。

荆门园博会以“生态荆门 · 品质生活”为主题，依托荆门市山水本底进行风景营造，以水为核心、以山为骨架，形成“一轴两区”的空间结构。一轴为健康山水轴，打造 24 个生态修复场景，创新性地以场景互动的园林体验来讲述生态故事；两区分别为以健康慢生活中心为主题的园林生活区和以山水感恩、健康守护为主题的荆楚灵秀区。传播人与

图10

自然和谐共生的生态文明观、倡导绿色健康生活方式、构建理想人居环境示范样板。

项目组成员

单位名称：武汉市园林建筑规划设计研究院有限公司

项目负责人：冉高军　谢先礼　张萌哲

项目参加人：杨念东　盛聂铭　肖再强　程　军　闻　文　姚　婧　陈　晟　王奇峰　付毅英　刘　畅

首都功能核心区龙潭中湖公园改建项目

中国建筑设计研究院有限公司／孙文浩　赵文斌　王洪涛

摘要：龙潭中湖公园曾是北京最早的大型现代游乐园，也是老城区面积最大的存量绿色公共空间。本改造以城市综合公园为目标，紧紧围绕城市生态系统的修复、公园场所精神的延续和美好生活需求的满足三方面，改造后的龙潭中湖公园成为城市绿色发展、城市文化传承、生态文明建设的典范。

关键词：风景园林；综合公园；改造；北京

一、项目背景

位于首都核心区的龙潭中湖公园，占地面积近 40hm^2，宛如一块巨大的宝玉镶嵌在人口密度较高的中心城区（图 1）。市民对于龙潭中湖公园的情感深厚，20 世纪 80 年代，这里是中国最早的一处大型现代游乐场——北京游乐园，二十余年间她陪伴了几代人的欢声笑语。2010 年游乐园结束运营后，龙潭中湖要如何更新发展牵动着百万市民的心。根据《北京城市总体规划（2016 年—2035 年）》，于 2017 年启动龙潭湖地区环境整治提升项目，并于 2018 年开展两次龙潭中湖环境整治提升民意征集行动，经过近 30 万人次的公众参与、共同决策，龙潭中湖被定性为区域性综合公园，并成为北京市东城区 2020 年重要民生实施项目，2021 年 9 月落成开园。

二、技术路线

龙潭中湖公园的更新策略从自然生态本底、人文本底、建设本底三个方面进行充分调研，找到问题的关键并形成可实施的解决措施，从生态层面、文化层面和功能层面体现城市绿色空间的活力和魅力（图 2、图 3）。

图 1　龙潭中湖公园在首都核心区的位置

图 2　技术路线系统图

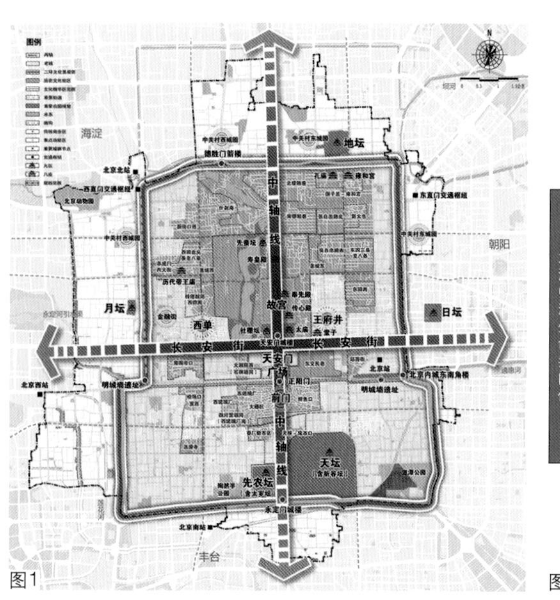

图1

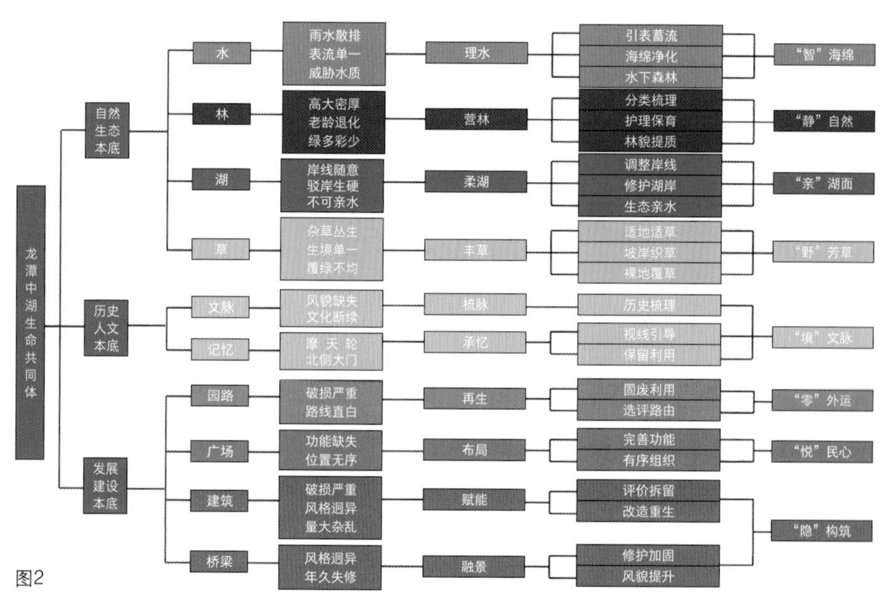

图2

三、改造特色

（一）城市生态系统修复

全面统筹考虑生命共同体的全部生态构成要素，因地制宜确立修复方案，逐步恢复生态结构稳定性。

（1）“智”海绵：连接京城水网，恢复龙潭湖地区作为北京内城重要蓄洪区的功能需求。运用海绵技术措施，实现雨水资源净化利用、生物栖息地建构、生态环境保护的建设目标（图4）。

（2）“静”自然：联动周边绿地，实现绿地增量16.69%，建筑减量40.84%，对于改善区域生态环境起着重要作用（图5）。

同时对现有城市森林进行提质提貌，结合现有林地的各项生态指标，分类梳理现有林木，通过复层混交、异龄更新、丰富色彩、突出水岸等方法形成生态结构稳定，林貌丰富的城市森林（图6）。

（3）“亲”湖面：游乐园时期不少经营场地沿湖布置，驳岸以硬质浆砌石形式为主，设施撤离后驳岸伴有坍塌、裸露的区域，亲水设施也只有局部的巡堤路，近水处无保护措施，存在安全隐患。方案将4000多米长的驳岸分为23个标准段，形成保留、改造、重建三大类措施。改造后生态岸线所占比例由0%提高至50%，雨水径流污染控制率由42%提高至65%。改变原“近水不亲水”的滨湖空间，形成生动的、连续的滨水体验，满足人们对于滨水复合功能的需求（图7）。

（4）“野”芳草：灵活运用草皮、观赏草等营造各种类型的景观空间。对裸露的坡岸、游乐设

图3

图4

图3 总平面图
图4 改造后恢复蓄洪能力的湖体
图5 与周边公园连成片，形成大型城市森林
图6 现有城市森林提质提貌
图7 改造后亲切宜人的亲水空间

图5

图6

图7

施及拆除建筑等留下的裸露地等进行覆盖，减少冲刷、增加渗透、为水生和野生生物提供栖息场所（图 8）。

公园西侧结合铁路的防护绿地，进行低干扰的地被自然恢复，形成城市中的"自然野趣地"（图 8）。在林中建造木栈道一条，方便检查和维护绿地，栈道节点处局部点缀野花组合，形成生境体验极佳的区域（图 9）。

图8

图9

图10

图11

图 8　观赏草所营造的有趣空间

图 9　保留加固后的摩天轮与广场结合，形成观演广场

图 10　原游乐园大门翻新保留置于儿童活动区内

图 11　拆除的建筑废弃物就地破碎打造成为石笼景墙、石笼坐凳

（二）公园场所精神的延续

1.“境”文脉

龙潭中湖公园在近 70 年的发展历程中经历过两次大的改造，形成了山水本底及建筑、桥梁、道路、植被等建设项目，特别是游乐园时期还留下了一些设施和大量场地。本次改造提升非常重视对场地内现状建（构）筑物和设施的评估，注重将广大人民群众的美好回忆物体化、空间化，增强市民们对龙潭中湖公园某些特定场所的认同感和归属感。

（1）山水格局的微调整：龙潭中湖的山水格局确立于 1952 年的整治中，本次改造方案通过运用风环境分析、日照环境分析等方法，调整原有水道狭窄的区域，并修整驳岸容易"窝风"的区域，让整体格局更加科学合理，也能更符合城市公园的建设标准。

（2）功能氛围的微介入：龙潭中湖东临游人如织的东湖公园，西邻京秦铁路和陆地面积较小的龙潭西湖公园，已经形成了东动西静的总体空间感受。本次改造在景点布置和设施布局上充分尊重这一动静分区特征，同时也保留了原有的 4 个主要出入口，让人既能感受到全新的景观风貌，又能找到原先熟悉的空间感受。

（3）精神堡垒的原真保留：还留在场地内的摩天轮，应市民特别呼吁对其进行原貌加固，并利用东侧一处建筑基址形成下沉广场，与摩天轮一同形成具有多功能的观演空间（图 9）；原游乐园的大门是市民特殊的记忆点，方案从以下两个方面保留场所精神：一是保留原入口的空间格局；二是拆解原大门，将其翻新放置在儿童活动区，成为打卡记忆点（图 10）；还有通向中心岛的车行桥，高耸的红塔尖是几代人相册里的标志记忆。

2.“零”外运

改造前场地内有大量无证建筑，对拆除后产生的建筑废弃物进行了原地破碎（图 11），装入石笼成为园区内的景墙、坐凳，镂空的石笼墙内偶尔透露出的记忆片段，也成为人们寄托乡愁的载体。

园区在改造过程中，还有很多被再次利用的材料，包括将伐除的枯树、病虫害树作为木桩路、路缘收边、小型挡土墙等，拆除的石板、石材、石块等再次利用成为铺装、台阶等。这些合理的再次利用，也大大节约了建设成本。

（三）美好生活需求的满足

1. 隐构筑

龙潭中湖公园坐落在人口密度很大的首都核心区，其所需要的建筑服务功能也是多元化的，在改造过程中，对保留建筑进行更新赋能，使其在原有结构的基础上焕发勃勃生机（图 12）。

除改造建筑外，园区内所有新建配套建筑在建设的时候非常注重与景观的融合，应用亲自然的材料和色彩，塑造风景中的建筑。

2. 悦民心

全龄友好是本次功能改造的目标，在充分利用现有条件的基础上，各类活动场地被巧妙安置，如在拆除建筑基址上设立的健身活动场地、在“激流勇进”游乐设施拆除后的空地上布置的宿根花卉观赏园；在原“空中自行车”设施处设立的空中栈道，翻新环湖主路，铺设健身跑道，配合智能打卡桩与周边的公园联合成为可记忆的联动健身体验，这些改造让人们可以感受到熟悉的空间尺度和氛围（图 13）。

设计也结合现场遗留的游乐园时期的构筑物等，进行综合环境改造，形成独特的景点，如：保留原游乐园导览石碑，形成一片特色植物景观，为闹市中的居民打造一场视觉盛宴；利用原有门头立柱、游乐设施的高台等形成可被使用的活动场地（图 14）。

图12

图13

图14

四、结语

龙潭中湖公园见证了北京城的每一次重大变迁，随着城市持续扩张，城市功能也得以不断完善，本次改造对接首都核心区的发展定位，切实满足民生需求，让公园与城市形成了相融共生的和谐关系，向人们讲述着新时代生态文明的新内涵。

项目组情况

单位名称：中国建筑设计研究院有限公司

项目负责人：赵文斌　于海为

项目参加人：孙文浩　王洪涛　谭　喆　韩　聪

杨　磊

图 12　改造建筑前后对比

图 13　活动场地改造利用前后对比

图 14　利用原导览石碑形成的“龙铭花影”景点

江苏扬州市瓜洲古渡公园景观绿化提升项目

扬州园林有限责任公司／卢 伟 吴 扬 朱李奎

摘要：瓜洲古渡公园规划提升立足瓜洲古镇的历史人文定位，结合大运河文化特质，充分挖掘梳理瓜洲古渡运河文化遗产，形成“一轴一环三区五景”的景观结构，实现生态环境与历史文化双展现、双提升。公园以环境显文化，以文化促宣传，重现瓜洲“古渡观潮”的千年盛景，实现从传统公园到运河遗产公园的跨越升级。

关键词：风景园林；景观提升；运河文化；扬派园林

图1 瓜洲古渡公园总平面图

一、项目背景

瓜洲始于晋，盛于唐，地处长江北岸、古运河入江口，是历代联系大江南北的咽喉要冲，素有“江北重镇”“千年古镇”之称。在悠悠历史长河中，荟萃的诗词文化、不胜枚举的建筑和民俗文化奠定了瓜洲文化的深厚基调。随着大运河文化带建设的持续推进，作为“古渡明珠、江滨宝石”的瓜洲古渡公园迎来了新的发展机遇。

2019 年 2 月，依据《大运河文化保护传承利用规划纲要》，扬州成为全省唯一全域划入大运河文化带国家规划核心区的地级市，并列入江苏省大运河国家文化公园先行建设城市。扬州市政府为响应国家建设大运河文化遗产公园的战略部署，对瓜洲古渡公园进行全面改造更新，依托现有生态资源，结合瓜洲人文底蕴，打造集运河文化和古渡文化为一体的主题文化遗产公园。

二、项目概况

公园位于历史文化名镇瓜洲镇，与镇江三山（金山、焦山、北固山）隔江相望，主体占地面积 5.1hm^2，工程总造价 9356 万元。项目以瓜马线为界，分为南区绿化景观提升项目和北岛绿化景观及周边改造项目，因三面环水，公园入口位于瓜马线上（图 1）。

公园改造前场地生态脆弱，景观破碎，几近荒芜。作为运河入江第一口的瓜洲，曾经辉煌的古渡公园在“公园 +”理念之下，如何将运河遗产文化与以扬州园林为代表的非物质文化结合，成了此次改造的重点，也是难点。项目着力恢复公园原有功能，同时依托瓜洲古渡优质的自然景观资源与丰富的历史文脉资源，构建集人文、生态、旅游、休闲为一体的公园综合体。

三、设计思路

设计展现“文化引领、彰显特色”的理念，以景观生态循环和文脉守护传承为主要特色，立足瓜洲古镇国际旅游度假区定位，结合“公园 +”概念，充分挖掘梳理瓜洲古渡运河文化遗产，注重运用生态修复技术，传承扬州古典园林技艺，联动千年运河品牌，打造集古渡文化和运河遗产展示的运河遗产公园。

四、营造更新要点

（一）以保护传承为主旨，增强文化遗产活力

建造中对场地众多历史人文资源进行梳理，充分尊重场地人文历史与现有自然地貌，打造相互借景、相互融合的生态人文景观。

项目对“御诗碑”等历史文物进行重点保护与展示，还原杜十娘等人物雕塑和沉香亭等经典场景。根据古籍记载，重新设计、复原和修缮古瓜洲十景，新“瓜洲十景”分别是：沉箱亭、观潮亭、银岭塔、锦春园、江风山月亭、镜水堂、雪水钓艇、漕舰乘风、江影堂、彤云阁。其中银岭塔是登高望江的最佳所在，而彤云阁则是入阁眺河（运河）的佳处。

提升后的公园融合自然与人文景观，形成“一轴一带、四广场、十景点、多配套”的空间格局，成为游客市民观光游玩的网红打卡点（图 2~图 7）。

（二）以生态文明建设为引领，打造园河共生的植被生境

项目建造中以生态为基，搭建河、林、岸三位一体体系，对退化严重的场地进行生态修复和景观改造。首先，针对场地生态系统严重退化，生物多样性减少、生态脆弱的现状，将局部腐殖酸化的土壤和覆盖黏土层相结合，达到种植土壤修复的目的。同时，对退化的场地进行景观改造，使用适合本土生长的近百种共 1 万多株生态适应性强、成

图2

图3

图4

图5

图 2　观潮亭、御诗碑改造前
图 3　观潮亭、御诗碑改造后
图 4　观潮亭、假山改造前
图 5　观潮亭、假山改造后

图 6　南岛银铃塔改造前
图 7　南岛银铃塔改造后
图 8　生态修复与植物景观营造（一）
图 9　生态修复与植物景观营造（二）

景效果明显的观赏乔灌木、地被花卉和水生植物。大型木本植物优选乡土树种，如水杉、银杏、榉树、香樟、黑松等，其生态适应性强、栽植成活率高，可以快速成景，修补已遭破坏的生态环境。种植总绿化面积达到约 $3.8hm^2$。通过合理的植物搭配，构建多层次植物群落，维育了场地的生态质量，优化了人居环境。此外，通过环岛滨河慢道连接公园的南北两岛，采用硬质驳岸和生态驳岸相结合的方式，打造环河景观，突出沿河驳岸稳定性，注重生态修复和景观打造的双重效果。公园内部则注重运河元素、场地文脉与植物景观的融合，如观潮亭、沉箱亭、诗廊等景点的营造，体现人文园林中叠山、理水、花木等古典元素，展现运河文化和地域精神。还青山绿水于民，将昔日荒芜不堪、生态破碎的岛屿，建成生物物种丰富且极具美学艺术的运河遗产公园（图 8、图 9）。

（三）注重传承扬州古典园林技艺，建设高质量公共空间

项目建造中注重扬州古典园林营造技艺的运用，沿用清康乾盛世时期的建筑风格，突出公园的"诗渡文化"，展现明清时期"瓜洲十景"的盛况。

彤云阁是古渡公园中核心景观区域，其建筑形制为官式楼阁，屋顶采用三重檐十字脊，由两个歇山顶呈十字相交而成，又称"四面歇山顶"，是扬州古典园林建筑所采用的一种独特的屋顶形式，突出建筑的庄重巍峨（图 10）。此外，园中的亭、廊、塔、阁、轩、榭、舫、桥、墙、牌坊、书房等建筑极具古典特色，彰显文化底蕴。场地内建筑、

山水、植物等设计体现扬州古典园林“虽由人作，宛自天开”的艺术要求，营造了高质量的公众开放互动空间（图 11），对扬州诗词文化、民俗文化和运河文化的传承与利用起到了互融、互通的作用。

（四）融合周边文旅项目，促进瓜洲片区可持续性发展

高举“千年运河”品牌，提升后的瓜洲古渡公园成为传播中华文化、运河文化的重要载体，加速推进片区文旅项目的开展。融合古镇春江花月夜艺术馆、诗渡瓜洲展示馆、瓜洲省级湿地公园、太阳岛高尔夫球场以及“瓜洲 · 音乐节”等文旅项目，形成文旅综合体，每年吸引游客上百万人次，成为扬州南部最重要的文旅产业区域。围绕全产业链深度思考，基于瓜洲古渡公园独特的地理位置和运河文化的影响力，开通由扬州东关古渡至瓜洲古渡的水上巴士游览路线，打通古城到老镇区的水陆旅游通道，沿途经过明清古城、文峰寺、中国大运河博物馆、三湾景区、高旻寺等重要景点，开发古运河风光带游览线，连点成线，系统地保护和传承扬州古运河文化。立足瓜洲现有开发基础，以瓜洲古渡公园为核心，挖掘和传承诗渡瓜洲的千年运河文化，既保留“诗渡”特色，又探寻古文化的现代表达方式，统筹传统特色与创新亮点，彰显瓜洲古镇的现代魅力。

五、结语

瓜洲古渡公园三面环水，处于大运河文化带建设扬州段的龙头位置。项目充分挖掘和梳理瓜洲古渡的运河文化遗产，运用生态修复改善场地植物景观。结合别具一格的扬派园林造景技法和片区文旅产业的联动发展，将瓜洲古渡公园打造成集古渡遗址、康体休闲、生态观光于一体的多功能运河遗产公园。本项目是大运河保护、传承和利用方面进行的有益探索，做到了生态性与功能性的统一，具有良好的社会效益。

在瓜洲古渡遗产公园的规划建造中，突出对大运河沿线遗产保护和文化传承，是高质量建设大运河文化带的示范段、样板段，对推动全省和全国的大运河文化带建设具有重要的实践价值。

图10

图11

一湾运河水，见证了瓜洲的繁华衰败和起航重生，提升完成后重现了“古渡观潮”的千年盛景。在未来发展中，瓜洲将以大运河文化带建设为引领，进一步挖掘运河文化遗存与精髓，深化推进瓜洲片区的更新改造和文旅发展。

项目组情况

单位名称：扬州园林有限责任公司

项目负责人：潘　萌　章　岭

项目参加人：卢　伟　乐　为　吴　扬　薛　峰　李志祥　黄　燕　朱李奎　郭　颖　孙爱祥　吴　俊

图 10　“彤云阁”改造后立面效果

图 11　“锦春园”改造后效果

广西红军长征湘江战役纪念园景观工程设计

华蓝设计（集团）有限公司／帅民曦　蒋荪萌　周俊豪

摘要：广西红军长征湘江战役纪念园设计结合自然景观特征，从情境、景境和物境3个层面突出战争主题纪念园的风貌，并构建多维的纪念体系。广西红军长征湘江战役是新自然主义和多层意境结合的纪念性公园的代表。

关键词：风景园林；纪念公园；遗址保护；意境营造

一、项目概况

湘江战役是红军长征的壮烈一战，是决定中国革命生死存亡的重要历史事件。

2018 年底，中宣部与广西壮族自治区党委决定在湘江战役脚山铺阻击战遗址上建设红军长征湘江战役纪念园（以下简称"纪念园"），以此纪念湘江战役牺牲的成千上万红军将士。

2019 年 9 月，中共中央办公厅、国务院办公厅印发了《长城、大运河、长征国家文化公园建设方案》，纪念园处于三大国家公园之一的"长征国家文化公园"（广西段）之核心区段，并作为建设重点而倍受关注。

红军长征湘江战役纪念园位于广西壮族自治区桂林市全州县湘江战役脚山铺阻击战战斗遗址，规划面积 $64.67hm^2$。

二、总体布局与构思

设计利用草、木、山、石等自然元素，演绎出"一草一木一忠魂，一山一石一丰碑"的设计主题，通过园林景观设计手法再现历史情境，有序渲染纪念氛围，烘托出湘江战役主题纪念公园（图 1）。

纪念园总体布局为"一馆一林"，以 G322 道路为分界，国道以南为纪念馆区，功能定位以科普、展示、教育为主；以北为纪念林区，功能定位以纪念、缅怀、祭奠为主（图 2）。

"一馆"围绕着湘江战役纪念馆建筑来布置，主要包含纪念溪、纪念林、纪念广场、纪念壁画。纪念溪隐喻成湘江战役四道阻击线；纪念林种植松、竹、梅、兰等象征着红军英烈的高贵品格；纪念广场两侧种植桂花树形成庄严肃穆的围合空间；纪念壁画以湘江战役四大渡口为创作主题，结合红

图 1　纪念园全景航拍

图1

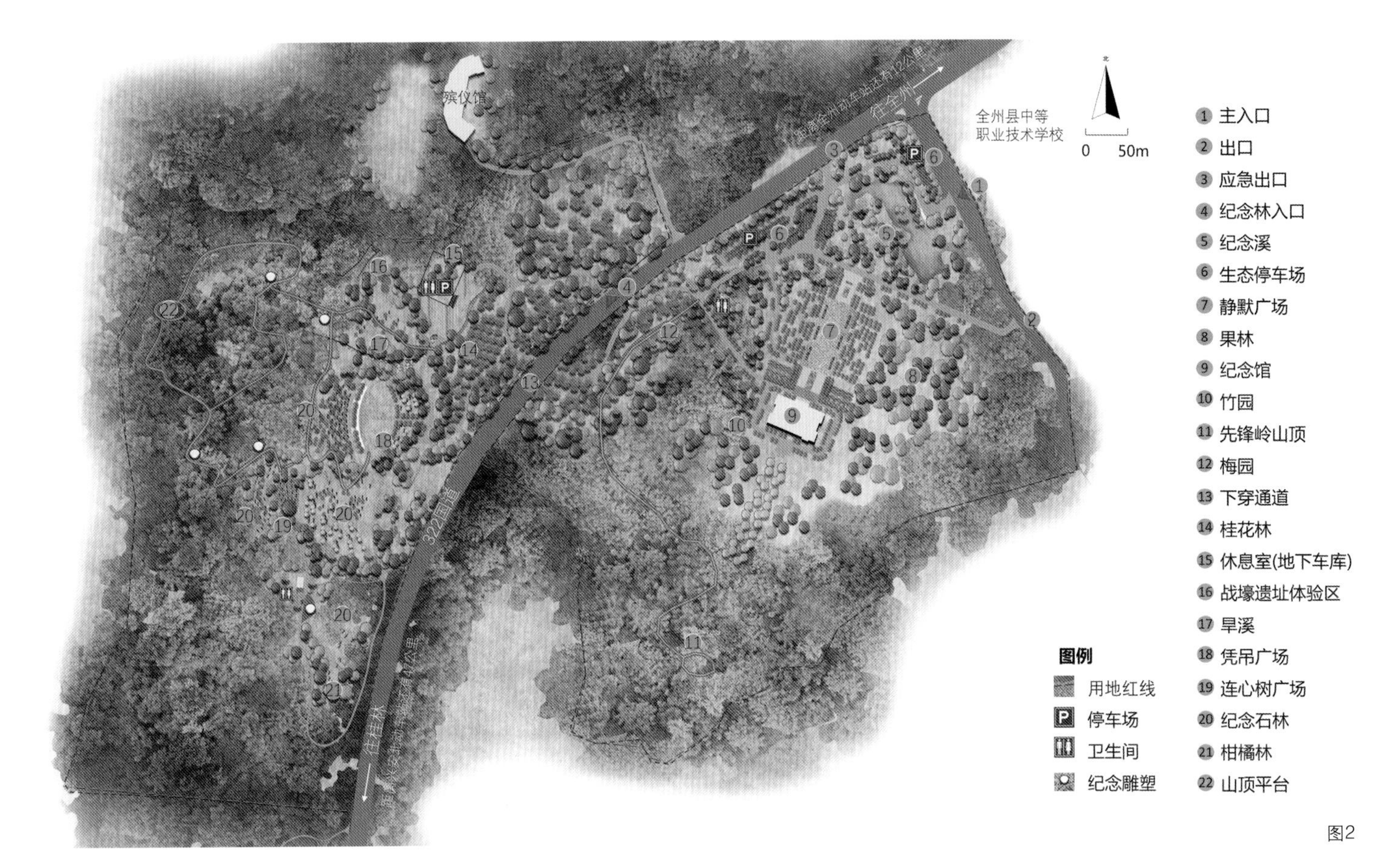

图2

军标语和桂北民居，体现军民同心的长征精神。

“一林”围绕着凭吊广场来布置，主要包含凭吊广场、纪念雕塑、纪念石林、连心树广场、战斗遗址。围绕纪念湘江战役牺牲红军英烈主题雕塑设计凭吊广场；纪念石林构思来源山脉、山石的自然肌理和中国山水画的意境，采用当地山石形成雄浑壮阔的石林景观；战斗遗址通过保护修缮，再现历史情境，使游客感悟长征精神。

三、设计难点

构建现代理念的纪念园，项目的高标准要求和场地条件之间的差距，成为设计的难点。

难点一：根据对湘江战役红军遗骸收敛保护工作的重要批示：明确要求做好烈士遗骸收殓保护工作，且简朴节约、不大兴土木，建设好纪念设施。设计在简朴节约原则指导下，如何构建宏大悲壮的湘江战役纪念场景？

难点二：无形的革命精神如何通过有形的载体表达？

难点三：战斗遗址历经85年的时间磨砺，在资源缺失的场地上，如何做好遗址保护与利用？

难点四：经过多年人为开发和自然破坏，大量的废弃矿坑和受损山体如何处理？（图3）

四、设计特色

基于难点的要素分析，经过构园总格的情绪分配、场所营建、生态修复、遗址修缮等系列设计营造，将项目设计难点转化为特色。

（一）自然风格构园，生态文脉构建

总体布局强调自然构园，摆脱了传统纪念空间长轴线、纪念碑、矩阵式碑林的构思路线，而是采用山石花木和雕塑等要素构建了以自然式布局为主要空间的纪念性公园。

在自然式纪念设施上，设计选用3万多块自

图2 总平面图

图3 脚山铺阻击战遗址现状

图3

图4

图5

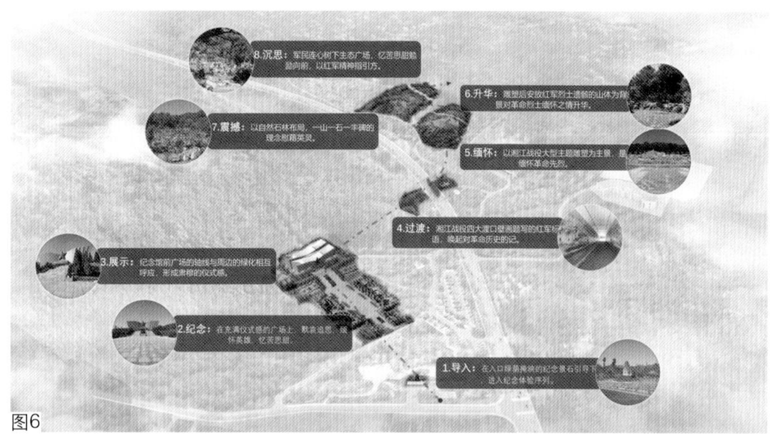

图6

图8

图7

图9

图4　纪念林区实景鸟瞰

图5　依山就势的凭吊广场及纪念石林

图6　情感线路

图7　景境营造

图8　凭吊广场祭奠仪式

图9　象征着前赴后继红军战士的纪念石林

然牛背石，采用自然式的布局形式，结合遗骸收敛，在石碑间种植草木，打造出震撼的纪念石林，呼应“一草一木一忠魂，一山一石一丰碑”的设计主题（图4、图5）。

（二）有形承载无形，多维意境营造

通过情境、景境与物境的多维融合，打造层次丰富的纪念园。

（1）情境的营造：通过构建一条有情感序列的缅怀路线，组织和分配不同的情感空间，并对总体情感进行构思和布局，实现纪念园多样情感的整体情境营造（图6）。

（2）景境的营造：以营造公园式与纪念式复合、体验式与沉浸式融合、艺术性与思想性兼具的纪念景境为目标，通过静默广场、雕塑广场、凭吊广场、连心树广场、战地救护站、纪念石林和壁画长廊等各个景境，寄托哀思，升华纪念情感（图7～图10）。

（3）物境的营造：通过对山、石、草、木的物境营造，各类型物境有着“以山为陵、以石为碑、以木为魂”的含义，本地牛背石以各种姿态诉说着战役故事，寓意“红军不怕远征难”的长征精神；选用松、竹、梅、兰等植物象征红军英烈坚韧不屈和不畏艰难的高贵品质（图11、图12）。

（三）遗址修缮保护，革命教育利用

通过对阻击战遗留的战壕、机枪掩体、临时指挥部等战斗遗址进行修复，再现红军与敌军激战的历史情境，寓情于景，使人沉浸在战场氛围和场景中，以“革命遗址+”的理念，打造“遗址+修缮、遗址+纪念、遗址+教育、遗址+旅游”的多场景纪念模式（图13）。

（四）场所生态修复，场地转劣为优

设计对场地采用“山体排洪、矿场修复、植被修复、海绵措施”多层复合修复的设计策略，通过对破损山体采取三横四纵网络式的排洪系统，有序疏解雨季的大规模降雨，再结合海绵措施，使雨水通过旱溪、植草沟、雨水花园消纳吸收进入土壤，构建“呼吸吐纳”的纪念园。矿场修复采用矿渣处理、地形整理、土壤改良、植被恢复等措施，从整体到局部解决了安全、生态、景观等多维度问题，优化了园区综合生态（图14）。

五、结语

红军长征湘江战役纪念园设计以自然式风格为特征，以自然元素为载体，以当地山石为碑林，再结合遗骸、遗址保护利用、生态建设等新理念、新思路、新技术，构建多维的纪念体系，形成国内首个以自然式布局为主的纪念性公园，并成为长征国家文化公园广西段的重要纪念节点。

项目组情况

单位名称：华蓝设计（集团）有限公司

项目负责人：陈　玉　帅民曦　余建林

项目参加人：蒋荪萌　刘海伟　韦新宇　谭福官　周俊豪　黄韦惟　黄丽君　曾思梅　梁　燕　黄神忠

图10

图11

图12

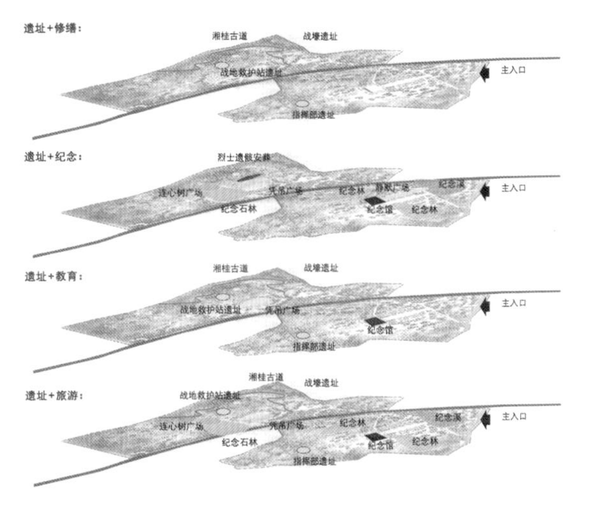

图13

图14

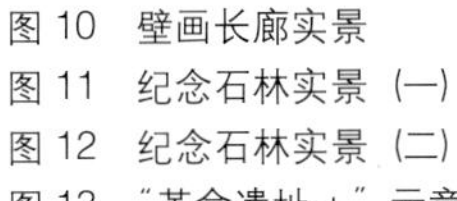

图10　壁画长廊实景
图11　纪念石林实景（一）
图12　纪念石林实景（二）
图13　“革命遗址+”示意图
图14　纪念林建设前后对比

北京市海淀区影湖楼公园景观工程设计

北京清华同衡规划设计研究院有限公司 ／ 刘志芬　黄希为

提要：本项目位于北京市“三山五园”历史文化保护区的核心位置。设计兼顾当下城市水利、生态等需求，并以适宜的景观方式延续地域特有的历史文脉，使原本功能单一的砂石坑和毫无景观可言的林圃地变身成为具有历史韵味的绿色风景线。

关键词：风景园林；公园；设计；历史文脉

一、项目背景

本项目位于北京市海淀区著名的“三山五园”历史文化保护区。这里是见证北京城市水系发展变迁的活化石，因位于永定河冲（洪）积扇地下水的山前平原溢出带，曾有丰富的泉流。清乾隆皇帝扩建昆明湖，并为灌溉昆明湖西岸的水田先后开挖高水湖、养水湖和泄水湖作为辅助水库；其后将畅春园西花园内的先得月楼迁建于湖的中央，命名为“影湖楼”（图 1）。20 世纪 70 年代，玉泉山泉水断流后，这里改建为苗圃。21 世纪初，水利部门为缓解南旱河排洪压力，在原影湖楼位置的南部区域开挖玉泉砂石坑用以蓄滞洪和回灌地下水。

如今，这里是北京最大的回补地下水的砂石坑之一。在每年约 2 个月的汛期里，如一次暴雨汇集的 15 万 m^3 的水，会在这里耗费约 48 小时渗入地下。

图1

图2

二、场地概况

因场地紧邻玉泉山和颐和园，被纳入“三山五园”历史文化保护区中生态环境提升的重点地块。业主希望在保留必要水利功能的前提下，提升其整体生态环境品质，并形成其特有的历史文脉展示。

影湖楼公园改造前原为玉泉郊野公园，被市政道路划分为南、北两个地块（图 2）。北园紧邻玉泉山，为密植苗圃地，视线郁闭、场地简陋，部分区域杂木丛生。南园主导蓄滞洪功能，坑底常年干旱但汛期水位高、泄洪压力大，泄洪设施笔直生硬，坑底垃圾散落，坑内管理梯道经久失修、破败不堪；砂石坑土方堆于周边，形成开阔的低山环绕之势，与玉泉山南北呼应，但缺乏视线优良的观景场地。

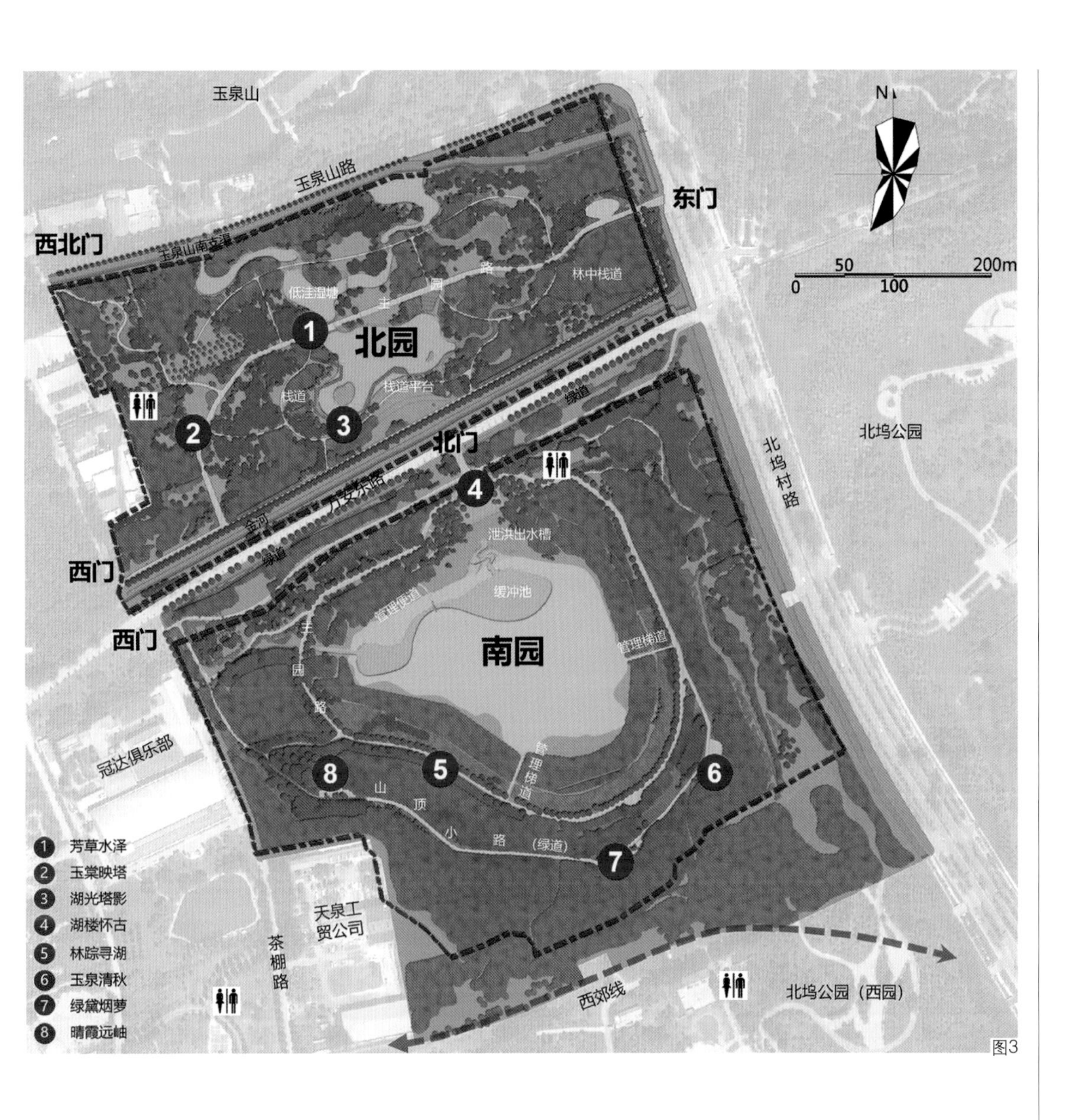

图3

三、设计目标与思路

如何在实现回补地下水功能的基础上，又能呈现良好的景观品质，是本项目面临的艰巨任务。设计希望发挥地块的综合效益：首先，南、北园联动，扩大回补地下水的范围，减小现有砂石坑的压力。其次，通过梳理地形、植被、水系提升生态环境品质，营造生物栖息地空间，提高区域生物多样性。最后，通过水资源的综合利用和适宜的景观设计手法，局部恢复湖塘湿地，追忆历史湖楼风光。

北园以恢复水体、湖区游赏为特色。在高水湖旧址扩挖湖池、布局置石，形成蜿蜒曲折的自然岸线，种植大量芦苇菖蒲，再现当年鸢飞鱼跃、水草丰美的湖泊风光。南园保留水利蓄滞洪功能，以旱坑怀古和环山游憩为特色。依照史料推断影湖楼旧址位置，并设计“湖楼怀古”纪念广场；围绕“昔日湖泊”砂石坑，新增环山观景平台，增强历史文化感知；改造山顶休憩场地，营造观山视廊、增加诗文景石，丰富怀古游赏体验（图3）。

四、设计亮点与特色

（一）传承理念、务实营造

历史上的高水湖是昆明湖及其周边稻田重要的水利调蓄设施，体现着“三山五园”生态智慧的园林建设理念。昔日浩瀚的湖泊风光如今已不再，在水资源如此宝贵的当下，设计并没有为了“再现”历史景观而恢复大面积湖景，而是将水利与景观巧妙结合，以另一种方式延续其务实的造园理念并展现水利文化。设计巧借玉泉山南支渠和金河形成自然的引水、泄水通道，加之南水北调尾水的补给，使历史湖泊的局部恢复变为可能。在保留南园砂石坑分洪和回灌地下水功能的同时，利用北园场地设计湖塘和低洼蓄滞区以分担汛期金河的部分洪水，局部采用防渗做法形成观赏水域，其他区域均可缓慢下渗，综合扩增了地下水补给范围（图4）。

（二）低成本、景观化处理蓄洪设施

首先，在泄洪河道进入两园排水口处增设垃

图1 清乾隆时期高水湖、影湖楼及玉泉山（静明园）
图2 改造前公园北园、南园现状
图3 影湖楼公园总平面图

坝拦截设施和沉砂池，对水体进行初步净化。经与水利部门沟通协商，在保证南园砂石坑蓄滞容量不变的前提下，调整原泄洪槽形式以减缓水流速度和冲蚀强度，对坑底缓冲池进行改造和局部扩挖，并采用黏土防渗做法以蓄留部分水景（图5）。其做法使砂石坑在不同季节展现出“高位湖、浅塘与旱坑”的变化景观（图6）。间歇性的蓄留水面也为提升地块生物多样性提供了良好的本底条件。

营造适应水位变化的植物景观。结合泄水通道、缓冲池边缘以及草沟浅溪等蓄滞区域，筛选出具有顽强生命力的红蓼、黄花委陵菜、蒲公英等本土植物，以及能经受淹没考验的蒲苇、芦竹、千屈菜、细叶芒等植物，形成特色稳定的植物群落（图7）。

（三）生态营林，打造野趣环境和多样生境

设计延续了京西郊野自然的绿地风格，以展现“野花野草”和营造生态型园林作为目标。通过去除杂木、调整植物空间和树种斑块混交种植，营造草地、疏林、密林等“近自然林”空间。保护场地原有强势灌木和草本，以乡土、强韧的混播草本地被替代养护成本高的城市草坪景观，增加公园野趣，营造历史氛围。保留山丘、砂石坑、缓坡、水系等原有地形条件，增加湖塘、湿地、旱溪等以丰富生境空间（图8）。

（四）巧妙营造景观，追忆历史往昔

巧用借景，构建山水、地形、场地之间的景观眺望系统，将园内外景观合而为一。

图4

图5

图6

图7

图4 影湖楼公园雨洪综合利用系统与北园新增水面

图5 水利设施的景观化改造前、后对比

图6 南园砂石坑不同水位时期的景观

图7 保留并筛选耐湿涝植物品种

图9

图8

图10

图11

图 8　乡土草本地被及新增湖塘湿地生境
图 9　湖光塔影
图 10　湖楼怀古
图 11　玉泉山脚下的影湖楼公园

北园充分利用区位优势，借景玉泉山上的玉峰塔和华藏塔，围绕湖塘不同角度设计可供驻足的平台场地，形成“湖光塔影”“玉棠映塔”等景点（图 9）。

南园重点围绕影湖楼旧址设计“湖楼怀古”景点，进行历史文化展示。历史上影湖楼位于高水湖湖心，为一层建筑，四面环水。为呼应时空变换与湖去楼空的当下，设计并没有还原一个实在的“楼”，而是以当年湖楼台基柱础的建筑制式和青砖矮墙围合的方式，塑造湖楼场地，再现湖楼气韵。影湖楼广场以铺装形式展现影湖楼平面布局，台基上设石座浮雕，选取《都畿水利图卷》中绘有西山、玉泉山、高水湖和影湖楼的部分，向众人展示清乾隆年间京郊水系风光盛况（图 10）。站在影湖楼广场凭栏眺望，面对林木围合起的空旷坑塘，让人遥想当年“西山微远北山近，翠逻青围碧镜中”的高水湖景象。

五、结语

本项目是一次对城市生态空间更新改造的实践。基于“三山五园”历史文化保护区深厚的文脉背景，同时结合当下城市雨洪调蓄目标，将原有水利和生态功能进行强化扩展，并展现了地块特有的历史和自然环境景观特征，重拾高水湖记忆和玉泉塔影景观，从原来几近荒置的郊野公园变为玉泉山脚下别具韵味的风景线（图 11）。

项目组情况
单位名称：北京清华同衡规划设计研究院有限公司
项目负责人：蔡丽红　刘红滨
项目参加人：黄希为　刘志芬　李　睿　张申亮

山地社区公园，村落记忆容器

——北京市石景山区小青山公园景观设计

北京北林地景园林规划设计院有限责任公司／王　蕾

摘要：小青山公园作为绿色空间结构中重要的节点，发挥着“让森林进入城市”的重要作用。公园以提质增绿为抓手，修补城市森林、还原山野之美，让公园积极融入绿色宁静的浅山风貌格局，将曾经五里坨山脚下的棚户区转变为市民感知浅山慢生活的绿色开放空间。

关键词：风景园林；公园；设计；北京

一、城市边缘的拆迁腾退区

小青山公园位于北京市石景山区五里坨西南部（图1）。五里坨地区背靠天泰山，地处浅山区和受浅山区影响的平原地带，是首都西大门的门户区域。曾经的小青山脚下，因地处城市边缘，房租、生活成本相对低廉，吸引了大量来京务工人员租房居住，形成了形态独特的“棚户区”。小青山公园就是在拆迁腾退后的场地上建设而成（图2）。

二、让森林进入城市的山地社区公园

公园北至石门路，南至五里坨南街，面积近6万m^2（图3）。公园东北的小青山，是一个脱离西山主体山脉的独立小山包，海拔179m。根据《石景山分区规划（国土空间规划）（2017年—2035年）》，小青山公园处于山前风貌协调区，距离西部环山绿链仅800m，是绿色空间结构中重要的节点，发挥着“让森林进入城市”的重要作用。公园建成后成为周边1.5km半径内最大的公园绿地（图4）。

三、挑战与策略

（一）两个挑战

1. 如何消纳场地中大量的建筑垃圾

山脚下棚户区拆迁腾退后，地表下3～4m深度范围内多为建筑垃圾，恶劣的土壤条件对植被的生长提出了较大的挑战。

2. 如何利用场地高差布局适宜的游憩功能

场地东侧为现状山体，西侧为五里坨民俗馆，近24m的高差在雨季将形成强烈的地表径流，严重的情况下将造成山体滑坡，危及人身安全。

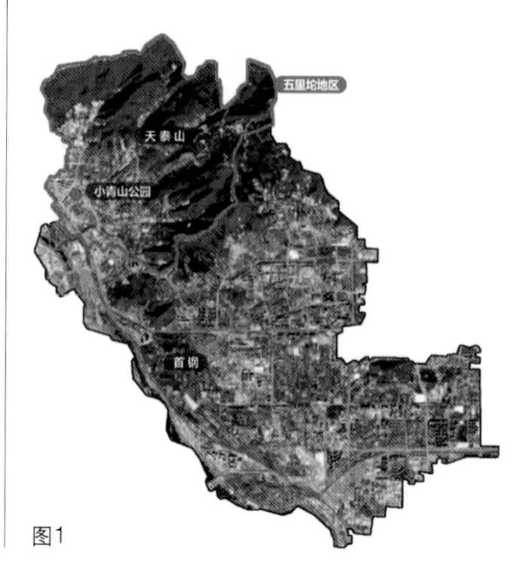

图1

图2

图1　五里坨地区及小青山公园区位图

图2　拆迁腾退后的场地

（二）两个策略

1. 开槽土换填、资源再生利用，消纳场地建筑垃圾

综合考虑景观效果和可实施性，对地表 2m 范围内的建筑垃圾进行换填，为大乔木生长创造更理想的生长条件，换填所需土方采用附近建筑工程的开槽土，最大程度节约工程造价。建筑垃圾在工厂集中处理，制成再生骨料和再生透水砖应用到公园中（图 5）。

2. 自然缓丘过渡、城市森林修补，塑造立体活动空间

为解决场地东西近 24m 的高差，公园在竖向设计上，利用起伏的地形衔接自然山体和山下场地，呼应浅山地貌特征。

山脚设置毛石挡墙和旱溪（图 6），对雨水进行消能和截流，旱溪与中部雨水花园相连（图 7），砾石池底更利于雨水快速下渗。旱溪之上设步行桥，满足游览需求。公园下凹绿地总面积为 $1500m^2$，可消纳雨水约 $750m^3$，超过公园消纳能力的雨水将通过溢水口进入市政排水管网。

公园在种植设计上，采用保留和新植相结合的方式，在原有林地的基础上优化植被结构。公园东部山体采取最小扰动方式，尽可能保留现状植被，并将低质效林改造为乔木与灌木结合的混合林地，增加林分组成，形成复合型生境群落。山下缓丘以栽植大乔木为主，修补城市森林，提高森林覆盖率。优选元宝枫、银杏、栾树等秋色叶树种，并搭配百姓喜爱的樱花、海棠等花灌木，形成疏朗的种植结构，同时通过组团式种植对空间进行划分，缓解视觉落差，形成舒适宜人的活动空间（图 8）。

图 3　公园总平面图
图 4　公园风貌——还原山野之美
图 5　场地建筑垃圾、建成后再生透水砖铺装对比
图 6　青山脚下的毛石挡墙和旱溪
图 7　雨水花园

图3

图4

图6

图5

图7

图 8　茂密山林到疏林草地的过渡
图 9　保留现状刺槐的林下活动场地
图 10　预制混凝土模块场地
图 11　五里坨民俗陈列馆冬景

图8

图10

图9

图11

根据高差特点，塑造立体活动空间。现状山体坡度陡峭，林地密度高，很难找到空间新增活动场地，对比之下，对原有登山步道和休憩平台的提升改造则更为可行。设计中对南北两个登山步道入口进行了更新，提升了入口空间的可识别性。登山步道本身效果良好，设计中予以保留，仅对局部破损进行修缮。修缮后的场地成为周边居民登山、习武、遛鸟、练习乐器等活动的场所。

为了拓展山上活动场地，设计中充分利用林下空间，在保留现状乔木的基础上，围绕两棵刺槐树，生成场地形态，为登山市民提供短暂休憩和停留场地（图 9）。

山下地势相对平缓，设计中在南入口附近集中布置了活动场地，方便周边居民运动健身。运动场地朝南布置，保证足够的光照时长。公园 800m 长的环形园路竖向变化丰富，局部设置林荫港湾，场地采用预制混凝土模块化设计，提高了施工质量的可控性。结合观赏草景观，体现朴野之美（图 10）。

四、让百姓常回家看看的村落记忆容器

（一）整合文化名片

场地原址为五里坨村，拆迁腾退后仅保留王家大院，并在此基础上发展为五里坨民俗陈列馆，它是一座青砖灰瓦的四合院落，占地 8000m^2，展品近 6000 件，参观者可以近距离感受老京西人的民俗文化。公园整合了陈列馆、小青山、兴隆寺，成为展示民俗文化的平台（图 11）。

图12

图14

图13

图15

图 12　南入口的青山景观雕塑
图 13　闻铃忆古
图 14　槐香祈福
图 15　凤翔跤场

（二）塑造记忆节点

针对五里坨村落文化，公园塑造了“青山初见”“闻铃忆古”“槐香祈福”“凤翔跤场”等记忆节点。

青山初见：公园南入口与青山本体形成对景，入园即可见山（图 12）。设计中大胆使用不锈钢材料，对等高线进行抽象，表达“山”的主题。金属明亮的色泽和青山幽深的绿色形成鲜明对比，增加了公园的可识别性，也将青山气韵引至入口空间。

闻铃忆古：石门路古称“驼铃古道”，公园在石门路入口营造院落式空间，为附近老年合唱团提供一处户外小剧场。并将铜铃景观装置悬挂于漏窗之上，铃声唤起驼铃古道的记忆，并与乐器声融为一体（图 13）。

槐香祈福：园中有大槐树一棵，树梢上系满红绳，寄托了附近居民祈求好运的美好愿望。初到场地，此树大半已埋于建筑垃圾之下，经过土方清理并增设挡土墙，这棵“许愿树”得以留下。附近老者路过，抬头望去，充满回忆（图 14）。

凤翔跤场：礼王坟村掼跤传统跤法起源于清末“善扑营”，于 2020 年 8 月成为石景山区第六批区级代表性项目。公园在五里坨民俗馆前提供了一处户外摔跤场地，鼓励非遗项目传承（图 15）。

五、结语——提质增绿，青山更青

小青山离城市不远，与自然更近。曾经小青山脚下的棚户区，现在转型为山地社区公园。公园积极融入绿色宁静的浅山风貌格局，在功能上集绿色休闲、森林健身、民俗体验于一体，建成后成为周边 1.5km 半径内最大的公园绿地，极大地满足了五里坨百姓的游憩需求。

项目成员情况
项目单位：北京北林地景园林规划设计院有限责任公司
项目负责人：王　蕾　许健宇　赵　爽
主要技术成员：姜　悦　孙梦苑　韩　雪　李　力
张昊宁　李雅祺　钱　晨　李　煜
石丽平　李　军

景观环境是近年众说纷纭的时尚课题，一说源自19世纪的欧美，一说则追记到古代的中国，当前的景观环境，属多学科竞技并正在演绎的事务。

归心乐泽，栖水悦城

——青岛市城阳区“五水绕城”生态环境提升项目

青岛市市政工程设计研究院有限责任公司 / 白　晶　鲁　丹　原英东

提要：随着城市更新和开发的不断深入，城市河道中出现了渠化、硬化、水质恶化、生物多样性降低、公共空间品质低下等问题，与当今现代生活需求矛盾重重。提升水安全、保护水资源、改善水生态、提升水环境势在必行。青岛市城阳区“五水绕城”生态环境提升项目，通过复合性设计实现滨水生态和功能的重塑，实现以河促城、水城共享。

关键词：河道治理；城市景观；生态修复

“五水绕城”为5条主城区过城河道，包括墨水河、虹字河、爱民河、南疃河和小北曲河，河道累计长度约23.9km，工程总投资约3.3亿元，是城阳区“五主九支”水系格局的主要河道，对构建生态、健康的水网系统至关重要（图1）。

一、规划设计基本思路及主要内容

现状河岸单一、行洪不足，雨污混流、水体污染，文化缺失、缺乏特色，提升水安全、保护水资源、改善水生态、提升水环境势在必行（图2）。青岛市城阳区深入学习“绿水青山就是金山银山”的绿色发展理念和习近平总书记视察山东重要讲话、重要批示精神，落实山东省及青岛市河长制工作方案，将落实“五水绕城”生态环境综合整治工作。

规划设计以“归心乐泽，栖水悦城”为理念，从“河道治理、水体利用、生态保护、功能完善”各个环节入手，统筹考虑城市防洪、生态保护、环境提升、景观休闲等城市功能和市民需求，充分融入中水回用、海绵城市、自然涵养等技术理念，努力将“五水绕城”打造成防洪屏障、生态绿道、亲水长廊和城市名片。

工程内容包含水利工程、景观工程、桥梁工程、排水工程、中水工程、照明工程等。在提高防洪标准的前提下，设计合理联系水利安全与景观环境的关系，水、岸、路、景综合考虑，保证五水环境建设风格的整体性，实现滨水景观与城市结构、空间、功能与生活的整合。将僵直的河道岸线拆除恢复自然生态驳岸形式，收窄上河口，拆除岸墙上部，墙身基础予以保留，自设计河底放坡至两岸地面，形成韧性的自然河岸；敷设截污管道及初期雨水管道，将初期雨水接入初期雨水调蓄池，有效控制面源污染，使两岸流域内的雨污水彻底分流，确保河道内水质清澈；在河道内新建18座特色拦水坝，涵养水源的同时也形成独特的泄水景观；设置雨水蓄水池等海绵措施，提高水生态系统的自然修复能力，并采取中水回用手段，敷设管线20余km，每日补水2.5万m^3，解决北方城市枯

图1

图2

图3

图4

图5

图 1 "五水绕城"区位示意图
图 2 现状河道照片
图 3 安全水岸实景照片
图 4 驳岸改造效果图和实景照片
图 5 生态水岸实景照片

水问题，为生物提供栖息地；景观桥梁连接河岸两侧，成为河道上方的一道道美丽风景线；景观设计在坚持以人为本、因势利导的原则下，沿河贯通绿道系统，串联滨河开放空间，设置健身休闲活动场地，构建"五带连众园"景观结构和多层级的滨水公园，为市民提供一个高参与性的滨水绿带公园。

二、项目难点和亮点

五水绕城作为城阳水系干流，已然成为一条时空线索，串联起诸多记忆碎片，追寻城阳独有的城市气质，见证过去的光辉岁月，但也同样面临着老城区用地匮乏、行洪能力不足、交通拥堵等不足与挑战。其所扮演的角色正在发生转换，在满足行洪功能的同时，也被要求创造出能供市民娱乐休闲的活力空间，促进人与自然的融合。外竞内困之下，如何破局再出发谋划未来城中绿廊的远见，如何提质升级全面提升城区的综合质量是本项目面临最为迫切的挑战。

（一）如何保障水安全："安全＋功能"——提高防洪能力，实现安全河道

河道现状仅满足 20 年一遇防洪标准，河道全线为直立式硬质护岸，秋冬季河水断流、河床裸露，硬质河底一方面会淤积污泥，影响城市景观，另一方面隔绝了水域和陆域生态系统的联系，不利于河流生态系统对水体自净能力的发挥和自然生态系统的修复。设计通过多专业协同作业，破除现状硬质河底，对河床进行清淤，提高桥底板高程，新建部分临河侧挡墙及新建 18 座拦河坝，完善了中心城区全覆盖的重要防洪屏障。设计将原有直立石砌护堤破除，适当开挖河道、增加水域面积、设置雨水蓄水池等海绵措施，提高水生态系统的自然修复能力，并采取中水回用手段，敷设管线 20 余公里，每日补水 2.5 万 m^3，解决北方城市枯水问题（图 3）。

（二）如何改善水生态："生态＋活力"——生态基底修复，提升河道韧性

随着城市的开发建设，部分污水管道不能满足排放需求，多处检查口被掩盖，管道淤积堵塞严重。设计对河道两岸污水管网进行补充完善，收集入河污水，减小河道污水负荷，改善渠道水质。完善截污干管，对河道沿线污水排口、混流排口进行点源截污，分段接入现状已建污水干管和新建污水干管，保证旱季无污水直排渠道；同时沿河对雨水排口设置沉砂池，雨季控制初雨面源污染，从而进一步改善河道的水质，利于恢复生态多样性。虹字河为了打造多自然弹性生态廊道，将僵直的河道岸线拆除恢复自然生态驳岸形式，将 25m 的上河口收窄至 15m 左右，拆除岸墙上部，墙身基础予以保留，自设计河底放坡至两岸地面，结合景观营造，呈现中央河道—滨水草甸—生态林地这样的高弹性生态河道（图 4、图 5）。

（三）如何优化水环境："便捷＋丰富"——构建活力水岸，回归城市生活

城阳区是青岛向北发展的"桥头堡"，将"以人民为中心"建设人文生态幸福家园，持续实施城市有机更新，加快打造公园城市样板区，全面提升都市功能品质。面对现状河岸郁闭、景观缺乏特色等问题，设计将着重营建城市居民休闲游憩空间和公共交往空间，重塑高品质公共空间。紧密结合"运动城阳"的建设理念，沿河贯通绿道系统，串联滨河开放空间，设置全覆盖、全参与、全共享的健身休闲活动场地，依托绿道系统构建"五带连众园"景观结构，以五条河流水岸为基底，构建多层级的滨水公园，为市民提供一个高参与性的滨水绿

图 6　活力水岸实景照片

带公园。通过复合性设计实现滨水生态和功能的重塑，切实体现城市的开放姿态和人性关怀，实现以河促城、水城共享（图 6）。

三、项目创新点和特色

（1）新样板——首批青岛市"公园城市及城市更新"样板项目，荣获"省级美丽幸福示范河湖"称号，引领编制《青岛市城市滨水景观技术标准》。根据《关于加强美丽示范河湖建设的指导意见》《省级美丽示范河湖评定办法（试行）》有关要求，虹字河成为山东省首批省级美丽示范河湖。五水绕城，由于其效果极佳的生态修复手段，持续改善河流水质的良好实施效果，将其先进经验引鉴至《青岛市城市滨水景观技术标准》编制当中，以五水绕城为标杆，树立城市更新视角下的新时代河湖治理典范。

（2）新理念——全线贯彻"海绵城市"理念，开创平衡生态的新方法，开发雨水花园新专利。设计将河道、公园形态有机融合，通过体系化的海绵城市设施布局，生态复绿 40 余万平方米，提高了河道水生态的固碳能力。通过水系绿道系统延展，串联城区广场、公共空间、学校、住区，形成有机联系的城市绿脉体系，充分提高城市的生态承载力，建造自然稳定及多样性的城市水环境以抵御未来潜在灾害，保证城市恢复弹性。

（3）新技术——省内首例景观专业 BIM 技术应用典范，突破常规"水森林"稳定水下生态系统。借助 BIM 技术进行大量数据可视化的设计分析与方案表达，保证设计合理性，实现密集高效的对接汇报，提高方案通过率 30%，作为 BIM 技术在风景园林专业的先行者，该项目有目的、有针对地将 BIM 技术融会贯通，应用于设计各阶段，风景园林专业突破性地首次斩获山东省建筑信息模型 BIM 技术应用大赛奖项。

同时，本项目在污染拦截控制、补水水质及水位稳定的基础上，进行生境营造和水生态系统构建工程。应用"过流湿地 + 水下森林系统净化"技术，以沉水植物群落净化系统为主导，通过水生动物及微生物的投放完善食物网结构，形成健康稳定的水生生态系统。

（4）新手法——全线中水蓄水，让"废水"变"活水"，实现环境保护和经济效益双赢。设计通过拆除两岸违建危房，利用有限空间塑造无限可能，实现土地利用价值最大化，空间景观最佳化。结合不同河道的区位、形态、功能，形成一条条富有生命力的河道公园，使之成为滨水活力新聚点。新建水厂一处，敷设管线 20 余公里，每日补水 2.5 万 m^3，解决北方城市枯水问题，设置拦河坝，为生物提供栖息地。

（5）新材料——首次利用生态抗旱驳岸修复水生态环境，深度研发实用新型专利。尊重场地的原生自然基底，梳理保护现状苗木，优化植物群落，运用乡土植被营造动植物生境，通过生态抗旱技术解决季节性河流带来的旱季水生植物存活率低、生态驳岸较少等问题。

四、结语

对于城市发展来说，城市滨水空间在城市整体更新进程中的地位愈发重要。"五水绕城"作为城阳区带状滨水空间的重要组成部分，通过河道沿岸改造使景观面貌焕然一新，最大程度发挥滨水空间在激活城市活力、旅游、经济和促进民生与生态发展等多方面的作用。项目通过提升防洪标准、保护现状本土植物，构建合理的动线等设计手法来推动水安全、水生态、水环境的整体提升，保证了景观的实用性、可达性、参与性与文化性，展示了宜人的滨水景观，以此来推进城阳区的城市更新。

项目组成员
项目负责人：白　晶　原英东　于　丹
项目参加人：鲁　丹　方　坤　刘　周　尹清苓
沈敬林　刘钰杰　赵　坚　刘劭阳
王　霖　蔡　辰　李建林

让河流重新焕发生机

——河南省新郑市双洎河景观设计

岭南设计集团有限公司／张　猛　龙金花　董先农

摘要：在快速城市化进程中，双洎河的生态环境及沿岸的文物古迹受到严重破坏。设计通过多专业协作，提出了一系列修复和保护建议：建立多样化生物栖息地，保护历史遗迹，构建完善的滨水设施，展现郑韩文化，使河流与城市重新融合，再次焕发生机。

关键词：风景园林；滨水开放空间；低干预；生态设计

一、项目概况与背景研究

项目紧邻新郑市老城中心，占地 77.20hm^2（图 1）。设计研究范围覆盖了整个双洎河流域，并对该核心区段的历史、水文、地形特征、生物种群及植被状况进行了深入研究，提出一系列具体的生态修复和文化保护解决方案。设计突出表达了郑韩时期不同社会层面 5 个特色文化分区，根据周边人群需求，构建完善且人性化的休闲设施，利用大地艺术般的台地景观突出展示城市形象（图 2）。目前该核心区段已竣工完成（图 3）。

早在 8000 年前裴李岗文化时期，新郑地区率先进入以原始农业为主的氏族社会，这里是中国古代文明最早的发源地之一，上古轩辕黄帝出生并建都于此，其中郑国的望母台遗址、宋代的凤台寺遗址、明清时期的城墙遗址等国家级文物均在本次设计范围内。

昔日双洎河畔，人们依河而居，城市因水而兴，然而随着工业化进程加快，城市快速发展，污水和雨水未经处理直接排入河道，建筑、工业和生活垃圾任意倾倒，导致土壤和水质遭受严重污染、生物种群数量逐渐减少，文物古迹也在岁月侵蚀和人为的损坏下，被淹没在杂草密林之中，逐渐被人们遗忘（图 4）。

图 1　区位图

1. 入口广场
2. 服务建筑
3. 台地景观
4. 游船码头
5. 湖心岛
6. 观景平台
7. 飞虹流云
8. 荷津观渡
9. 滨水平台
10. 商业建筑
11. 枫林溪谷
12. 智趣乐园
13. 明清城墙遗址
14. 活力球场
15. 露天剧场
16. 凤台夕照
17. 豫剧演艺中心
18. 生态旱溪
19. 望母台遗址
20. 停车场

图2

图3

图4

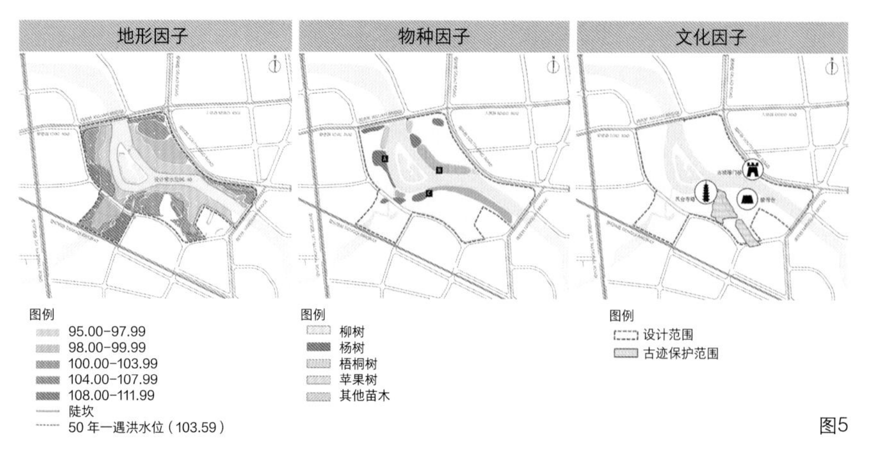

图5

二、设计策略

（一）反向设计，降低干预

景观设计师与当地植物和生物专家一起，对河道的竖向、生物种群及植被状况等进行了详细的现场勘查和研究，确定了几处低洼地为生态敏感区（位于河道南岸的凤台寺和望母台周边及支流入河口附近，标高处于常水位和洪水位之间，原生的植被群落也基本位于此处，青蛙、蛇类、鸟类等动物在此比较活跃）。同时对文物所在区域进行了详细的地下勘察，在探明地下文物遗留情况后进一步对保护范围进行确认，最终划定生态和遗址最为脆弱和敏感的区域范围进行保护（图 5）。此范围内采用降低干预或者零干预的手段进行场地设计。

（二）重塑河道与城市的联系

设计多个出入口与市政道路进行连接，实现全园无障碍通行，建立完善的停车系统，同时提供便捷的交通和人性化设施。因势利导，创建多功能复合的景观空间，通过台地景观处理高达 11m 的落差，营造大地艺术景观效果，丰富游赏体验（图 6）。

建立连续不间断的滨水步道系统，通过桥下连接的方式与上下游进行串联，同时建立水上交通系统。游客可以在参加祭祖大典之后自上游乘船途经此处，欣赏河道美景（图 7），然后到下游上岸去车马坑博物馆。

三、文物保护与文化传承

（一）文物保护与景观融合

郑庄公望母台遗址台高 9m，底部周长 60m，郑国时期以黏土夯筑而成。在明确文物保护范围后，在建设期间用围挡进行隔离，划定不同的专业操作区，保护红线内原有地貌特征不被破坏，采用退界保护的方法对周边进行植被修复，并留出良好的视线通廊（图 8）。凤台寺塔为宋代建造，地处高台之上，古朴雄伟，成为全园的视觉焦点，设计一条从塔体通向河道的台阶步道，将历史景观引向水岸（图 9）。

（二）传承郑韩文化

设计过程中确保文化传达的准确性和真实性，将郑韩时期的君王故事、商业文化、军事谋略、诗经文学和民俗文化通过不同的分区向游客娓娓道来，在空间上形成文化的连续性（图 10）。

入口服务中心采用秦汉时期建筑形式。园区内挡土墙由青砖砌筑而成，并用刻有考究的青铜器符号纹样石条进行修饰，体现浓郁的郑韩文化气息（图 11）。镶嵌在台地中的米黄色沙岩浮雕讲述着郑氏三公的故事，传达中国古代“家天下”的传承理念，与延绵弯曲的景观台地融为一体。长廊背靠运用潘世纹镂刻的金属屏风，抬头可以看见斑驳的阳光透过玻璃屋顶洒向地面（图 12）。

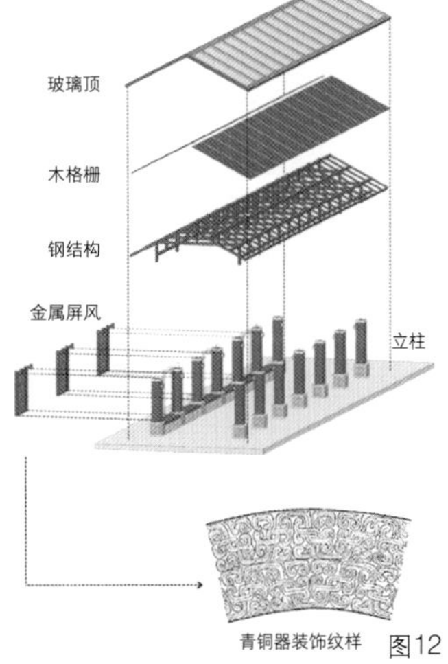

图 2　总平面图
图 3　施工完成照片
图 4　危机四伏的河道现状
图 5　敏感因子分析
图 6　大地艺术般的台地景观
图 7　美丽的景观吸引了附近的人群
图 8　郑庄公望母台遗址
图 9　宋代凤台寺塔
图 10　郑韩文化表达
图 11　入口服务中心建筑及青砖砌筑的台地
图 12　具有古典文化特色的现代景观长廊

四、生态设计

（一）营造健康的滨水生态栖息地

设计对市政管网进行整治，让雨水及生活污水先汇集到污水处理厂进行处理，再经人工湿地净化后排入河道。对河道污染情况进行评估，最终对1.5m深（约38万m^3）污染的淤泥进行清除，并转移到安全的地方进行处理。拆除原有混凝土砌筑的硬质驳岸，并将建筑垃圾回收利用，与当地特有的红色毛石一起捆扎成石笼护岸，可以抵挡洪水冲刷的同时，也建立了会呼吸的生态岸线。营造不同深度的水下环境，为鱼类和微生物提供觅食、产卵、避险的生存空间，为多种水生植物提供必要的生长环境（图13）；同时对沿岸的人柳树进行保留，补植乡土树种树，营造多样性的陆生植被群落，优选果树进行种植，为动物提供食物。

（二）雨水净化、收集及再利用

通过模型计算得出地表径流的汇水方向及数量，在边缘地带通过生态草沟对面源污染进行截留。蜿蜒的生态旱溪汇聚了大部分降水，延长了雨水进入河道的时间，经过充分的渗透、过滤后将多余的水排入河道，同时采用地下蓄水模块进行雨水收集回用，降低公园维护管理成本（图14）。根据地形落差将河水引到上游，构建人工湿地，通过层层的跌水瀑布景观来增加水的含氧量，种植吸附能力较强的本土水生植物对水质进行净化（图15）。

五、结语

本项目由多个专业团队共同合作，其中包括：园林、建筑、雕塑、水利、生态、文化旅游、生物、文物保护等，每个专业都在自己的领域中得到发挥。项目设计构建了多样化生物栖息地，重新为生物提供生活繁衍的场所；对历史遗迹进行保护，提炼历史元素应用到具体设计中，引发人们对古代辉煌历史的追忆，使郑韩文化得以传承；引入经营类项目进行适度开发，为周边人群提供了更多的就业机会。从此生态得到恢复，文化得以传承，经济得到发展，重新将河道与城市联系在一起，唤起人们对河道的向往。

项目组情况

单位名称：岭南设计集团有限公司

项目负责人：龙金花　张　猛

项目参加人：齐　军　李英明　吴　楠　董先农
何平辉　安子文　江启明　黄其恩
杨红亚　吴利华

图13　河道清淤及水下生境营造

图14　生态旱溪及蓄水模块建设

图15　人工湿地中长势良好的本土植物群落

广西南宁东站广场景观设计项目

华蓝设计（集团）有限公司／李海冬　宋玉福　杨　旭

摘要： 在高铁经济时代背景下，基于南宁的地域文化和南宁东站的区域功能，合理确定广场定位。分析广场内外部交通情况，结合未来需求，有序组织场地流线，运用创新的技术和理念，将南宁东站打造为集游客集散、休闲、商旅、文化展示、信息发布为一体的城市综合型广场。

关键词： 风景园林；城市广场；公共景观；森林车站

一、项目概况

伴随高铁经济时代的到来，高铁基础设施建设已成为改变人们生活方式和城市发展格局的重要因素。南宁东站作为广西高铁网络的枢纽中心，对促进区域经济发展和城市建设具有重大意义。此外，基于中国高铁向东南亚延伸发展的宏观战略，南宁东站将成为彰显国家实力形象和体现城市精神面貌的重要窗口。作为南宁城市东拓发展战略的启动项目，南宁东站的建设将促进城市区域副中心的快速形成，提升城际交通与旅游配套的基础设施水平，南宁东站南、北广场将成为“壮乡首府”和“中国绿城”，成为南宁迎接四方来宾的新门户、新客厅。

南宁东站选址于主城区东北侧的凤岭片区，站房总建筑面积 26.74 万 m^2，设计年旅客吞吐量 5000 万人次，配套地面南、北广场总占地 22.34hm^2（图 1）。项目于 2013 年开始进行规划设计，2016 年投入使用。

二、规划构思

（一）升级功能定位，为城市创造多元复合价值

在满足交通疏散功能基础上，结合城市发展和公众服务的诉求，升级项目定位为集游客集散、城市休闲、商旅、文化展示、信息发布为一体的城市综合型广场。通过合理规划满足城市多元复合的功能性需求，打造环境优美、格调脱俗、具有城市名片效应的城市公共景观（图 2）。

（二）艺术性的空间布局、有机互动的功能分区

南、北地面广场以“一纵、一横、五区”的形

图 1　整体鸟瞰图
图 2　开阔大气的南广场

图 3　北广场总平面图

图 4　南广场总平面图

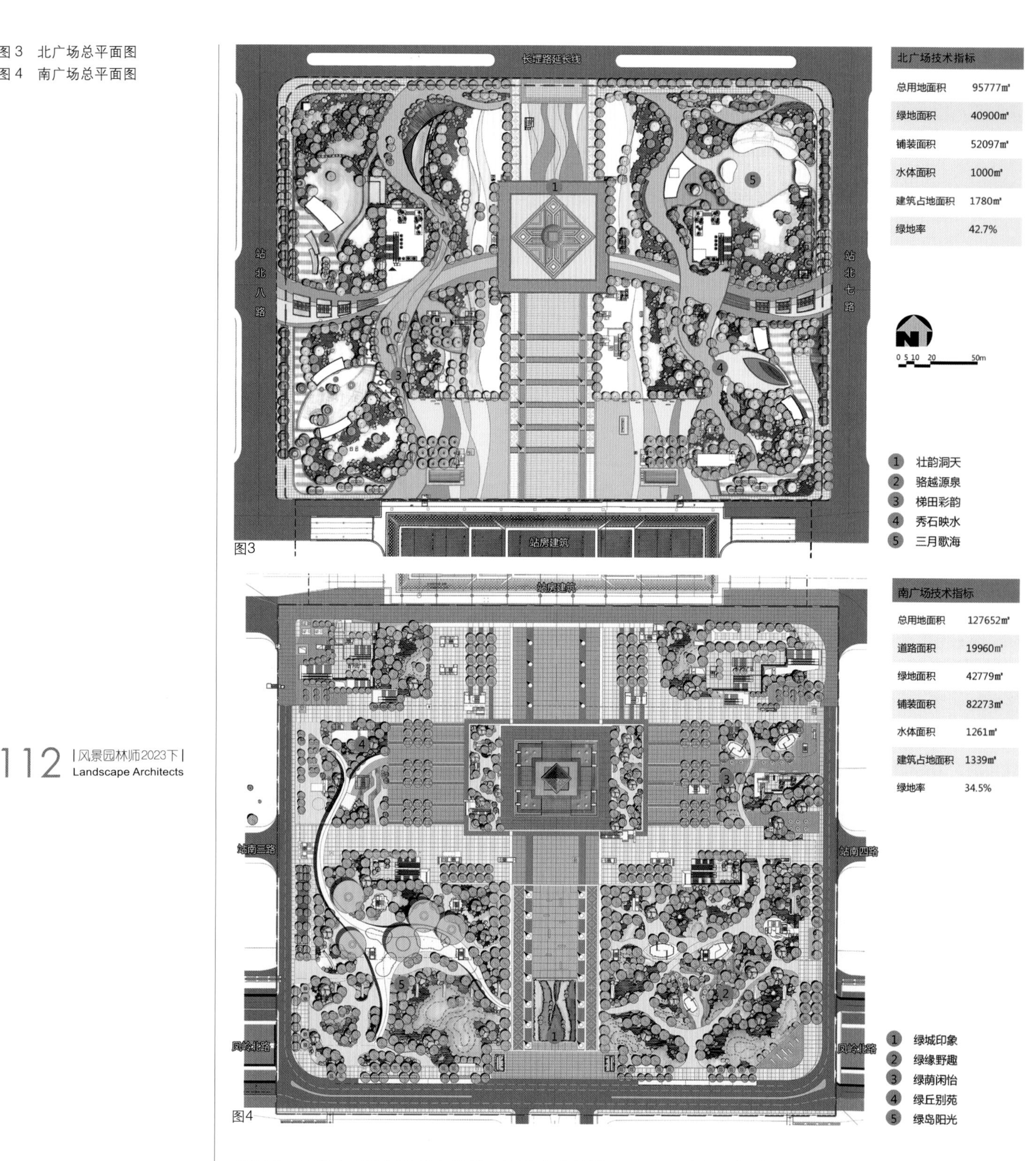

式布局，打造大气壮阔的核心纵轴、律动多变的横轴和 5 个景观分区。北广场以“壮乡首府”为景观主题，分为壮韵洞天、骆越源泉、梯田彩韵、秀石映水、三月歌海 5 个分区，通过浓缩壮乡风情的特色建构（筑）物、民族元素，打造充分展现首府民族韵味的壮乡客厅（图 3）。南广场以“中国绿城”为景观主题，分为绿城印象、绿岛阳光、乡缘野趣、绿荫闲怡、绿丘别苑 5 个分区，通过独具亚热带风情的立体空间和景观元素，塑造彰显绿城魅力的城市公共空间（图 4）。

三、项目亮点

（一）合理有序的交通组织

1. 外部交通联系

横向打通广场东西两侧的城市联系通道，北广场与外围市政路水平相接，南广场通过高架匝道形式与城市道路形成立体交通体系（图 5）。结合城市公交规划，在场地内设置公共汽车停靠站。

2. 内部交通组织

设置下沉出入口广场，解决大流量疏散换乘。

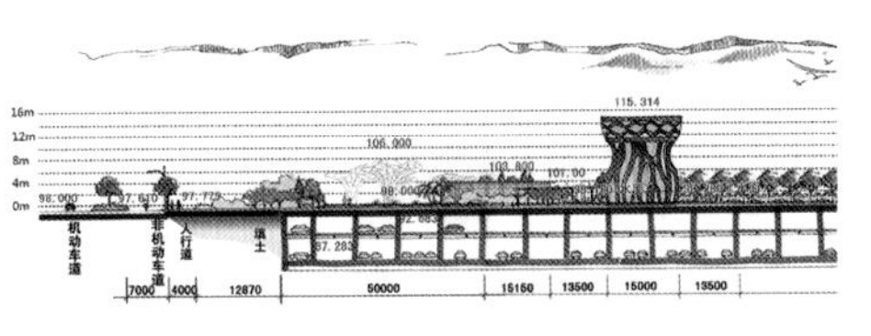

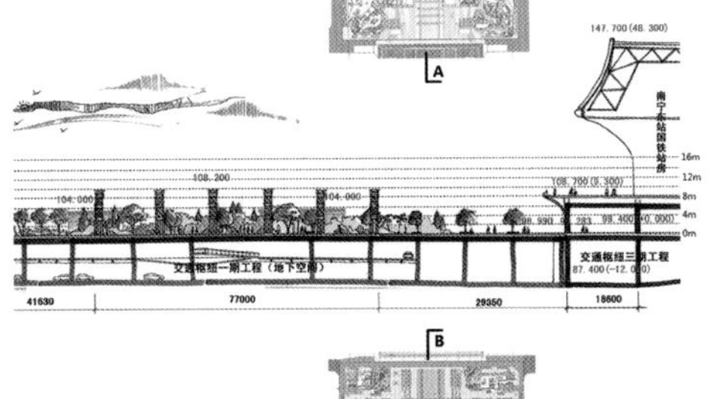

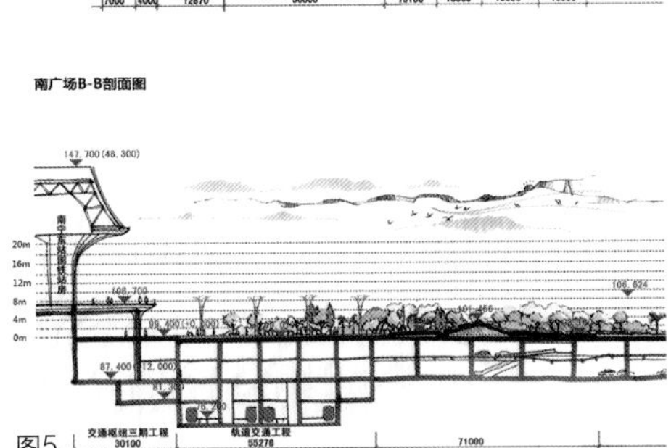

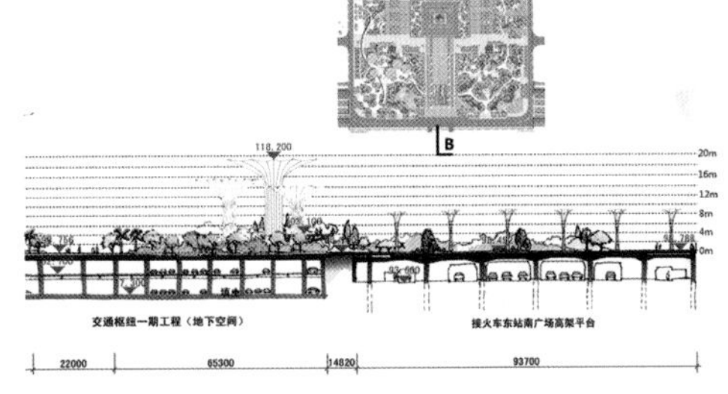

图5

图6

图7

结合地下空间功能及地面各出入口布置，与广场景观进行合理衔接。在主要人行出入口附近设计开阔、适宜人群集散的场地。消防疏散出口设计合理的疏散空间，满足应急疏散要求。

（二）舒适的公共服务设施

1. 立体廊桥增加广场趣味

南广场设置架空的艺术景观廊桥，针对南方地区多雨的气候特点，下层在兼顾风雨连廊功能的同时，结合地下空间出入口设置小型展览馆及商业空间，廊桥上方为游客提供停留游憩、俯瞰景观的视点。

2. 风雨连廊改善小气候

考虑到南宁夏季炎热多雨的气候特点，结合主要地下空间出入口及公交车站，设置直通站房的风雨连廊，连廊设有冷雾降温系统，能够有效改善局部小气候，体现人性化设计细节（图6）。

3. 候车场地提供舒适等候环境

根据人群的分布特征与使用需求，广场设计舒适的座凳、亭廊等休息设施，为乘客及市民提供了舒适的候车环境（图7）。

（三）森林车站的理念创新

1. 种植土轻量化设计，为屋顶花园“减重”

南北广场作为超大型屋顶花园，地下空间结构荷载有限，采用技术手段为面层景观“减肥”。通过科学配比种植土，实现了单位体积的绿化土壤减重12%～18%，使覆土深度增加；铺装基层构造采用轻质陶粒混凝土，减轻结构静荷载。大、中型乔木根据下方结构顶板（柱、梁、板等）不同的受力分布进行种植，在结构安全和实现效果之间寻找最佳的平衡点；对新增广场面层大型建（构）筑物采用阀板结构基础形式，分散地下空间结构基础的压强受力。

2. 通过复层种植、立体绿化打造“森林车站”

以乡土植物为基调，注重空间层次搭配的丰富性及视觉效果的多彩化，通过微地形等手段营造具有亚热带特色的“森林化”绿化效果（图8）。

在植物品种上，选用和驯化树种，突出地域特色，选择自然形态较好的、适生性强的树种，减少养护成本。

通过各种观花植物的搭配，将广场融入花城中，凸显南宁花城特色。在空间上形成5层以上的复层绿化配置形式，提高广场的整体绿量。

通过采用垂直绿化、屋面绿化等形式，使单位面积绿量最大化，体现出亚热带丰富的植物资源。

（四）绿色技术实现低碳循环

1. 雨水回收利用技术

南广场设置两座容量为500m^{3}的雨水回用收集池，北广场设置两处容量为400m^{3}的收集池，

图8

图5　广场剖面图
图6　风雨连廊自动冷雾系统
图7　林荫广场下候车的旅客
图8　“森林化”的车站景观

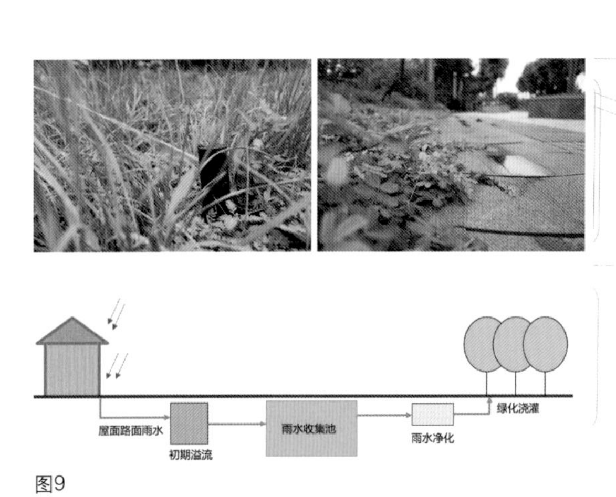

图9

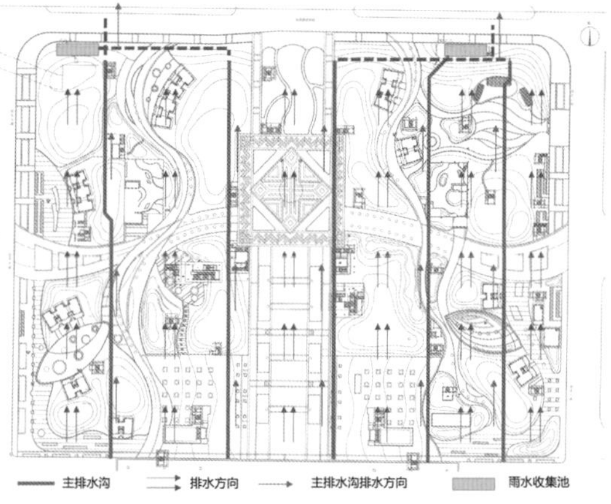

图10

图11

图12

图 9 雨水回收利用系统示意图
图 10 南广场阳光树
图 11 北广场“壮韵洞天”雕塑
图 12 广场中休闲的居民

总容量达 $1800m^3$。雨水收集池蓄满一次约可解决 22 天的绿化用水量，绿化灌溉的节水效率大于 70%（图 9）。

2. 太阳能光伏发电技术

南广场设计 5 棵钢结构“阳光树”，结合“树叶”布置太阳能光伏板，利用太阳能可提供阳光树自身的照明用电，能维持 7 个连续阴雨天的照明用电。运用光伏发电降低能耗与运营维护成本，实现绿色低碳（图 10）。

（五）民族纹样展示壮乡韵味

提取壮锦简洁的几何元素，将其运用于铺装、图腾柱、构筑物的细部装饰上，展现出浓郁的民族特色。在主要节点设计“壮韵洞天”铜鼓雕塑、“三月歌海”场景雕塑、蚂拐雕塑等，展现“壮乡首府”独特的地域风情（图 11）。

四、社会效益

2014 年 12 月南宁高铁正式开通，2015 年以来地面南、北广场陆续竣工并投入使用，广场成为南宁新的城市景观名片。

项目建成后，不仅市民的交通出行条件得到重大改善，同时也成了周边居民的热门休闲场所。靠近站房的位置设置了大量的候车设施，并通过乔木遮阳来改善候车环境。临近两端市政路的区域为市民提供休闲场地，布置林荫广场、互动喷泉广场、休闲游园等景观空间，改善周边居民生活环境（图 12）。

南宁东站南、北广场还为各类活动及庆典提供了开阔的户外场地，举办了“浪漫七夕，情定高铁”的主题婚纱摄影活动，以及“学雷锋”等系列活动。

自南宁东站各项工程陆续竣工投入使用以来，总体运行良好。南、北广场成为南宁新的景点，以其突出的景观特色获得了市民的充分肯定，也给外来游客留下了良好印象。

项目组情况

单位名称：华蓝设计（集团）有限公司

项目负责人：朱炜宏　李海冬

项目参加人：宋玉福　欧阳鸥　黄晓通　代　伟　梁　燕　杨　俊　田茂媚　唐　臻　李桔铭　周　欣

“中轴上的城市绿心”

——浙江省温州市城市中央绿轴公园设计

中国美术学院风景建筑设计研究总院有限公司／陈继华　王月明　王小红

摘要：温州中央绿轴公园位于浙江省温州市新城的中轴核心，是温州第一综合公园、大型市民休闲公园、温州市核心景观轴。公园的建设链接了温州的山、水、湿地、瓯江城市大格局，衔接了温州城市核心板块的复合功能，是温州新城重要的绿色名片。

关键词：温州；城市中央绿轴公园；设计；创新

一座大型公园，一座城市的珍稀资源。任何一座伟大的城市，总是有其独一无二的城市中轴线。其周边也是城市规划、建筑的最高水平体现，更是一座城市发展到一定程度所形成的标志。温州城市中轴，是对温州古城轴线的传承与延续，反映出温州从“旧城时代”迈向“新城时代”的开拓演变，成为城市发展进程中一道崭新的“年轮”。

一、项目背景

温州中央绿轴公园位于城市中轴线中段，统领城市中轴主体空间，项目将美人岗公园、杨府山公园、温州市政府、世纪广场、三垟湿地及大罗山等串联在一起，整合温州的山、水、城格局，构成城市绿色空间系统的核心轴线，塑造链接城市与自然空间的脉络骨架。

温州市政府在城市核心区的中轴线地段拿出 $33.85hm^2$ 的土地建设中央绿轴公共绿地，作为温州从“旧城时代”迈向“新城时代”的开拓里程碑，公园由北向南有机串联城市新区的商务、居住、行政、文化、生态、教育等复合城市功能空间序列。

公园南北走向，全长 2.2km，北至锦江路，南至瓯海大道，往南与三垟湿地水景形成连贯画卷，构成了江南梦里水乡的生态样点（图 1）。

二、项目难点

原址为大片棚户区，拆迁量大，建设复杂；现状为淤泥地质，情况多变条件恶劣；地下建设面积巨大，面临土方开挖等重重挑战；场地碎而不整，南北隔断；铁路、轻轨、高压线落地影响园区；几万方地下室的抗浮抗拔以及顶板覆土如何解决；十多工种纵横交错，统筹协调难度较大；场地绿化稀疏，基本无良好植被。

三、设计策略

（一）整合城市核心山水廊道

公园战略性地整合城市核心的山水资源、生态湿地资源、文化资源，打造联通自然与城市的中央

图 1　公园建成后鸟瞰

图1

图2　公园总平面图设计
图3　公园山水格局鸟瞰
图4　公园山水格局航拍（一）
图5　公园山水格局航拍（二）

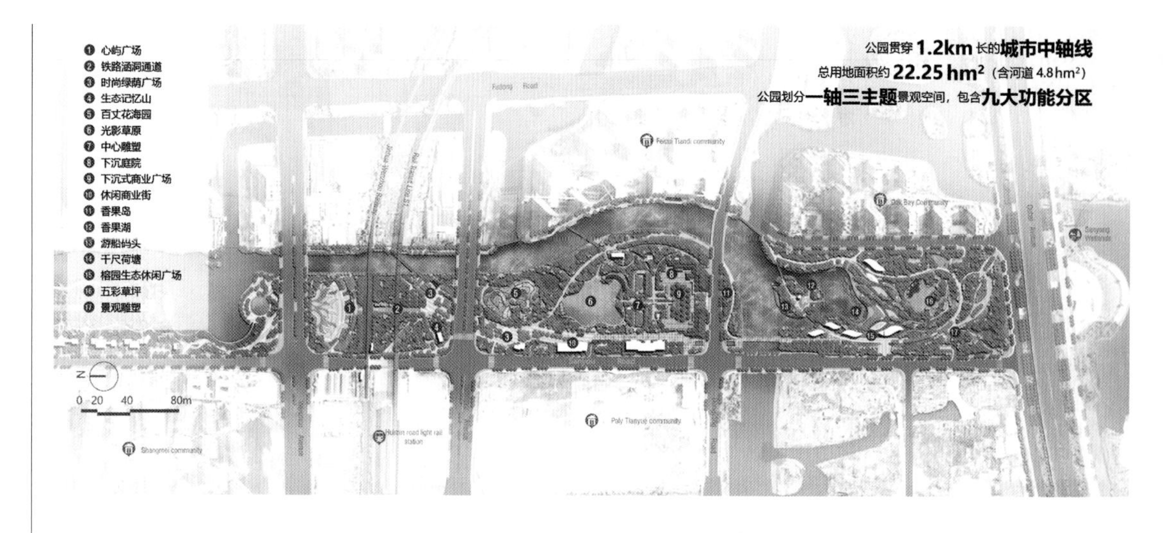

激活城市经济
10000m² 中区地下商场面积
2000m² 近地面休闲商业面积
>50 亿元周边商业体量年销售额

串联城市交通
1 条市域铁路
7 处城市道路下穿
1000 个地下停车位

打造城市慢生活
7 处特色广场
1800m² 滨水活动空间
>50 万户惠及周边市民

重现城市文化
3 处民俗文化雕塑
1 处历史遗存景点
5 处传统文化雕塑装置

修复城市生态
260 种增植植物
>80% 乡土植被占比
4.8hm² 水域面积

图2

图3

图4

图5

绿轴在城市发展的新阶段起到架构生态网络、平衡城市空间密度、维护生态环境的重要功能，实现了城市未来的可持续发展。

（二）构建复合的功能体系

方案充分响应并整合了周边商务、居住、行政、文化、教育等复合城市功能。以山水意趣生态区、时尚民粹休闲区、自然游园观光区三大核心板块，串联16处主要景点，为当地百姓打造一处融合休闲游览、运动康体、亲子游玩、文化体验、民俗民艺、娱乐放松、交流聚会等功能的场所，老幼妇孺各得其所（图2）。

（三）营造景观格局

原场地基础条件较差，地势过于平坦，地质情况复杂，多为淤泥地质，少有植被。设计通过理水堆坡，形成"以水景为轴线，微地形连绵起伏，绿化点缀全园"的大格局（图3～图5）。并通过山水地形架构，强化对城市结构性空间的控制与风景塑造。同时，景观地形的塑造解决了公园由于地下建设面积巨大而面临的大量土方平衡问题。

（四）联通公园慢行体系

场地地面条件复杂，包含已建成及规划中的多条铁路、轻轨、高压线落地等复杂的城市综合工程，将公园割裂为碎片状。经过多轮专家论证与协调，最终采用道路交接处公园下穿的方式实现连通贯穿，既解决了公园整体性问题，又保证了慢行交通体系连续不隔断（图6）。

（五）生境修复与植物景观塑造

原场地绿化稀疏，基本无良好植被。通过土壤改良、生态修复及多样生境的塑造，设计后整个园区种植了 260 多种植物，其中低养护的乡土植物占比 80%，包含大量开花植物、色叶树种，不仅提升了景观的观赏性，也为城市物种多样性的涵养和市民亲近自然提供了空间（图 7）。

（六）生态建造与地下工程

（1）在公园养护管理系统的设计中，采用河水回用系统进行公园清洗和植物喷灌，以节约水资源。

（2）地下室顶板采用泡沫混凝土回填，既满足了景观堆坡需要，又减轻了地下室荷载，并且节省了工程造价。

（3）由于场地为淤泥地质且地下水位较高。设计采用混凝土钻孔灌注桩和水泥土搅拌桩，有效解决了地下室的抗浮抗拔，桩基最深处达到 65m。

项目建设过程中，与城市规划、市政设施、交通等 10 多工种统筹协调。施工历经整 3 年，方案阶段经历了 12 轮包括市政府、市政协、有关部门和知名专家、学者在内的讨论最终确定，高效配合现场施工，确保工程质量，彰显了景观设计师在综合性项目上的统筹能力和地位（图 8、图 9）。

图 6　宜人的慢行体系
图 7　植被美与生境美
图 8　地下工程建设

图6

图7

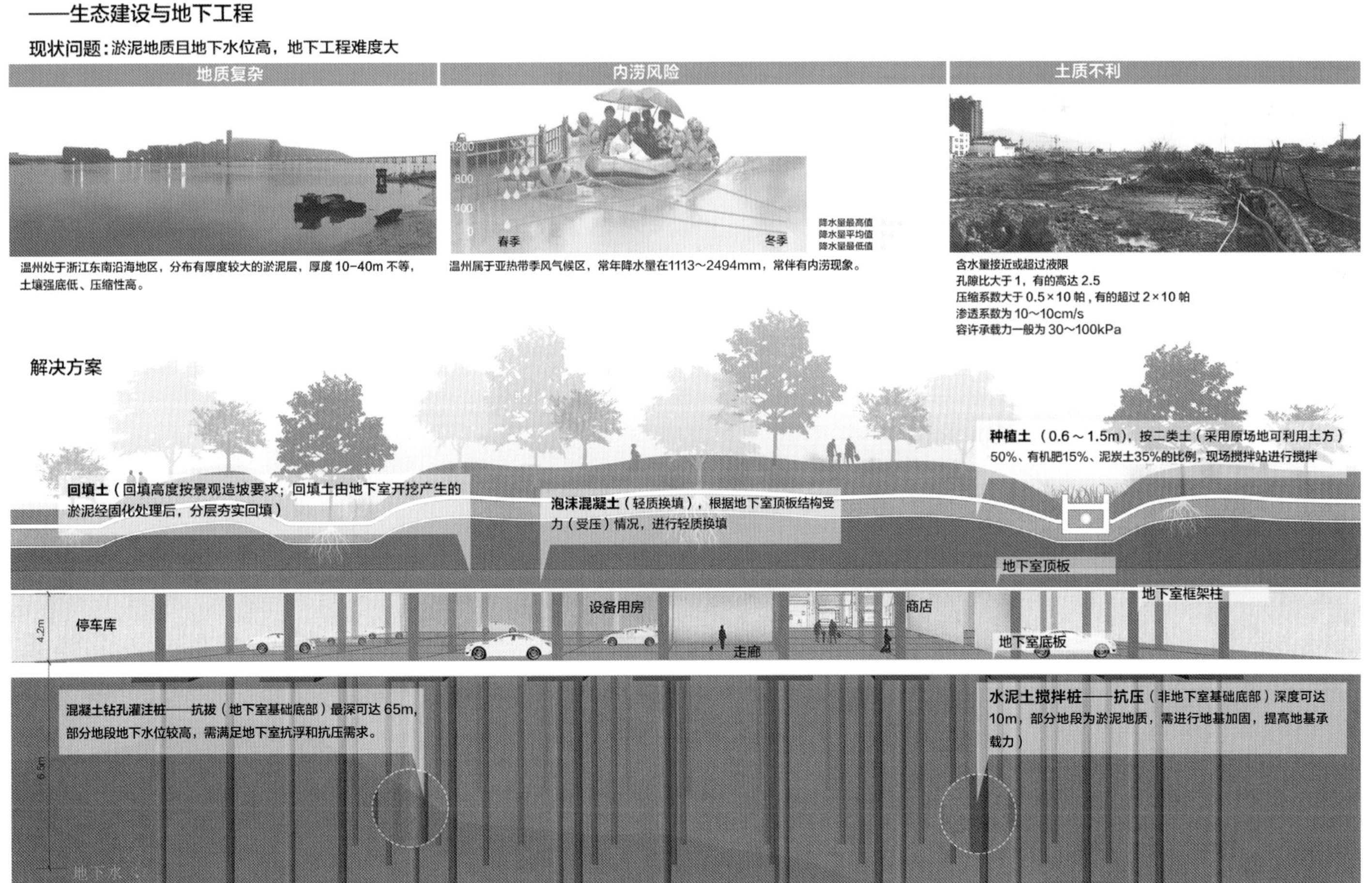

图8

图9

图10

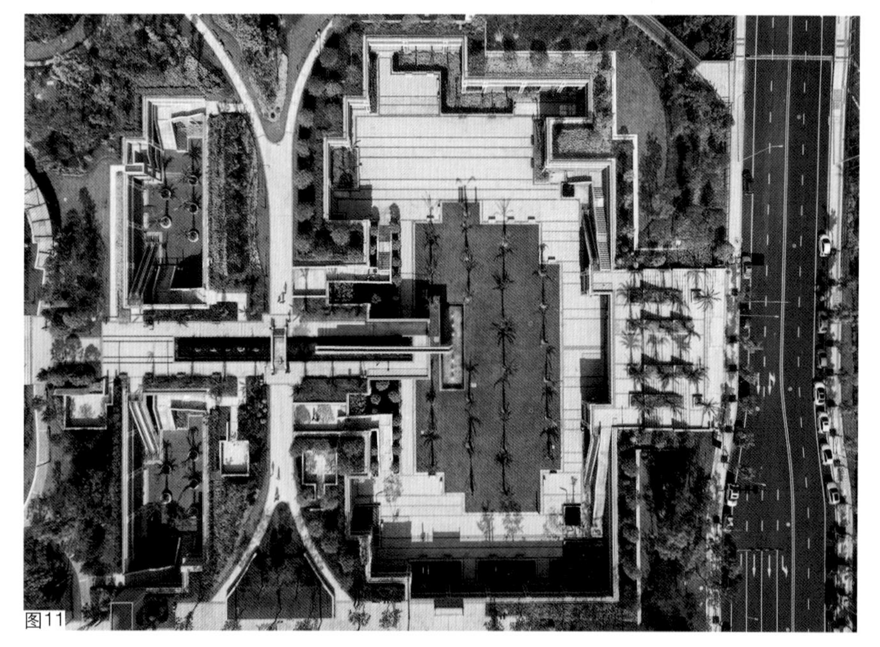
图11

图 9　完工后的地上商业
图 10　温州中央绿轴公园实景（一）
图 11　温州中央绿轴公园实景（二）

四、实施后的经济、社会、生态效益

设计从现状问题入手，对项目功能、人文艺术、结构造价等方面进行系统分析和思考，提出“以自然之理，造自然之景，在继承中创新，在创新中传承”的总体思路。以市政府及世纪广场形成的南北轴线为视觉中心，针对目标人群，拓展三大开放主题空间：山水意趣生态区、时尚民粹休闲区、自然游园观光区。串联心屿广场、金温印记、林荫大道、百丈花海、瓯居海中、千叶广场等 16 处主要景点。

建成后的温州中央绿轴公园全长 2.2km，宽约 200m，跨越温州 3 个区，建成后的公园成为温州第一城市综合公园，惠及周边 50 多万户市民，带领温州市民享受“慢生活”和“高品质”，引领城市新发展阶段下的绿色生活方式。

现在的温州中央绿轴公园深受社会各界好评，从蓝图走向现实。公园周边康体健身、文化娱乐、购物休闲等功能逐渐有机融入，为区域带来了数百家高级企业的入驻；孵化出了温州最大的商业综合体，周边 34 万 m^2 的商业体量年销售额达 50 多亿元，催化了区域经济的发展和社会生活品质的整体提升。

同时，中央绿轴公园在温州中心城区规划建设中实现了统领性地位，连通了城市山水大格局，整合了城市自然的生态廊道，创造性地铸就了城市中轴上的“绿心”门户空间，是温州城市绿色发展进程中的一道新年轮（图 10、图 11）。

项目组情况

单位名称：中国美术学院风景建筑设计研究总院有限公司

项目负责人：陈继华

项目参加人：洪海栋　厉高辉　洪　辉　郝雨知　张　颖　周杨琴　陈　丹　王月明　王小红　陈　晨

从工业遗址到奥运遗产的设计探讨

——以北京首钢工业园区城市更新设计为例

易兰（北京）规划设计股份有限公司／陈跃中　王　斌　莫　晓

摘要：首钢变迁史见证了中国近现代工业发展与进步的历程。首钢工业园区设计既保护首钢工业遗址风貌、修复受损生态环境、实现工业遗产资源再利用，又挖掘场地历史记忆、注入新的业态与活力、实现工业废弃地景观更新。通过倾注活力与重构记忆的方式，达到现代公共场所精神与景观功能融合，将工业遗产与生态绿地、运动精神交织，助力园区可持续运营。

关键词：风景园林；城市更新；设计；奥运

一、项目背景

为了首都的绿水蓝天和2008年北京奥运会，首钢自2005年起实施了大搬迁，留下来的8.63km^{2}老厂区进行转型发展，涅槃重生——建设新首钢高端产业综合服务区，打造新时代首都城市复兴新地标。借势2022年北京冬奥会的机遇，首钢工业园区（以下简称“首钢园”）打造山—水—冬奥—工业遗存特色景观体系，努力推进“文化复兴、产业复兴、生态复兴、活力复兴”，成为北京城市深度转型的重要标志，成为世界工业遗产再利用和工业区复兴的典范，焕发出澎湃的能量和崭新的活力。

易兰（北京）规划设计股份有限公司作为首钢大改造的参与者之一，深度参与了首钢园城市更新工作，完成了冬奥会国家体育总局训练中心（以下简称“冬训中心”）、六工汇、北七筒仓RE睿·国际创忆馆、首钢网球馆及运动员公寓、洲际智选假日酒店秀池店、星巴克冬奥园区店、首钢极限公园等项目的景观设计工作（图1）。项目先后荣获城市土地学会（ULI）亚太区卓越奖、中国风景园林学会科学技术奖规划设计奖、英国景观协会（BALI）国家景观奖、国际风景园林师联合会（IFLA）大奖、北京园林优秀设计奖等国内外奖项。风景园林师用设计的智慧助力百年首钢园转型，沉浸式参与首个设立在城市工业遗址上的奥运场地设计工作，以设计之力赋能冬奥，为世界工业遗产再利用和城市更新作出重要贡献。

二、功能重组、倾注活力：冬训中心

冬训中心位于首钢园北区，总面积为12hm^2，景观设计面积为3hm^2。项目通过修复、改造和加建等织补方式，建设符合国际比赛场地规格的冰上训练场馆、高标准的运动员公寓与网球场馆：利用大型车间厂房的空间优势打造“四块冰”——短道速滑、花样滑冰、冰壶和冰球训练场馆；较小车间改造为配套商业；职工网球场改造为网球馆。景观设计与建筑功能紧密结合，将工业遗产与生态绿

图1　总平面图（图片来源：易兰（北京）规划设计股份有限公司）

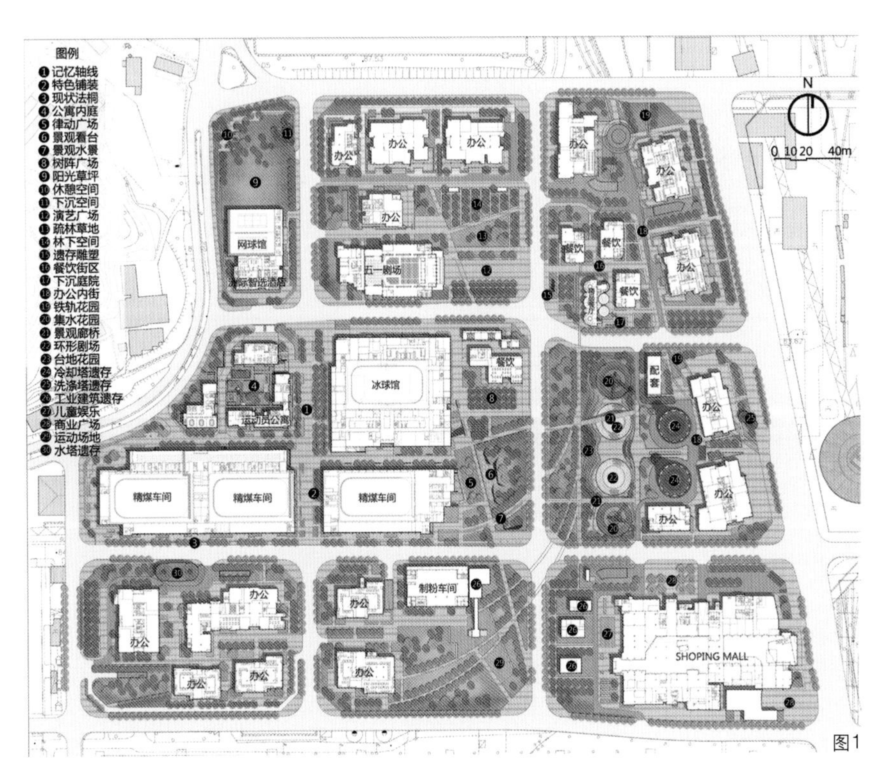

图1

图2　冬奥会国家体育总局训练中心广场的“铁轨”线性铺装（图片来源：一界摄影）

图3　冬奥会国家体育总局训练中心广场与建筑立面（图片来源：一界摄影）

图4　项目采用生态技术，通过雨水收集和植物修复，一方面处理工业遗址潜在的土壤污染，另一方面保持场地的可持续性，最终将整个地块打造成一处低维护的城市开放空间（图片来源：一界摄影）

图5　从远处遥望六工汇（图片来源：六工汇）

图6　场地里有多处特色工业遗存，具有较高的历史风貌保留价值（图片来源：张锦影像工作室）

图2

图3

图4

图5

图6

地、运动精神交织在一起。

设计采取“最小干预”的原则和方法，最大限度地保留了工厂的历史信息，场地内遗留下很多运输原料的轨道与管廊，有的被原样保留，有的则被重新建造（图2）。在冬训中心广场，线性铺装重现“铁轨”的在地文化，依据原有轨道的肌理布置。利用线性水景、铺装从冬训中心广场延伸到三号高炉，串联起高线走廊、制粉车间、精煤车间、购物中心、沉淀池、冷却塔、洗涤塔等不同的设计元素和原有景物。在这里还可遥望远处的高炉、石景山与首钢大跳台，记忆重构与视觉建构在功能重组的新空间中产生叠加。

在精煤车间东侧开辟入口广场，作为冬训中心建筑前的一个可容纳多种事件的开放性城市更新公共空间，可供举办小型的仪式、集会及演讲（图3）。在网球馆、运动员公寓与冰球馆之间的道路两侧穿插了绿化，营造户外活动空间，在网球馆北侧营造绿色静谧空间（图4）。项目通过对工业遗迹的重新挖掘，将其与自然景观有机结合，实现与建筑新功能相适应的交通组织、活动承载、氛围营造，从而使场地具有多种发展的可能性，重新焕发活力。

三、梳理历史、重塑印迹：北京六工汇

六工汇地块集区位优势、空间资源、创新要素于一身，占地 13.2hm^2，位于首钢园北区的核心地块内。依托“长安金轴”，景观面积 81850m^2，是一个由工业遗产改造而成的，拥有国际甲级办公楼、全新零售餐饮体验和充满艺术、文化多功能区域的综合体（图5）。

设计范围为冬训中心周边的6幅互通地块，呈C字形，与石景山一起环抱冬训中心，形成完整的冬奥广场中部片区景观体系。结合上位规划布局，围绕“多轴多节点”思路展开整体规划布局，实现对园区结构效果的完美呈现。其中，多轴包括视线轴、开放空间轴、商业轴和高线滨水轴，通过轴线引导空间布局。

项目包含五一剧场、工业废水沉淀池、冷却塔等多处特色工业遗存（图6），具有较高的历史风貌保留价值，草率或过于主观的场地设计将会把仅剩的标识物打散，场地记忆与遗址情感将会抹杀殆尽。因此景观设计团队放眼更大的场地研究范围，从空间结构、场地功能、建筑风格、景观形态、场所记忆等多个维度进行剖析（图7），挖掘和重塑大工业时代的印记，并使之成为文化与艺术的核心，同时

结合项目的定位打造多功能创意产业园区空间。

冷却塔沉淀池运动休闲公园是场地中工业遗存最丰富、最具标志性的地块（图8）。现场工业遗存高差明显，设计团队进行了多层次的功能拆解与重构。4座沉淀池是直径约30m的下沉空间，根据场地核心的定位，中间两座沉淀池改造为可提供活动和休憩的下沉开放广场，铺装与绿植结合的台阶可供人休息；两端沉淀池作为收纳雨水径流的下凹绿地，保留刮泥器工业遗存符号形成“定格的时钟”意向。

4座沉淀池将商业空间与冬训中心地块交通隔离，因此增设步行桥作为交通连线（图9、图10）。步行桥设计语言与工业遗存钢架呼应，保持历史风貌延续性。以流线形带状台地丰富高差边界，同时为公众提供剧场看台及休息设施（图11）。

六工汇购物中心坐落于滨水轴与商业轴交点位置，地块内保留建筑包括7000风机房、第二泵站、九总降等，设计在对以上保留建筑进行改造、保护的基础上，织补新建建筑并辅以多层次景观设计，依托工业遗存和冬奥运动主题，定位“创建跨界产业总部社群，打造新型微度假式的生活方式”，致力打造汇聚低密度的现代创意办公空间、复合式商业、多功能活动中心和绿色公共空间的新型城市综合体（图12）。

建成后的六工汇成为一个汇聚低密度的现代创意办公空间、复合式商业、多功能活动中心和绿色办公空间的新型城市综合体，将以国际化视野打造北京科技创新、文体创意和独特生活方式的新名片。

四、借景入境、重构记忆：星巴克咖啡厅

位于冬奥会组委会办公区东侧，是首钢园一个独具特色的独立小型建筑体，占地面积2225m²。建筑由原干法除尘器罐体设备旁的控制室改造而成。原控制室有3层，为了形成冬奥会组委会办公区向东的良好视线体验，将遮挡罐体主体的干粉除尘设备室二、三层拆除，不再遮挡原干法除尘器罐体的工业遗址形象。通过架空挑檐等设计手段强调了咖啡厅的横向线条，与其背后的除尘罐体形成强烈的横纵构图关系。

景观设计充分理解建筑设计的意图，以此为基础衔接建筑功能，呼应建筑语言以重构记忆，在咖啡厅南北两侧形成不同的景观空间和感受。改造的咖啡厅南端就是高大的三号高炉，其烈焰般赤红色

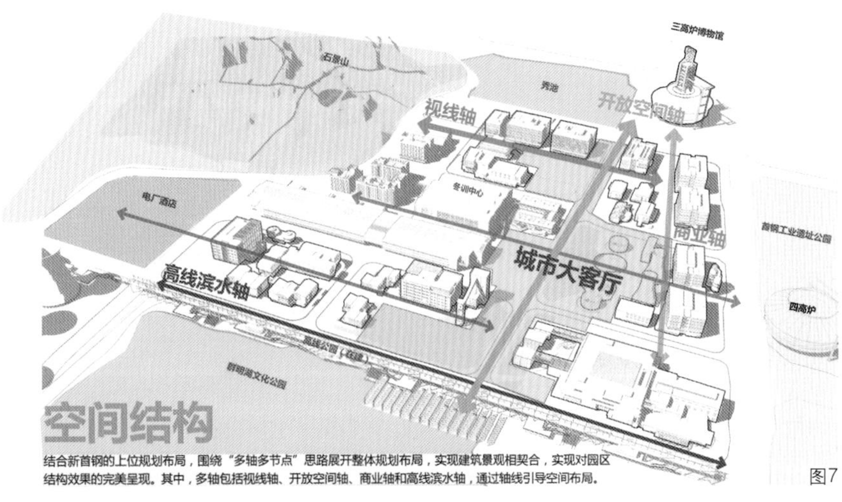

图7

图8

图9

图10

图11

图7 设计团队从空间结构、场地功能、建筑风格、景观形态、场所记忆等多个维度进行剖析［图片来源：易兰（北京）规划设计股份有限公司］

图8 冷却塔沉淀池运动休闲公园（图片来源：张锦影像工作室）

图9 步行桥设计语言与工业遗存钢架呼应，保持历史风貌延续性（图片来源：张锦影像工作室）

图10 增设步行桥作为交通连线（图片来源：张锦影像工作室）

图11 六工汇推出了“城市唤醒力计划”等一系列主题活动，吸引无数市民来此打卡（图片来源：六工汇）

图 12　六工汇购物中心（图片来源：张锦影像工作室）

图 13　静水面倒映咖啡厅的灯光（图片来源：一界摄影）

图 14　咖啡厅边的静水面倒映高炉的“火光”（图片来源：一界摄影）

图 15　北七筒办公区改造前后对比（图片来源：一界摄影）

图12

图13

图14

图15

的灯光效果已成为园区非常独特的打卡景点。设计团队为加强咖啡厅南侧室内与三号高炉和工舍酒店的对视框景关系，在窗外专门打造深度较浅的静水池（图 13），恰好能够充当反射的镜面，实景与镜像相互映衬，使得咖啡厅南端的室内卡座成为观赏三号高炉的最好角度之一（图 14）。

2019 年星巴克开业，成为最早入驻首钢园的项目之一，很快成为大众聚会、交往、休憩的空间。具有独特工业风的星巴克和首钢园完美结合，成为京郊网红打卡必去之地。

五、重构元素、记忆感知：北七筒办公区

项目位于冬奥广场的最北部，面积 7440 m²，原为一组圆筒状的储藏工业原料的仓库。北七筒办公区的建筑设计保留了其原始工业风格，在原来厚重的混凝土筒壁上切割出的方形洞口用以采光，成为单层办公面积近 400 m² 的创意办公空间。景观设计就地取材，将筒仓开窗时切割出来的边缘锯齿状的圆形混凝土废料，回收利用重新赋予了景观生命（图 15）。这些混凝土块作为园区中主要的景观元素，其裸露的钢筋截面、时间侵蚀的肌理、混凝土切割的断层与建筑改造痕迹相互呼应。不仅减少了建设垃圾弃置和碳排放，而且保留和讲述了场地的故事。

设计在筒仓南北两侧营造不同的空间感受：南侧贴近建筑种植乔木，软化建筑立面，营造场地的开放感。北侧远离建筑种植乔木，通过绿植软化北侧挡墙，形成私密的庭院感受。

六、结语

对于首钢这样一个后工业园区，它的重生借由很多良好契机，有后工业时代的国家政策和发展规划，又有协办冬奥的有利条件，同时又具备良好的厂区现状，厂区内部大量的工业遗存和周边优美的山水之势相得益彰，可谓天时地利人和，我们要做的，就是整合这些有利资源，给予地块新生。

在更新改造过程中，如何把闲置的首钢园转变成充满商业价值、文化创新和社会活力的新型都市空间，是后工业景观设计面临的全新命题和挑战。过去的记忆不是历史包袱，而应成为重构未来的原点与内核。由此，设计本着“理解过去的工业，而不是拒绝；包容过去，而不是抹灭”的态度，为场地倾注活力，重构记忆。

项目组情况

单位名称：易兰（北京）规划设计股份有限公司

项目负责人：陈跃中

项目参加人：王　斌　莫　晓　严格宁　杨源鑫　田维民　杨　宁　胡晓丹　李　硕

回归城市的生态与记忆

——辽宁省沈阳市沈海热电厂及东贸库地块景观设计研究

天津大学／朱　玲
沈阳建筑大学／刘一达　王振宇

摘要：沈海热电厂及东贸库地块景观设计是存量时代中面对旧有工业遗址复兴这一复杂问题的重要实践。设计面对多元素复杂系统，提出了织补生态空间短板、激发城市文化复兴、促进完整社区形成的三大理念。在生态、文化、社会复杂性的解题中，达成空间平权，实现文化记忆与景观生态融合促进、完整社区形成的多维度城市更新。

关键词：风景园林；城市更新；文化复兴；完整社区；多维度

一、项目背景

沈阳东贸库位于辽宁省沈阳市大东区，紧邻沈海热电厂，占地约65000m²（图 1）。场地原属于沈阳储运集团公司第一分公司。该公司自 1950 年在此建设仓库群，以仓储、运输、物流配送为主，俗称“东贸库”。“东贸库”是沈阳市现存建设年代最早、规模最大、保存最完整的民用仓储建筑群。

“沈海热电厂”始建于 1988 年 4 月，是“七五”期间国家重点能源建设项目，曾被评为全国电力系统一流火力发电厂、全国环境保护先进企业、全国模范职工之家、全国群众体育活动先进单位、国家电力公司双文明单位等荣誉称号。近五十年的风雨之中，沈海热电厂在城市能源供给上功不可没。

2020 年初，为协调“保护”和“发展”二者的关系，经专家论证，政府决定保留 7 栋有特色的历史建筑和 1 条铁路线，其余用地作为地产开发用途，并将历史建筑的保护及合理再利用作为土地出让条件。其中 2 号、4 号保护建筑的南北两侧为绿地与广场用地，按政府要求作为城市公园进行规划建设，由华润置地代建的沈阳大东区沈海热电厂及东贸库地块“时代公园”项目应运而生。东贸库和沈海热电厂作为旧有工业遗址，使得场地具有特殊的记忆属性。城市更新正是一个重新塑造城市文化载体的过程，是我们在社会需求、生态需求、文化需求共同存在的复杂系统下作出的设计应对。

二、设计理念

本项目场地的天然属性，决定了它是一个具备社会需求、生态需求、文化需求的多元素复杂性系统，同时又是兼具长效需求的可变异性动态系统。基于此，设计形成新元素与“旧”元素在形式上的同构与功能上的异质，在历史的细节中，依然保有当下的生活氛围。让时间的印记在空间中得以延续，竭尽所能地传递历史，又竭尽所能地还于当下。项目伊始，针对当下的城市问题与项目基本情况，朱玲教授团队提出，从生态空间、城市文化、完整社区 3 个方向阐述城市更新在社会持续发展

图 1　项目区位分析图

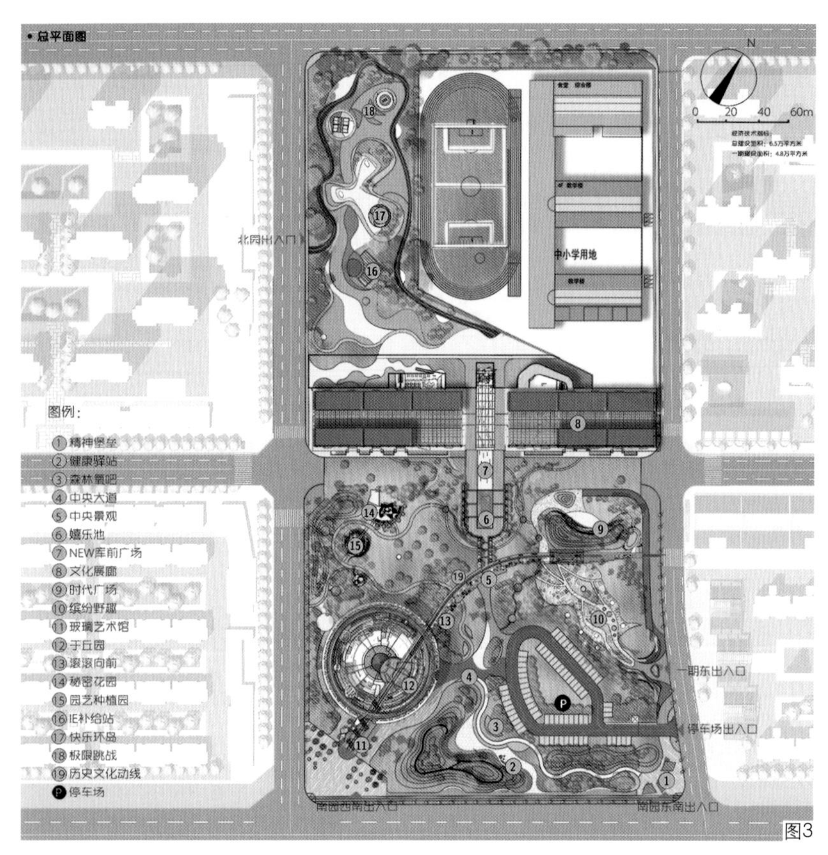

中的实际意义，诠释与强调三者的耦合关系。

（一）生态空间

在城市视角下，该地块现状暴露出了普遍存在且亟待回应的城市绿色稀缺问题。因此，设计率先确立了“一个绿色基底”的调性，以期与城市灰色基础设施网络结合，共同优化城市空间布局（图2、图3）。同时，景观营造对新旧文化的承接更为温柔有效。通过景观嫁接文化记忆，消除因年代差异产生的文化距离感，实现不同年龄段与不同使用人群的空间平权。

（二）城市文化

旧有工业遗址的文化累积形成了场地的特质。以文化标识构建个体居住文化自信是补充个体精神需求的先天优势。文化长时间对区域的雕刻让空间具备更强的包容性。以文化代入景观空间，为景观空间打造IP，吸引全龄人群。在文化与景观相融合的氛围中，使用者同享在时间维度上的区域文化和空间维度上的自然景观，做到“共同拥有、均可接近”。

（三）完整社区

众多个体组成的居住社区是文化胚胎的塑形者，在时空维度中成为“新”文化与“旧”文化的引导者，以个体生活需求主动性引导文化的融合，是以人作为城市核心的人文关怀。当个体接受景观优化后的人居环境带来的“景观奖励”，即可带着差异性需求参与到城市景观营造之中。

三、设计策略

（一）织布生态空间短板

设计率先确立“绿色基底”，利用生态景观空间所具备的柔性、流动性和渗透性，对城市肌理与公共空间破碎区和片段区进行填补和修复，成为城市结构中的“黏合剂"。

在大基底上以生态种植打造自然群落，形成绿廊为主。在近保护建筑的区域过渡到乔灌草搭配的景观种植手法，衬托建筑的文化气质。场地种植设计中融合了景观种植和生态种植两种手法（图4），打造多样的生态景观空间。可卧草坪沐阳光，或于林间乘夏凉，当对花田描秀图，又行林下谈天长（图5）。

该场地的东南区域远期规划作为商业用地，在当下的过渡时期，我们以达到低成本低维护为目标，采用了多年生草花的群落种植方式，运用了近60种适宜沈阳地区生长的多年生草本花卉和多种时令花卉（图6、图7）。以多种生态空间的打造吸引不同年龄属性的人群，拉近文化距离，

图2　项目建成鸟瞰图（一）
图3　项目总平面图
图4　项目建成鸟瞰图（二）

提高民众文化敏感度及文化捕捉力，弥补社区的景观缺失。

（二）激发城市文化复兴

旧有的工业遗址更新是存量的城市文化景观设计。旧地的历史元素有天然的符号性。沈海热电厂及东贸库为场地赋予的历史因素，也随着时间的沉淀成为一个时代的记忆。在此次设计中，沈海铁路的保留、沈海热电厂冷凝塔基座的复建都是为文化留下的种子，是为城市保留的记忆（图 8）。

设计一直在思考着如何让历史文化的细节恰如其分地出现在场地中，最终形成以沈海热电厂冷凝塔基座复建而形成的广场空间、抽取自沈阳东站的历史元素、由冷凝塔起始并贯穿时代公园的沈海铁路铁轨、以东贸库山墙为基因提取形成的广场大门（图 9、图 10）。在考量历史文化因素的同时，又通过对空间功能上的重塑，使得人们依然感受着与当下时代相符的生活氛围。设计以植入新活动的方

图5

图6

图7

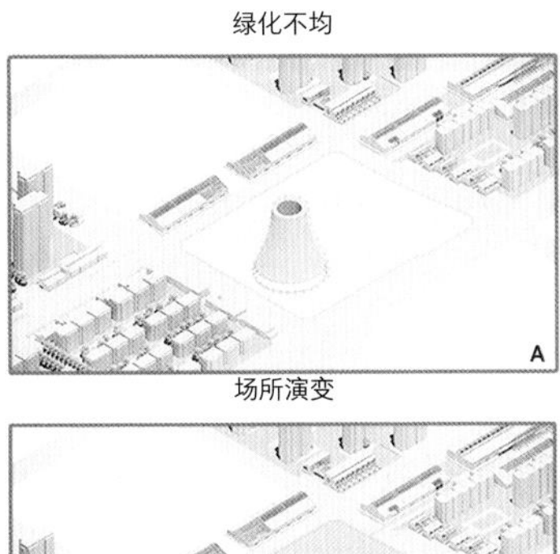

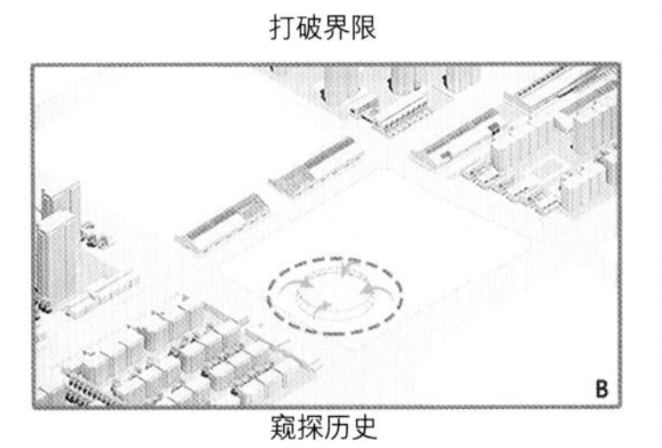

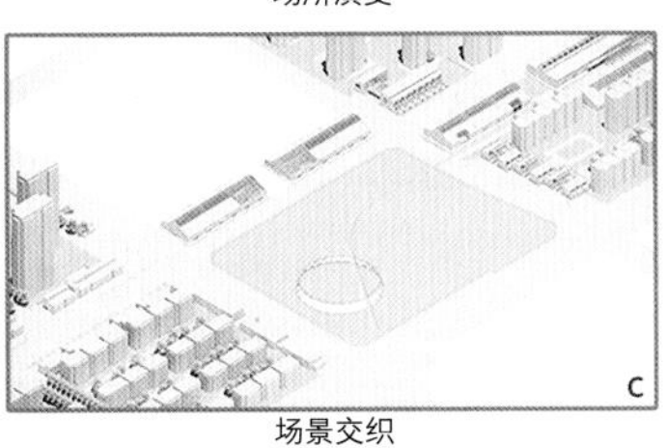

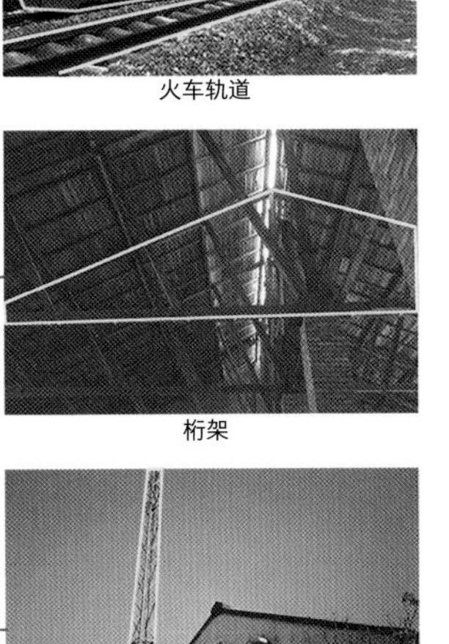

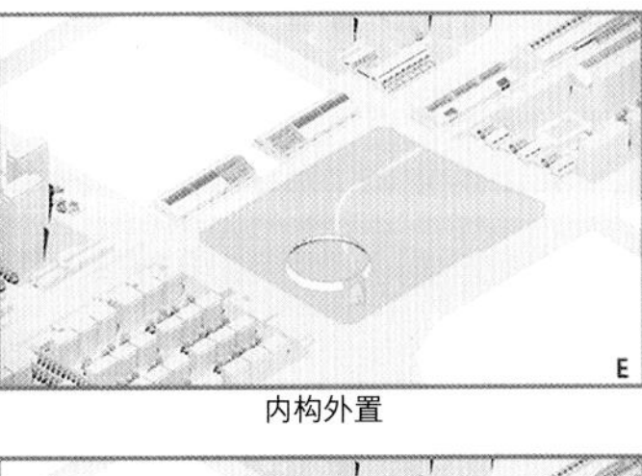

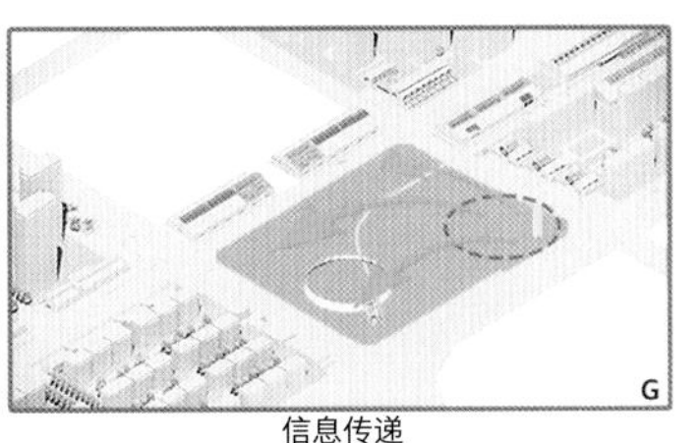

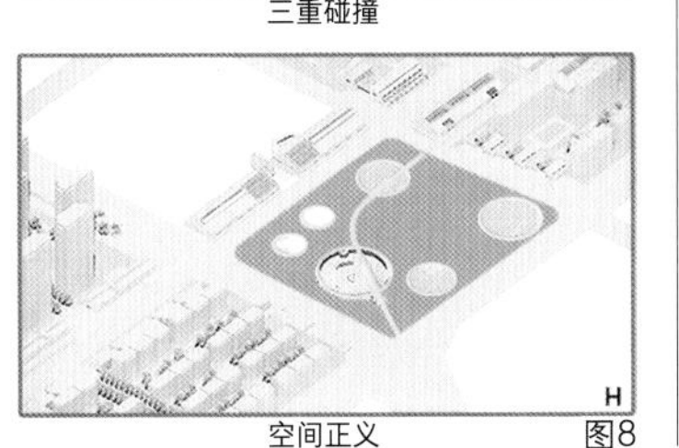

图8

图 5　健康动线生态种植实景图
图 6　花海中的草本植物与花卉
图 7　东南角低管护成本花海
图 8　文化基因融合分析图

图9

图10

图11

图12

图13

图14

图9　时代公园西南角入口
图10　中央音乐喷泉 · 沈海热电厂冷凝塔基座复建
图11　顶部环廊
图12　冷凝塔复建基座夜景鸟瞰图
图13　公园西北角健康动线区域鸟瞰图
图14　复合功能模块

式活化历史符号鲜明的广场空间，确立“儿童秀场”的核心主题。打造了一个大的中心主题表演舞台，配合音乐喷泉，承载孩子的才艺汇报演出、小型发布会等活动内容。

作为公园的视觉高点，设计利用复建基座的顶部结构打造了一条空中廊道，游人可通过西南入口的折行楼梯、场地内的环形楼梯及环形楼梯围绕的筒型电梯登上廊道（图 11）。入夜的冷凝塔，像是落在地上的“日”与“月”，以此致意沈海热电厂在一个时代的城市能源供给上所作出的贡献（图 12）。复建冷凝塔基座的顶部环廊，可登高远望，可打卡拍照，可跑步吸新氧，可携风沐晚凉。

沈海热电厂内的冷凝塔，塑造了一个时代里大东区人民的重要记忆。在激活城市文化复兴的设计策略中保留原有的城市记忆是对一座城市记忆的珍视，也是对历史必然性的接受与传递历史导向性的尽责。

（三）促进完整社区形成

社区是居民最基本的生活场所，但是受限于场地的局限性，社区内的功能常有缺失。设计通过赋予区域新的健康活力热点，建立多个复合功能交流模块（图 13），赋予乐活的场地概念，强调提升“小微空间”的功能综合性，提高公众参与度，以城市公共空间弥补社区空间上的缺失，从而促进完整社区形成。

设计将复合功能模块置于林下，圆形围合的硬质景观与自然形态的软质景观有机结合。使得复合功能模块在一条以软景为主的动线中成为最“宜留、宜聚”的空间，以提高空间首选性来化解邻里关系的冷漠，先在此相遇而后又相熟。疗愈种植盒子、微型水车、结合花箱的环形座椅，是林间路上窥见的园艺疗愈设施（图 14）。在其他复合功能模块设计中使用相同的理念，设计差异是在不同的模块中调整不同活动的空间占有率，增加可移动景观小品以提高场地趣味性，适应场地多功能性。小品通过移动与堆叠来适应不同年龄的人体尺度，完成“小微空间”多功能的主动适宜。

四、结语

沈海热电厂及东贸库地块景观设计是存量时代面对旧有工业遗址复兴这一复杂问题的重要实践。设计提出了多维度融合的城市更新理念，从生态着手，挖掘旧有工业遗址的文化价值，采用活化社群策略，最终完成了在时间与记忆上连续生长的城市更新设计。针对旧有工业遗址的城市更新设计是在时间和空间上的城市织就，人的痕迹属于社会与人的活动记忆，我们要为城市留下有记忆的生态。

项目组情况
业主：沈阳华润置地
设计单位：沈阳建筑大学HA＋STUDIO
施工图单位：沈阳绿野建筑景观环境设计有限公司
项目负责人：朱　玲　刘一达
项目参加人：王振宇　魏　宜　郑志宇　胡振国　冷雪冬　吴学成　王　翀　石潇铃　王牧原　张　萌

三生理念引导乡村旅游景观提升设计

——以海南省琼海市博鳌镇留客村为例

海南道森园林景观设计工程有限公司 / 刘　雯　蔡　姝

摘要：本项目通过规划设计将留客村落、蔡家宅文化与周边环境进行有机整合，使留客村优越的自然环境与蔡家宅历史文化内涵得到充分有效地展示并合理利用，成为海南省侨乡文化氛围浓厚、乡村主题突出、地方特色鲜明的特色华侨文化旅游景区。

关键词：风景园林；乡村；环境；文化旅游

一、设计诉求与目标

在国家大力推动乡村振兴及博鳌成为亚洲论坛永久会址的背景下，美丽乡村的设计不仅要在村落人居环境的提升上下功夫，而且越来越多地注重如何将产业兴旺、生态宜居、乡风文明等方面有效结合。而博鳌镇留客村文化旅游区景观营造提升的难点、特点，就在于在已经有成熟经营主体与项目的情况下，如何保护性地对地域文化进行挖掘与展示，并通过景观设计来推动实现三生有机结合的乡村振兴目标，以及保证地区文化交流与遗产保护的可持续发展。

设计团队通过与参建各方的充分沟通与交流，严格遵循“一河一景，百村百景”的规划原则，以蔡家宅古建筑群的保护为核心，在满足其生态保护需求的同时，注重对村落资源禀赋的精准施策。对博鳌镇留客村的村落格局、古建筑群风貌特色及其历史环境采用保留、修缮、美化、赋能等方式进行有效保护，使民居文化与村落的保护、利用走上可持续发展的轨道。景区以一种全新的形式重新展现于大众视野中，创造出一个极具文化与生态魅力的文化旅游区，同时也必将使博鳌留客村文化旅游区成为琼海旅游的新名片和博鳌亚洲论坛对外的重要服务场所（图 1）。

图1

图 1　留客村旅游景区鸟瞰图

二、项目研究分析

留客村位于海南省琼海市博鳌镇，拥有400多年历史。村落紧邻海南省著名的母亲河——万泉河最美河段，此处三面临水、背依青山、河海相连，生态环境极其优美。同时，留客村还是琼海市知名侨乡，有着深厚的文化底蕴和历史文化，周边旅游资源丰富，开发建设优势凸显。

但由于诸多难题导致留客村前后六次招商皆因企业退场以失败而告终。首先，全国重点文物保护单位蔡家宅、海南省文物保护单位卢家宅与村内其他文化自然景观资源之间缺乏有效整合，散点分布，各自为战，使游客无法了解并系统解读其所蕴含的丰富历史文化信息，导致吸引力不足。其次，留客村目前旅游六大要素——吃、住、行、游、购、娱等各方面都非常薄弱；旅游产品开发也基本属于起步阶段，尚未形成旅游产品体系。第三，具有重要历史文化和景观价值的传统乡村村落肌理，应该是重点保护与开发利用的要素，但由于村内道路狭窄，配套设施不完善，根本不能满足游览使用及参观需求（图2）。

三、设计思路与定位

（一）设计定位

本次设计以生态文明思想为先导，以三生理念为统领，充分发挥留客村现有自然与文化资源优势，探索“文物+旅游”发展模式，建设集农业生态、稻作文化、科学研究、科普教育、民俗风情、农业观光、休闲度假等为一体的乡村旅游区，通过演绎文化、河流、稻作在人类生存繁衍中的文明与精彩，诠释生态、生产、生活的文化主题，打造中国五星级美丽乡村示范村“留客模式”、博鳌亚洲论坛对外接待服务区、稻作文化体验基地、“古渡文化、南洋文化、万泉河文化、侨乡文化”展示基地的“国际化文化旅游景区”。

（二）设计主题

本项目设计主题为“古渡愁乡、留客记忆 ”，以“古渡文化、南洋文化、万泉河文化、侨乡文化”的历史文化底蕴为背景，以传统村落为载体，按照绿色、生态、和谐、宜居的设计理念，重点打造最美万泉河、侨乡第一村旅游品牌，并以此形成核心竞争力，充分展示当地历史风貌及地域文化的独特魅力。

（三）设计要点

为体现场地的独特性与唯一性，在园区改造过程中，设计团队积极与项目开发团队、蔡家宅与卢家宅传人及村两委沟通交流，使设计成果能够落到实处。积极利用古码头、河畔、稻田、古民居等空间进行再扩展，从点（蔡家宅、卢家宅、留客渡口）、线（万泉河畔）、面（稻田）三个空间维度提升场地功能，完善服务设施，强调生产发展、文化传承与旅游开发的有机整合（图3）。

1. 生态构景元素——滨河景观

为满足各类人群在有限的空间中实现多层次的游览观光需求，借助远近结合、虚实结合的手法重塑河道景观，通过铺设枕木步道（图4）、岸坡修筑以及植物种植（图5）、架设拱桥、重建留客渡口（图6、图7）来形成完整的滨河游览系统。设计师将这些元素低调地放置在环境之中，使其对区

图2

图2　景区现状图

图3

图4

图5

图6

图7

图3　园区平面图
图4　枕木铺设的木栈道
图5　修筑后的岸坡及枕木铺设的垂钓平台
图6　留客渡口鸟瞰
图7　黄昏时的留客渡口

域的干扰降至最低。让游客可行走在 1.2km 长的流马古渡滨河景观带上，欣赏一览无余的万泉河绝美风景。

2. 生产构景元素——农业景观

为保留村庄原有的生活气息，海南八方留客旅游文化开发有限公司对留客村集体土地进行了整合，设计师着眼于片区绿色发展的宏观视野，将标准农田融入发展空间，在满足粮食生产的同时兼顾景区休闲功能，力图在耕地保护和公共空间复合利用方面提供可行的实践经验。通过田埂改造、土壤换填、设置多级滞留设施与过滤系统，形成“会呼吸”的生态田园。并增加休闲配套设施，将整合后的土地改造成鱼稻共生园、九品莲花池、瓜果长廊、热带珍奇果园等农业景观（图 8～图 11），力求在给游客带来赏心悦目的景观的同时，让游客体验到别样的休闲农业，同时也让村集体受益。

3. 生活构景元素——文物景观

留客村特有的居住景观空间是当年回乡华侨审美活动与外部居住环境相互作用形成的。针对乡村居住环境景观空间的消解和人们对历史文化认知表达途径缺失的困境，设计团队与海南八方留客旅游文化开发有限公司一道，在遵循蔡家人意愿的同

图8

图9

图10

图11

图12

图14

图13

图15

时，结合乡村发展需求，组织各方力量重新修缮了“海南侨乡第一宅”蔡家宅及明清古驿道（图 12），升级改造了蔡家宅内部用作展览，还修建了留客村民间会客厅、客栈、“留客味道”餐馆、花茶室等配套设施，完成了蔡家宅环境提升及水系连通改造建设（图 13～图 15）。

项目为文化遗产及多尺度人文空间环境的保护与合理利用提供了新的视角与途径。

四、结语

项目自建设伊始，留客村发展的定位就是以美丽乡村建设、乡村振兴战略为核心，旨在恢复流马古渡、下南洋文化及万泉河文化。经过三年的打造，留客村的田园还是那方田园，屋舍也是传统的民居，但无论是门前屋后的布置，还是厅堂卧室中的摆设，现代化与田园风完美结合，并激活了农村土地资源，壮大了村集体经济，促进了乡村振兴与百姓受惠。

如今的留客村不仅成功入选“中国十大最美乡村”，还成为博鳌亚洲论坛面向国际的田园会客厅，而且“留客模式”美丽乡村已是引进民间资本建设的全新试点乡村旅游项目，是社会资本投资美丽乡村建设的示范村。

未来，在政府支持、企业引导、村民配合下，留客村正在努力向着海南美丽乡村文化、社会、经济一体化可持续发展建设的典范迈进。实现生态、生产、生活文化轴线的有机串联，以生态为本，书写乡村振兴的绚丽画卷，真正完成“旅游 + 农业 + 文物”高质量结合发展的时代任务。

项目组情况

单位名称：海南道森园林景观设计工程有限公司
海南大学

项目负责人：许先升　吴　波　邓永锋

项目参加人：符锡成　黎德峰　蔡　姝　柯梦萍
刘　雯　朱国翘　和黎元　潘东晓
王玉梅　韩玉惠

图 8　夕阳下的品莲轩
图 9　入夜后的九品香莲池
图 10　鱼稻共生园中的生态溢流坝及由田埂改造的生态园路
图 11　正值最佳观赏期的鱼稻共生园
图 12　明清古驿道
图 13　蔡家大院入口
图 14　留客厅及蔡家花园
图 15　蔡家宅

大遗址公园保护利用之路的探索创新

——以浙江良渚遗址公园旅游基础设施项目为例

杭州园林设计院股份有限公司／郑　伟

摘要：良渚古城遗址是世界文化遗产，其遗址公园既要保护与展示考古遗址本体及其环境，也融合了教育、科研、游览、休闲等多项功能。从规划到建设，秉承遗址保护、最小干预、本体展示等原则，在充分研究国内外遗址保护及建设的经验基础上，通过现代展示手法与考古工作相结合，将遗址所蕴含的历史文化信息与价值传达给大众，为探索遗址保护利用方式的多样性提供了又一创新实例。

关键词：风景园林；大遗址公园；保护；利用

图 1　良渚古城遗址申遗范围

图 2　城址区范围示意图

引言

2019 年 7 月 6 日，在阿塞拜疆共和国首都巴库举行的第四十三届联合国教科文组织世界遗产委员会会议上，良渚古城遗址正式列入《世界遗产名录》，成为我国第 55 处世界遗产。良渚古城遗址真实、完整地保存至今，实证了中华民族五千多年的文明史。

一、良渚古城遗址解读

（一）遗址概况

良渚古城遗址的形成和沿用年代距今 5300～4300 年，是良渚文化遗存分布数量最集中、规模最大的中心片区，出土物中最具特色的玉器的器形、类别、纹样、功能和材质，反映出其复杂的加工技术与精湛的工艺，体现了新石器时代晚期长江流域稻作文明的极高成就—— 一种早期国家的城市文明。

良渚古城遗址主要由 4 个片区组成：城址区、瑶山遗址区、谷口高坝区和平原低坝—山前长堤区。其中城址区是良渚遗址的核心部分（图 1），东以安溪路西侧为界，南以古河道衔接现代道路为界，西以华兴路东边缘为界，北则以苕溪北路南缘为界，面积为 881.45hm^2。遗址的城址区是展现遗产城市文明价值特征的主要载体（图 2），而城址区的封闭区即为良渚遗址公园范围，面积为 366hm^2。

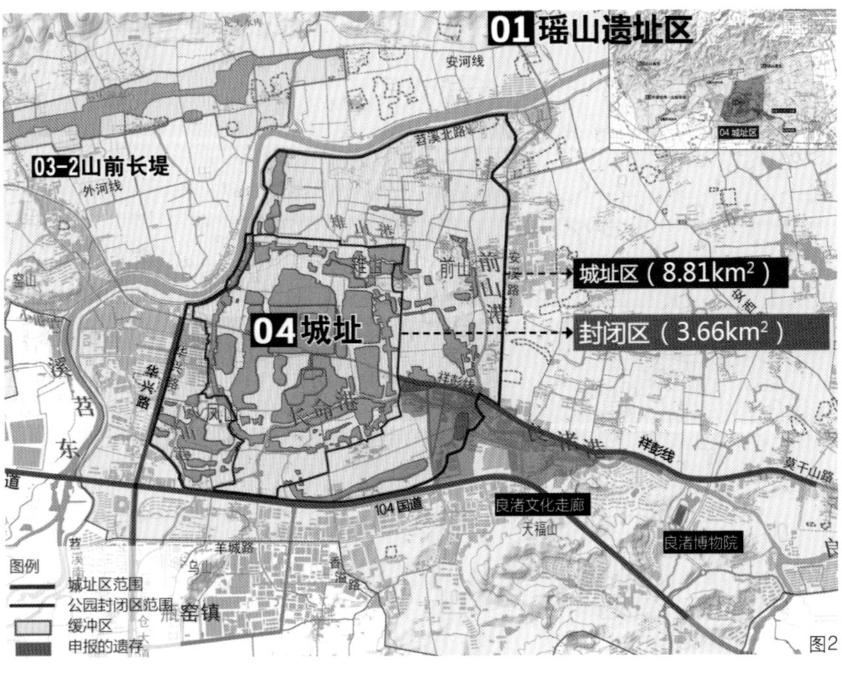

（二）遗址价值

良渚古城遗址城址区作为良渚文化的权力与信仰中心，其整体价值体现为长江流域史前稻作文明的极高成就，是目前所知新石器时代长江流域、中国境内乃至整个东亚地区，规模最大、年代最早、功能最复杂完整的早期国家文明。这一整体价值由城址、外围水利系统、分等级墓地（含祭坛）和以良渚玉器为代表的4类主要人工要素承载。

二、项目缘起

良渚遗址公园在2018年9月国际专家现场考察和评估前，已陆续实施完成了少部分服务点与考古遗址展示建设、钟家港及长命港水系整理等工程，为良渚古城遗址成功申报世界遗产奠定了基础。但城址区封闭范围作为未来首先面向游客开放的遗址公园，还存在服务设施数量不足且未成体系、基础设施配套不完善、道路交通组织欠缺、绿化景观不足等问题，因此为满足未来开园迎客需求，需进行良渚遗址公园旅游基础设施配套工程总承包项目。本项目是在充分现状调研的基础上，对良渚遗址公园南入口—何村—东入口农贸市场—雉山—反山—西入口——福院—大观山八大区块及遗址公园整体景观风貌、厕所驿站、电瓶车站、井盖桥梁园路停车场、导向型标识标牌等3个系统及灯光照明进行整体规划设计，以对遗址公园进行以有序保护、利用和开放为目标的建设实施工程（图3），项目完成后可以满足世界级文化遗产旅游目的地的服务需要。

三、项目亮点

（一）保护为本，设施体系梯度布局

良渚古城遗址公园服务设施体系分为外围和内部两部分，主要的服务配套设施都分布在外围，密度随着外郭、内城墙、宫殿区的三重结构呈梯度降低，越靠近核心区，配套服务点越少，形成3级共10处服务设施体系。

其中，一级服务区为南入口，南入口也是良渚古城遗址公园的主入口，是重要的功能性和礼仪性入口，其主要功能是游客集散、导览、票务、厕所、停车、售卖及后勤管理等（图4）。

二级服务区包括东入口、西入口和凤山3个服务区。东入口是未来由良渚博物院经艺术长廊进入公园的主要入口；西入口与外围服务片区瓶窑镇接壤，主要服务于从瓶窑镇进入公园的游客；凤山组团原为杭州市第一儿童福利院，保留有较多建筑，经改造后成为以良渚文化体验及爱国主义教育为特色的研学基地，拥有教育、培训、住宿和探索等多种功能（图5）。

三级服务区包括何村、雉山、反山及大观山

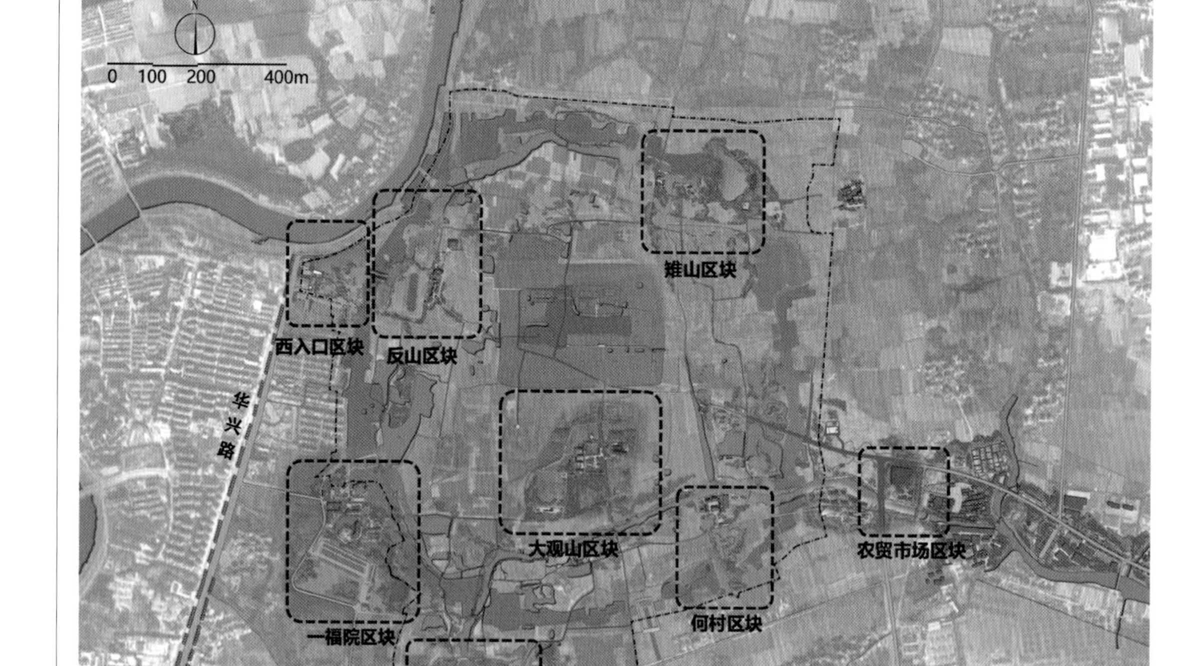

图3 城址区总平面图

4 个服务区。何村服务区主要以南城墙和水城门展示为核心，辅以考古体验、书屋、厕所等功能（图 6）；雉山服务区自然条件优越，是公园内重要的休闲服务组团，有简餐、展示等功能，山顶设有观景平台，可俯瞰莫角山宫殿区全貌（图 7）；反山服务区毗邻西城墙，以良渚晚期古河道形态为依据，保护性恢复西城墙东西两侧古水系，实现了园区西部水系的贯通，功能上以展示、简餐和售卖为主；大观山服务区原为大观山果园厂部办公地，老旧建筑较多，结合现有建筑对其进行改造，由办公场所变为配套服务设施，包括东侧具备接待功能的良渚讲堂，西侧的简餐、展示空间，以及具有活动游赏功能的精灵鹿苑等（图 8）。

（二）活化展示，手法多样

1. 植物标识体系，展现古城功能布局

首先，通过植物标识来辨析遗址的分区及形态，如城址区内城城墙，宽度达 30～100m，但高度不高，自然状态下与周边环境界限模糊，难以清晰辨识城墙位置。规划通过种植白三叶对整

图 4　南入口
图 5　凤山组团
图 6　何村南城墙水城门
图 7　雉山区块
图 8　大观山果园场部区块

湿地景观恢复

恢复区域

以良渚晚期古城格局为依据，主要水域恢复范围为中部池中寺区域、反山西侧及西入口区域、南部水城门区域。

良渚晚期古城内格局

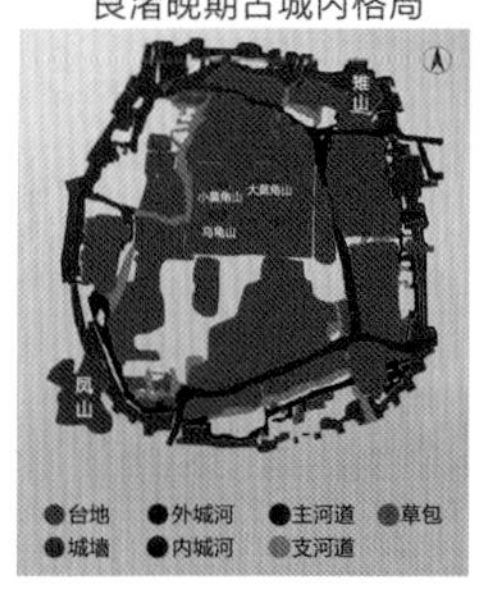

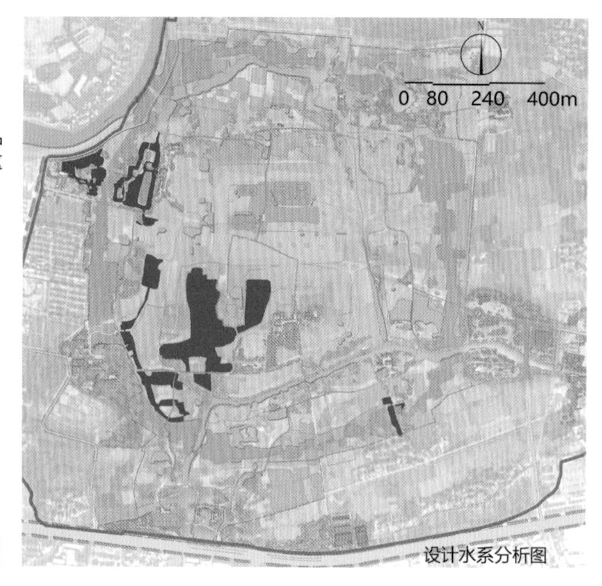

图例
设计水系
现状水系

图10

图9　反山墓葬区狼尾草标识
图10　城址区水系分布图
图11　砂石路

个城墙范围进行覆盖，使游客能够直观地看到城墙边界。此外，还利用不同种类的植物作为标识，如狼尾草标识的墓葬区、芒草标识的台地以及水稻标识的湿地等，既符合良渚古城朴野的整体风貌，又形成了特色的季节性植物景观，丰富游客感官体验（图9）。

2. 恢复古水系，展示古城水陆格局

城址区内的水系规划以良渚晚期古城格局为依据，根据浙江省考古所提供的古水系形态进行恢复和完善，展示古城历史水陆格局。主要水域恢复范围为中部池中寺区域、反山西侧及西入口区域、南部水城门区域，水系以保护为主，不能开挖至文物层（图10）。

3. 提高视角，立体领略古城空间格局

良渚古城遗址现状地势较为平坦，东北角的雉山和西南角的凤山是城址区两个制高点所在。为了帮助游客登高望远、从立体上领略古城空间格局，选择在雉山设观景台，由北向南俯瞰莫角山宫殿区全貌，实地感受古城的空间格局。

4. 对接考古，活化表达最具价值的遗址

项目通过本体展示、模拟复原、互动体验等手法，结合游线组织，对古城遗址价值有完整和准确了解。例如在何村服务区，通过复原南城墙真实断面，以及恢复水城门和古河道，使良渚时期部分遗址形态直观地展现在游客面前。又如在大观山服务区西南侧，规划建设了精灵鹿苑，通过展示良渚时期的代表性动物——鹿，实现与游客的游览互动。

5. 风貌协调，技术细节上生态创新

良渚古城遗址公园在风貌营造上既要与大气古朴的古城气质相协调，又要满足遗址保护及游览需求。针对遗址保护的特殊性（如扰土深度不得超过30cm），在技术细节上追求生态和创新，如新型砂石路面的应用（图11）、浅基础的构筑物处理技术，以及便捷修复传统建筑仿水泥瓦屋面构造的技术等，为遗址公园的保护与利用提供了技术支撑。

四、思考与启示

良渚古城遗址公园的规划建设就是在如何平衡文物遗址保护与合理利用之间作出的有益尝试，通过实践，有如下几点思考：

首先，要坚持以保护为基础、为前提，加强对考古研究及文物遗址悠久历史和宝贵价值的认识；在遗址公园中以严谨务实的态度进行规划设计，同时也鼓励采用创新性的表达方式。

其次，遗址公园的建设应坚持规划先行，加快文物遗址保护规划的编制和实施，这是遗址公园后续规划建设的上位指导依据。

第三，坚持对遗址的合理利用，并强调与公园紧密结合。采用遗址公园的模式，一方面可以促进遗址保护优化、提升生态环境、拓展休闲空间、丰富公众生活；另一方面可以彰显遗址文化内涵，发挥文物遗址在传承历史文明、服务社会发展中的作用。

第四，重在活化展示遗址文化，让陈列在大地上的遗产活起来。在最小干预的前提下，以实现遗址本体和环境安全为基础，也可以通过增强现实、人工智能等现代技术来增加公园游赏趣味，突出遗址的影响力。

最后，通过适宜的功能布局与设计，建设既符合遗址保护要求，又能充分诠释其价值的公园场景。一方面遗址公园的规划建设可结合自然环境，与湿地、农业、林业等资源结合实施，实现多元化发展；另一方面在保证遗址安全的前提下，对遗址公园与城市的关系进行梳理，将其纳入城市绿地系统建设之中。将大遗址保护与城市公园绿地规划建设及生态环境保护相结合，既有利于通过土地使用性质的置换合理安排城市用地，又有利于大遗址的整体保护，还有利于提升城市公园绿地的文化品位，实现城园共生。

项目组情况

项目负责人：葛　荣

设计负责人：郑　伟

项目参加人：刘志聪　李世瑾　张　慧　蔡政昕
李石磊　周　峰　朱　君　鲍侃袁
铁志收　陈　祺

图9

图11

微介入景观更新的实践

——记上海曹杨新村美好社区公共空间改造工程

上海市园林设计研究总院有限公司／钱成裕　刘晓嫣

摘要：微介入景观更新是近年来城市更新的一种方法。区别于推倒重来的强势更新手法，微介入景观更新更加轻柔，强调更新的目的性和对历史、自然的尊重、保护与利用。本文针对拥有70年历史的曹杨新村在城市建设过程中出现的问题，通过充分甄别并梳理出一系列行之有效的工作模式和更新方法，在保留曹杨美好记忆的同时，也改变过程中出现的矛盾与不和谐，为今后的城市更新提供创新的思路和方法。

曹杨新村始建于20世纪50年代，是新中国成立后全中国兴建的第一个工人新村，200余位全国劳动模范乔迁于此，是远近闻名的“劳模村”、上海工人之家的摇篮。同时，它也是我国第一个以现代“邻里单位”规划理论为指导，完整建造起来的大型住区，总面积约2.14km^2，居住人口约11万。行列式建筑、“弯窄密”的林荫路网、开放型的住区结构、与自然融合的空间形态，曹杨新村在中国城市规划和住区建设史上具有十分重要的地位。一排排工人新村和绿林、小溪、蜿蜒小径交织在一起，环浜宛如一条翡翠项链，镶嵌于社区中央，构成一幅“如画美景”。公园、学校、医院、文化设施等一应俱全，从邻里中心步行范围至各个服务点，只需要约10分钟，当下热议的社区生活圈早在20世纪的曹杨新村规划之初就已略显雏形（图1）。

随着70年的城市发展，曹杨新村已成为上海西部地区重要的大型居住社区。但人口增长和空间结构的逐步改变，居住环境和公共服务功能已经无法满足现代居民生活需求。曹杨新村亟需在住房成套改造、生态空间格局、绿化环境品质、服务功能等方面进行提质、更新，以重新提升地区活力，改善居民生活品质。

“2021上海城市空间艺术季”在曹杨新村正式启幕，空间艺术季活动主题为“15分钟社区生活圈——人民城市”。在认真学习“人民城市人民建，人民城市为人民”重要理念的背景下，遵循普陀区“蓝网、绿脉、橙圈、宜居、美路”五色城市更新行动总体要求，结合曹杨“15分钟社区生活圈”工作框架，对曹杨社区公共空间进行系统排摸和梳理，以滨水、街道、社区公园、小微绿地等为载体，兼顾硬件改造和软实力提升，将文化、艺术、生活等元素融入更新过程中，形成百禧公园、环浜珠链、百味桂巷坊、设计理想村等4处标志性介入空间，擦亮社区生态绿色的风景底色，凸显曹杨历史风貌、林荫街道、健康休闲、文化展示、社区服务、市井商业等资源特色，用微介入、微更新实现保留风貌特征的前提下微妙的提升效果，集中展示普陀城市空间魅力和“15分钟社区生活圈”幸福样本的探索实践（图2）。

一、花开环浜，绿蔓曹杨

环浜是曹杨新村周边居民日常的活动客厅，散步、聊天、遛狗、发呆等活动都在这条环形水系中发生着。依托环浜蓝绿交织的自然资源禀赋，以全市架空线入地和杆箱整治工程为契机，将河道滨水、美丽道路、社区公园、小微绿地等绿色空间统筹考虑、互相通达。通过大量社区调研分析精准施

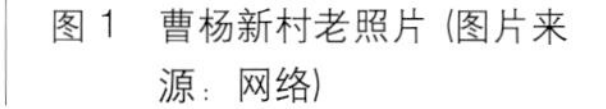

图1　曹杨新村老照片（图片来源：网络）

图1

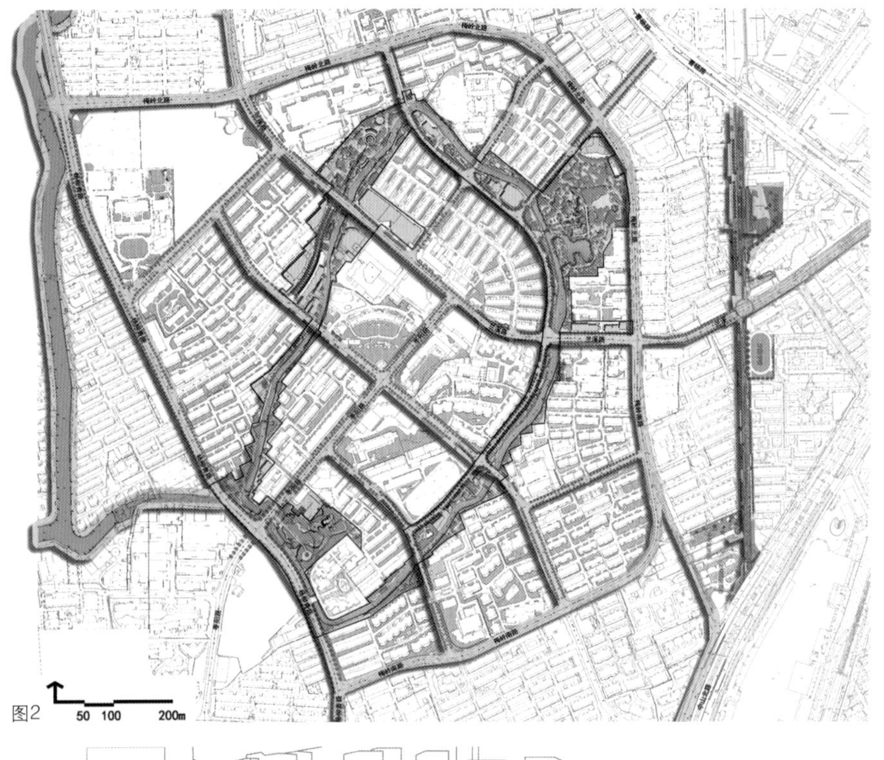

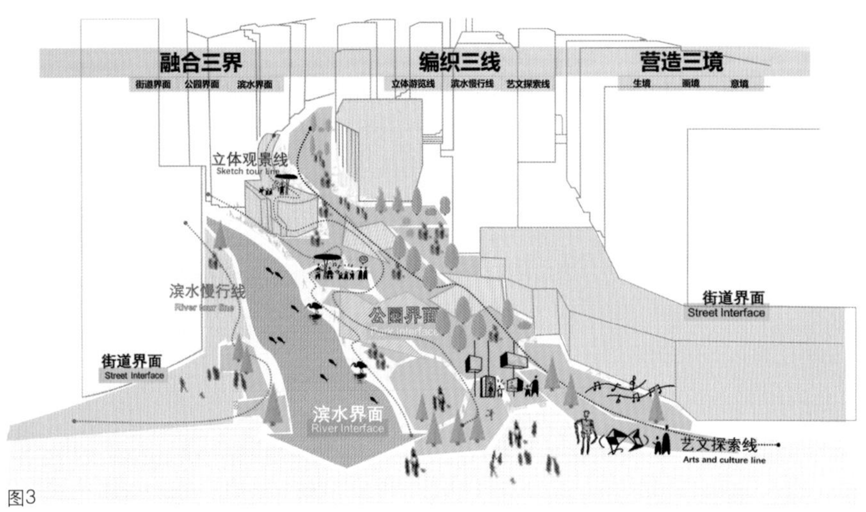

图 2　曹杨新村公共空间更新总平面图（图片来源：项目组绘制）
图 3　融合“三界”分析图（图片来源：项目组绘制）
图 4　花溪漫步道（图片来源：项目组拍摄）
图 5　林荫慢跑道（图片来源：项目组拍摄）
图 6　棠浦园——红桥客厅（图片来源：项目组拍摄）

策，重点聚焦贯通滨水步行系统、活化水岸公共活动空间；整理美化街道市容、完善配套服务设施、丰富夜景亮化；为公共艺术赋能、策划流动主题秀场等 4 项内容，用微介入手法和“绣花针精神”进行存量提质改造，织补重构“一环、三道、四段、多点、九驿、十八桥”珍珠项链状的空间格局，集众智、绘蓝图、建家园，强化曹杨林荫街区特色风貌，点亮社区、点亮美好生活。

在原有“环浜八景”格局的基础上，分析曹杨大树成荫、植物郁闭人却无法进入的特点，挖潜林下封闭空间并重新打开利用，以满足老龄化社区对于户外活动空间“分类定点”的需求。林荫下设置树荫广场，布置了对弈、垂钓、歌舞、闲谈、健身等主题，形成曹杨林下微客厅。重塑“一环、双道、多点”的空间结构。一环即：依托环浜形成的生态之环、活力之环、人文之环；双道即：滨水步道、林荫漫道；打造棠浦园、碧波园、朝阳厅、鲤鱼泉、花溪畔、睦邻汇、沁风林、杏杨园等“环浜新八景”，形成“花开环浜·绿蔓曹杨”的美好意象，使不同年龄段的市民都能收获满满的幸福感（图 3～图 8）。以上建设为曹杨成为“15 分钟社区生活圈”样板实践区提供了有效支撑。

二、打通断点，还水于民

环浜全长约 2.14km，宽度 10～14m 不等。它见证了曹杨新村的诞生，也承载着曹杨人民美好的集体记忆。70 多年的城市发展却带给环浜全线 17 处断点和堵点，使老百姓被各类围墙和门禁等阻隔。通过多层面的沟通与协调，企事业单位、

图7

图8

图9

图10

图7 碧波园入口效果（图片来源：项目组拍摄）

图8 曹杨公园入口“朝阳厅”改造效果（图片来源：项目组拍摄）

图9 环浜珠链生息之环（图片来源：项目组绘制）

图10 新增滨水步道（图片来源：项目组绘制）

图11 挖掘空间活化水岸（图片来源：项目组拍摄）

居住小区积极主动配合，释放了一部分滨水空间，设计再通过退墙通路、悬挑栈道、调整标高、破墙透绿等方式，在短短的2个月内实现东半环约1.5km的滨水贯通。同时，局部降低滨水驳岸标高，形成高低双层亲水开放空间，让百姓真正能近到水边、看到水面，优化环浜与景观空间的互动（图9～图11）。

三、贯通三道，慢行悠享

花溪路、棠浦路、枫桥路、桂巷街等作为曹杨历史风貌区内重要的林荫道路，与环浜紧密相靠，本次更新以全市架空线入地和箱杆整治工程为契机，聚焦慢行体验，形成“三道”——花溪漫步道、林荫慢跑道、街区骑行道，强化园路小径的横向连通，形成多处林荫绿岛空间，强化开放共享，将生态底色和人文活力由滨河向街道、社区逐渐渗透。

花溪路、棠浦路、枫桥路架空线入地同时需要对街道形象进行整体更新，将道路的“U形断面”中的社区围墙围栏、沿街绿化、道路铺装、城市家具、街景小品等内容重新梳理整合，形成具有曹杨特色的林荫道路景观风貌。合理布局人行通道、自

图11

图12 桂巷坊改造效果图

行车停放点、休憩观赏区和滨水绿化带，旨在将生态底色和人文活力由街道向滨河、社区两侧逐渐过渡渗透。在不影响交通的前提下优化道路断面布置，将人行道由 1.5m 拓宽至 3.5m，并增加大量的横向小路将人行道、绿化带、滨水小径三者充分融合。同时，优化植物景观布置，保留大乔木的同时去除中层郁闭的苗木，使行人能透过绿化看见环浜水面；另外，协调道路铺装、树穴盖板、灯具、花箱等立面材料的色彩关系，提升街道整体品质，打造“走路亦赏景”的全新慢行体验。

四、百味桂巷，提质商业

“桂巷坊”——曹杨新村普通的林荫路，却因一个菜市场和大片沿街商铺而带动了曹杨百姓的“烟火气”。林荫路边老人、小孩都能在这里小坐片刻、对弈一局、唠唠家常，充满着生活的气息。

改造从“巷坊”空间着手，将原来菜市场违章的部分拆除并且以打通环浜堵点为抓手，重新营造滨水街巷空间，并融入“院子、市集、街巷、埠头”等景观元素，强化滨水漫道和市集商业为一体的滨水商业街巷格局。原来的车行道优化成为人行的花园集市步道，为周末夜市经济提供空间。通过现代设计元素植入和商业管理团队引入，改变旧菜市场“脏乱差”的传统印象，通过跨界融合打造“菜场艺术中心”；对沿街餐饮商铺进行立面及外摆空间的优化，使商业充分享受滨水、步行街重构之后带来的经营红利（图 12）。

利用广场打造曹杨会客厅，承载社区各类户外主题活动和艺术展示等，策划“桂巷月市”的运营方案，利用“流动多变”的特点，吸引越来越多的年轻人走进这个充满生活气息的地方，成为附近居民欣赏艺术、寻找桂巷记忆的好去处。

五、结语

曹杨新村这一拥有 70 年历史的工人新村带给当地居民无数生活的记忆。设计从“规划引领、局部重塑、协同实践”出发，借助社会各方力量，通过“微介入”的手法使百姓在不经意中感受到设计所带来的变化，从而避免了一味地推倒重来。使百姓既保留了儿时的记忆，也可以体验城市更新带来的获得感和新鲜感。本次提升改造或是城市更新中的一个片段，希望通过本次改造能有一定的提炼与总结，为更多同类型的“微介入”城市更新提供参考。

项目组情况
项目负责人：刘晓嫣　钱成裕
主要技术成员：刘　渊　张　政　章　哲　李　冬
徐元玮　黄慈一　陈　静　王敏岚
邵朔澄　赵　腾　张文博

与旧为新 缘脉构境

——华中农业大学校园西北区景观改造设计

华中农业大学园林规划设计研究院／张 斌 高 翅

摘要：本项目沿校园南湖路绿道，自东向西改造建成了校门广场、逦迤园和伴山园，形成校园新地标和共享开放空间。设计保留场地历史记忆，充分尊重和利用场地地形、树木和废弃构筑物，修复生态，整饬空间，实现现代与传统有机融合，以简约方式构建景观环境。本项目基于空间肌理织补、文脉延续、生态关照、活力再造等策略，在城市修补语境下探讨校园空间有机更新实践途径。

关键词：风景园林；校园景观；改造；设计

一、现状分析

项目位于武汉市华中农业大学校园西北区，改造面积 3.9hm²，范围包含南湖路沿路绿地、住区环境、废弃煤气站和人工山林，以及东、西两端的两道校门。场地存有诸多历史记忆，其中南湖路至少在晚清期已形成，校门建于 20 世纪 50 年代，同时代的农业灌溉水渠在场地中尚有一段留存，狮子山人工林更为师生栽种培植的结果。

随着校园建成环境向外拓展，场地内的公交站枢纽亦随之外迁，西北校门作为入口的功能逐渐消失。与此同时，教职工上下班的私家车数量快速增长，人车混行存在安全隐患，车辆乱停妨碍师生生活。此外，场地还存在自然水体污染、行道树生长环境恶劣、建筑及设施功能废置、空间秩序及景观风貌杂乱等问题。

二、设计思路

基于场地分析，结合师生出行、教职工的生活需求和行动诉求，确定了“一线三点”的空间结构。具体设计中，以南湖路为“线”，重点解决步行交通的便捷通达以及行道树生境恶劣问题；“三点”自东向西分别为校门广场、逦迤园和伴山园（图 1）。

（1）与旧为新。尊古并非守旧，而是要保留

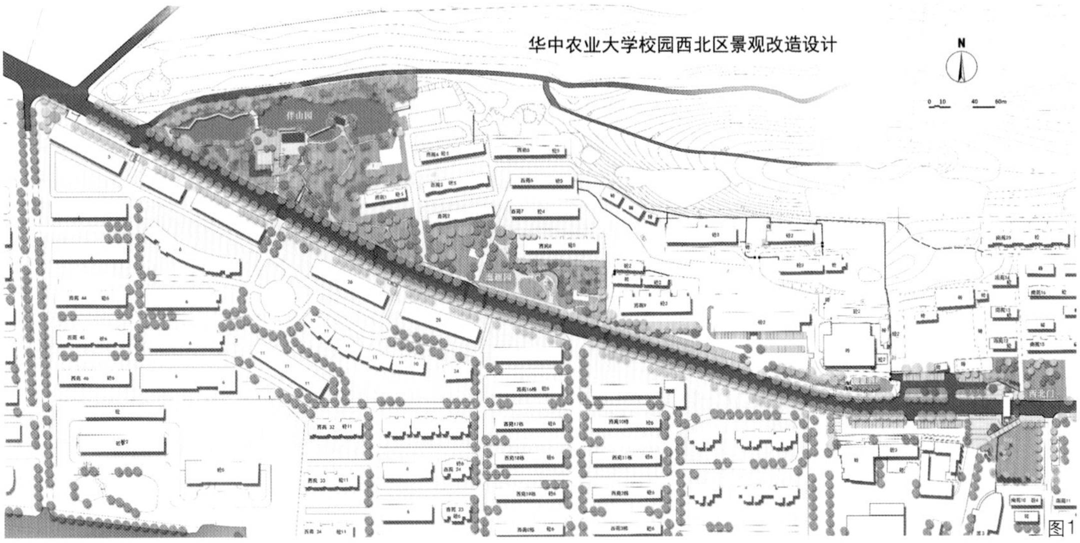

华中农业大学校园西北区景观改造设计

图1

图 1 总平面图

图2

图3

图4

图2 老校门改造后的景观（西侧）
图3 迤逦园中部景观
图4 伴山园平面图

历史气蕴、维系情感脉络，让旧物焕生机、新物存古意，与旧为新而光景常新。校门环境是校园文化形成的重要媒介和载体，改造时理当立足场地、尊重文脉。修补而非新建，改造而非再造，是本次设计的要点。

（2）空间活化。空间活化的关键在于增进其人性化。以人为本，合理组织人车交通流线，优化动态、静态交通空间，构成安全校园的基础；适度改造化解原有消极空间，在有限的面积内准确理解和把控场地，整合重塑空间使其利用达到最高效，满足可行、可留、可赏的环境要求，增进空间使用，助力活力校园。

（3）设计生态。为应对日益抽象化的环境，人类需要发明一种有创造性的生态学来对抗缺乏挑战性、同时带有科学的偏见的生态学（纯粹的环境保护和修复）。采用"设计生态"而非"生态设计"，旨在强调富有生态想象力和表现力的风景园林设计目标，不仅关注生态，也关注物质和文化生活的丰富其多样性。

三、改造策略及内容

（一）肌理织补

（1）校门广场——化"门"为"场"。老校门原仅作为"门"的意义存在，改造中拆除门边围墙，将大门内外绿地纳入整体视域，之前零散、分割的开放空间得以整合（图2）。改造中，完整贯通了道路两侧的人行步道，保证步行空间的连续性，妥善达成人车分流，降低了交通隐患。商铺前空间做进一步整合，有效满足静态交通要求。同时在大门西侧拓展空间，分别形成一南一北两个小广场，与校门建筑的"灰"空间相融合，形成可供穿行、小憩、留影的复合空间。协调整体环境，空间结构更为清晰。

（2）迤逦园——蜿蜒见绿。场地原为住宅楼南边的一小块圃地，地势低洼，暴雨时积水漫延影响人车通行，植物也因缺少管护而疯长。场地乍看似乎"一无是处"，但深入其中，发现东北有一片樟树林，姿态尤美。于是，让樟树林现出风姿就成为破题的关键。结合师生步行需求，改造设计决定破除圃地围墙，移走零乱树木，拉通斜向步道，同时适当开辟停留休憩空间，最终在场地西区组织流线形交通，堆置自然坡地，形成开敞的绿色基底，场地东北的樟树林得以显见，其高大的体量和优美的姿态，与悬铃木行道树互为呼应，有力地限定和塑造了空间，场地的自然肌理不仅得以缝合，空间品质也得到升华（图3）。

（3）伴山园——弃地新生。场地内有人工山林、采石坑塘、废弃煤气站和零散构筑。改造设计的重点是如何利用好场地的风景资源。基于空间移动和感知体验，将场地从南往北分解为4个空间层，其一"林园"，场地东西两侧林木繁盛，近于自然状态，中部为人工松林，其下空间开敞，有园林之意。其二"屋宇"，主要为临水废弃闲置建构筑。其三"湖池"，人工采掘形成的坑塘，沿东西伸展，视野开阔。其四"峭壁"，断崖为界，上为山林，下接池湖，小有气象。通过上述分解，可明确改造的重点是"屋宇"层的再造、更新，其余各层重在尊重与保护，只需适当拾掇空间，即可显山露水，见林壑之美（图4）。

（二）文脉延续

（1）“门”之记忆——门卫建筑“亭化”。随着校园空间的外拓，老校门已失去其原本功能。设计中，完整保留建筑正立面，存留形象记忆。其余外墙和部分内墙打通，虚化其实体功能，与新增的步行道结合形成半开敞的休憩空间，室内局部采用暖色系木材获得整体空间的统一，同时也形成由内到外的空间渗透（图 5）。“亭者，停也”，将实体建筑转变为半开敞的公共空间，所用的不是建筑思维，而是园林思维。改造不仅最大限度地保留了校门形象，同时也使其功能获得新生。

（2）“罐”之记忆——废弃煤气罐的再利用。伴山园原为煤气站，服务教师生活长达数十年。保留住其中的煤气罐，就能留住一段生活记忆。最终的设计将两个气罐的下半部分以及两端的部分裁掉，留存的部分通过钢架、玻璃连接成整体，建成别具一格的休闲建筑，名之“双栖馆”，以抽象形式充分保留“工业”意趣（图 6）。裁下的半截罐体被焊接成水槽，安放在罨画廊临水一侧，形成镜面睡莲池（图 7）。罐体两端的部分，其中 2 个用作伴山园的水钵、花钵（图 8），另 2 个在迤逦园分别作俯仰放置，用作儿童攀爬游戏设施和种植花钵。所有罐体材料全数利用，使煤气罐的生命得以用另类方式延续。

（三）生态关照

（1）底界面透气增绿。注重将自然过程纳入考量，营建可持续的绿色景观。改造中减少硬质区域，充分争取绿地空间最大化，增设了 9 处大小不一的绿地。南湖路两侧，改单个树池为连续绿带，为悬铃木生长“松绑透气”，下层植被辅以绿篱、地被，营造出景观丰富的人行空间。场地内除因新增步道不得以移除 1 株乔木外，其余乔木全部保留（图 9）。

（2）采用环保材料及构造方式。改造后场地存在多处高差地形，挡墙统一使用耐候钢板，利用其在自然环境下表面自动形成抗腐蚀保护层的特点，形成富有现代感的硬质景观，极好地体现材料的“生命”美学特质，同时也有效降低了后期管护成本。所有人行步道均不设立道牙，雨水可自然渗流进绿地，迤逦园通勤步道采用透水混凝土。伴山园原有农业灌溉水渠，清理坑塘淤泥，采用生态工程净化水质，缘水造景（图 10）。林中步道直接以砾石铺地，充分利用地形塑造来组织汇水、排水、渗水，发挥绿地的海绵功能。

图5

图6

图7

图8

图9

图10

图 5　老校门门卫建筑的“亭化”

图 6　双栖馆废弃煤气罐的“蝶变”

图 7　罨画廊的镜面水池，池壁利用煤气罐裁切料做成

图 8　罨画廊广场的水钵，利用煤气罐裁切料做成

图 9　松石园，充分结合原有树木理景

图 10　拢翠湖，坑塘清淤后缘水造景

（四）活力再造

（1）设计为人服务。南湖路以园林手法实现人车分流，沿途季相丰富的植物景观成为师生随拍的对象。“亭”化的校门为行人提供遮阳避雨的驻留空间。小广场成为新“聚场”，可驻足聊天、赏景。老校门前常有师生照相留影。迤逦园的斜向步道保证了师生通勤安全；休闲区留出儿童活动场地，沙坑旁边安置煤气罐帽的装置小品，小朋友常常爬上爬下；沿樟树林边展开的弧形长凳，可供人们纳凉、休闲停留。伴山园的罨画廊视觉开敞，广场尺度宜人，成为晨练太极、晚练广场舞的集会点（图 11），双栖馆、松风亭等小场地可供小憩静修，蜿蜒的湖岸和穿插其间的景桥供人亲水、观山（图 12）。

图11

图12

图13

图14

图 11　伴山园内群众健身
图 12　伴山园接碧桥小景
图 13　罨画廊的树影横斜
图 14　松石园的晨雾松影

（2）艺术的考量。通常基于项目的整体性考虑，造景应考虑风格统一，但在场地条件迥异的城市修补过程中，简单的“统一”并非上策。本项目的 3 个“点”，在功能需求和资源条件上差异很大，要保证有品质的活力再造，在艺术形式上必须因地制宜、缘脉构境。校门广场尊重校门建筑形态和原有乔木，结合场地地形伏不大的特点，采用极简造景的风格，耐候钢以硬朗的边界塑造地形，同时与建筑石材色彩呼应。迤逦园则在有限的空间内堆置自然草坡，结合流畅的地面线形铺装，以婉约、开敞的空间烘托出樟树林的风姿。相较于前两者，伴山园空间尺度大、资源类型丰富，设计中空间布局学习传统造园，因循山水林木，随形赋势，做隔景、透景、借景处理，建筑、桥梁风格简约，抽取素墙黛瓦的装饰意趣，将传统文化融入现代造园，达成景面文心的构境目标（图 13、图 14）。

四、结语——城市修补语境下的反思

本次改造中，如何针对现有场地特质制定改造策略，是设计思考的要点。通过延续场地文脉，组织人车分流秩序，整合低效利用土地，构建可赏可留的步行道网络，为师生创造出更安全、便捷、美好的生活环境，是设计的思路与目标。因此，旧地改造项目的关键在于完善空间的系统性与逻辑性，对过去粗放单一的城市环境进行精细化管理，营造多元的、可持续的新型空间。空间修补是一项系统工作，在糅杂了众多要素的现状中，需要理清思路，始终将尊重文脉、地脉作为改造的基本。

项目组情况
单位名称：华中农业大学园林规划设计研究院
项目负责人：张　斌　高　翅
项目参加人：魏代谋　张倍铭　吴孟祺　王哲骁
曾　勇　潘玉莲　许文吉　谢　多
刘国梁

将公共空间作为联系校园生活的纽带

——深圳龙华行知中学景观设计

笛东规划设计（北京）股份有限公司 / 覃汉洋　李嘉欢

一、项目概况

行知中学位于深圳市龙华区观澜北龙华大道，是深圳市基础教育系统第一所以“陶行知“命名的公办学校，也是一所容纳了 42 个班共 2100 名学生的单一型初级中学校区，校园占地 2.3 万 m^2，周边城市环境以密集的城中村和工业区为主，但周边社区公共资源匮乏，社区文化设施严重不足，新校园的建设或许是改善这一城市问题的契机（图 1）。

二、设计思路

景观设计坚持从宏观的城市设计角度出发，结合现代教育模式的发展以及学生的需求，以服务教育的理念来设计校区景观。

通过对建筑功能的梳理以及对周边环境的考量，提出“青春之环”的景观设计理念，针对智慧体育（活力之环）、活力成长（成长之环）、户外交流（交流之环）三大板块，通过运动、学习、阅读、社交等多种生活场景的构建，建立起学校与环境、自然和人的关联（图 2～图 4）。

三、项目特点与难点

（一）立体台阶空间巧妙消化首层与市政路之间的高差

这是项目特点也是难点之一——从市政路到学校建筑首层平台有 9.9m 高差，设计团队采用台阶

图 1　鸟瞰

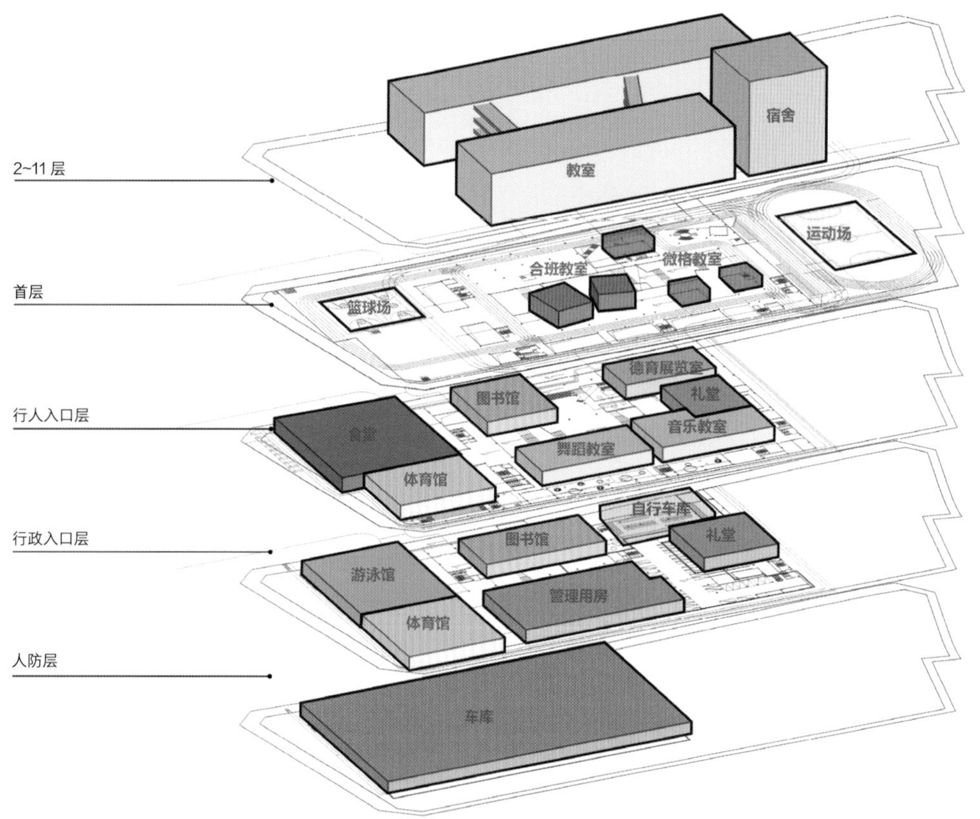

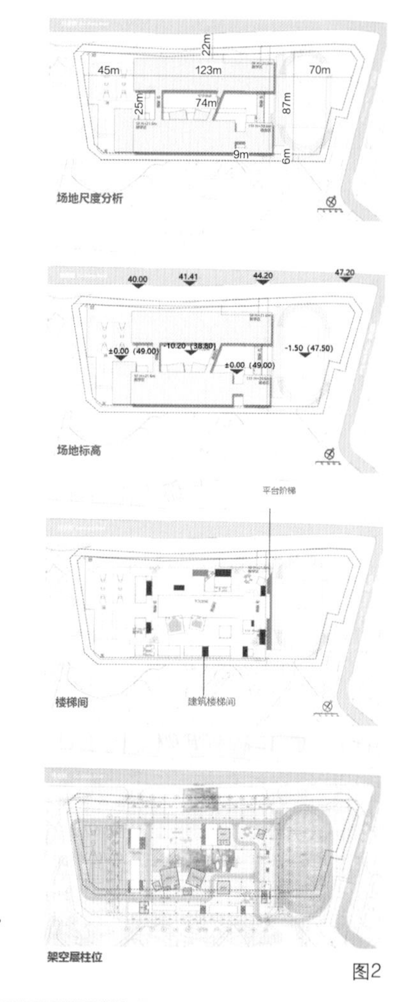

建筑框架为景观提供的机遇：优美的东南面景观、人车分流的场地、丰富的架空层空间、清晰的功能。

建筑框架为景观带来的挑战：中庭日照少、尺度较为压抑、10m高差的下沉空间、架空层柱网限制空间布置、楼梯间点位限制景观动线、校园绿化空间不足。

图2

图3

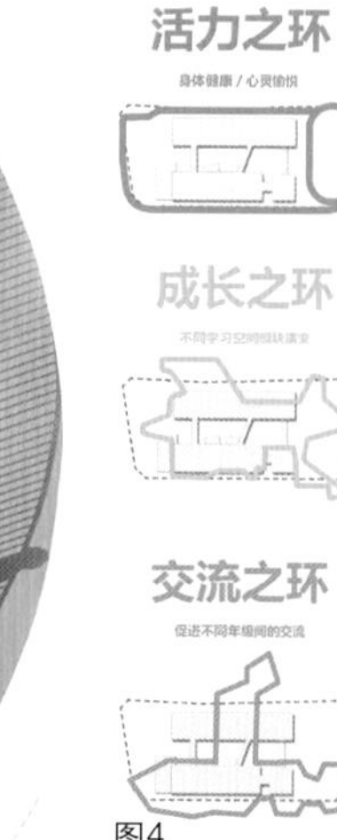

图4

图5

图6

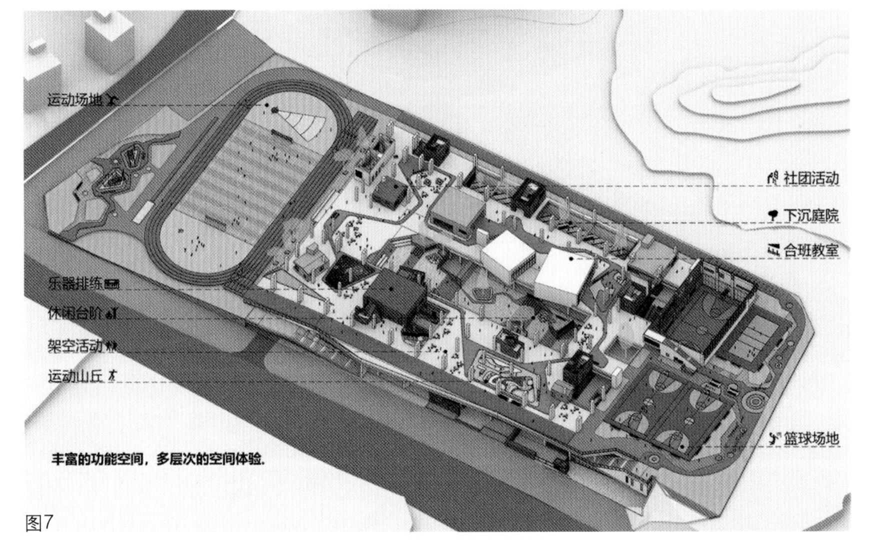

图7

图8

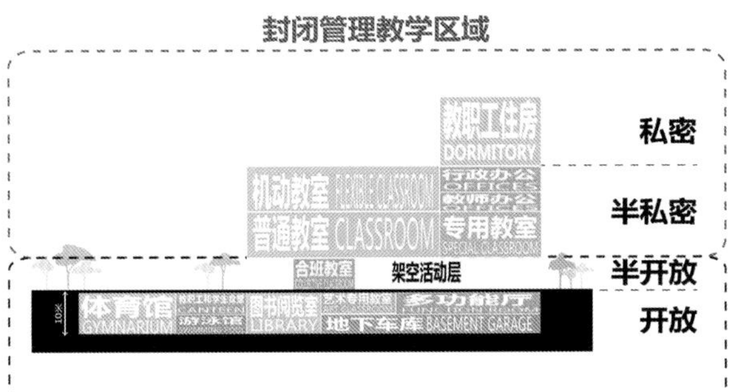

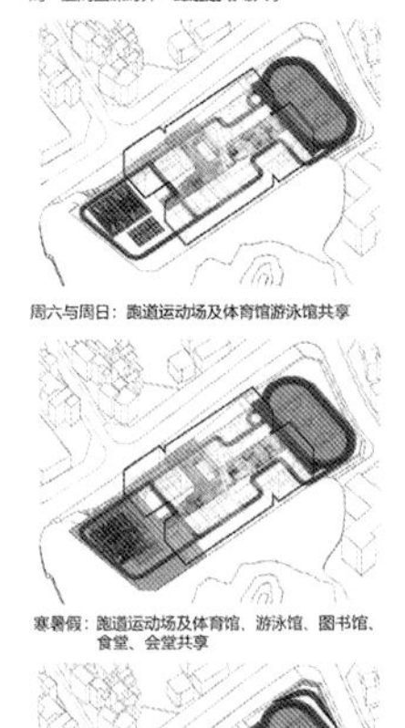

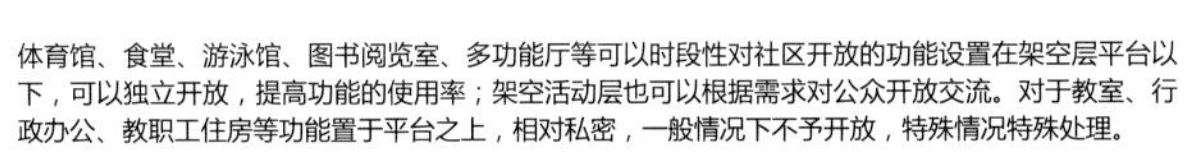

图9

图10

结合休闲平台以及小剧场等多维立体空间的方式来消化高差，借此希望打破传统台阶带给人的沉闷、无趣的感受。同时台阶明亮的颜色让校园的质感不失统一又富有节奏，延伸收缩的样式塑造出攀登书山的仪式感。阶梯与户外剧场、绿化，将时间与景观融合在一起，形成独特的情感记忆（图5、图6）。

（二）架空层日照较少，且尺度较为压抑

安全、隔潮、通风是架空层的优势，但是建筑的结构柱林立也是架空层的难点，如何充分利用架空层，打造适合现代教育体系下的功能活动空间是设计团队面临的挑战。

设计团队以橙色地面划线图案为纽带，将运动花园、阅读花园、科学花园等功能空间联动起来，使其成为教学活动、自主探索、开阔眼界等活动的连接介质，使所有的主题功能空间连接成一个有机综合体（图7、图8）。

（三）校园与周边社区居民生活的共享交往

周边社区公共空间的极度匮乏，驱使设计将学校的物理边界打破，将学校作为时段性社区中心来使用。设计团队将校园的不同开放性教学功能空间按其特点分时段（每天放学后以及周末和寒暑假）向周边社区居民开放，减少此类共享功能的闲置，最大化高效利用复合空间服务于整个社区，改善周边社区的公共配套功能，使校园成为一个时刻都充满活力的场所（图9、图10）。

项目成员情况

单位名称：笛东规划设计（北京）股份有限公司

项目负责人：李景辉　马　恺　乐雄飞

主要技术成员：雒永强　严大伟　黄　海　余润泽　郑土秀　艾　仙　普秋丽　朱文君　周军志

图2　建筑功能分析
图3　设计理念
图4　理念运用
图5　入口台阶（一）
图6　入口台阶（二）
图7　架空层空间分析
图8　多彩架空层模块
图9　社区共享分层策略
图10　半开放架空层空间

以街头绿地为载体再生城市文化的途径

——陕西沣西新城白马河路街头绿地景观设计

中外园林建设有限公司／庞　宇　郭　明　魏海琪

摘要：公共小尺度景观与人的活动关系最为密切。街头绿地作为一类公共小尺度景观，是城市绿地系统的重要补充，分布于城市各个位置，与百姓生活息息相关，更应关注每一处细节的塑造和文化氛围的营造。本案以陕西沣西新城白马河路街头绿地为例，运用植物及硬质景观的空间营造探讨街头绿地空间功能与文化融合的途径。

关键词：风景园林；街头绿地；城市文化；景观设计

引言

沣西新城位于西安与咸阳两市之间，地处沣、渭、新河三河流域腹地，是新丝路经济带起点位置。沣河畔有源远流长的历史文化积淀，"关关雎鸠，在河之洲。窈窕淑女，君子好逑"，这一《诗经》的开篇即诞生在沣河。"蒹葭苍苍，白露为霜。所谓伊人，在水一方。溯洄从之，道阻且长；溯游从之，宛在水中央。"这些优美的诗词，无不与文化底蕴深厚的沣河有关。白马河路街头绿地，融于文化背景深厚的沣西，为我们以街头绿地空间为载体，传承沣河文化，打造具有东方文化内涵的城市绿色休闲空间奠定了坚实基础。

一、白马河路街头绿地现状

本项目总面积 2.1hm^2，北邻永平路、东临白马河路、西侧紧邻金库且与金库之间有闭合的围栏。500m 服务范围内有居住用地、商业用地及陕西中医药大学第二附属医院。原场地杂草丛生，鲜有人问津。

场地紧邻城市主路，首先要承担城市形象文化展示的功能。同时，周边用地类型丰富，使用人群多样，设计要充分满足周边人群全龄化的使用需求和精神文化需求。因此无论是从城市层面或是从使用者的角度出发，重塑场地文化都是设计需要重点关注的。从小单元的街头绿地景观文化营造出发，由点到线再到面，连接城市绿地休闲空间，才能够完整地实现整个城市绿地系统的文化重塑和再生。

二、城市街头绿地再生城市文化的策略

在城市中，综合的城市广场和综合性公园是最为开放的绿地空间，居住区绿地是最为私密的绿地空间，而街头绿地无论是从绿地规模或是开放程度上都是两者之间的过渡和补充。街头绿地见缝插绿、分布广、利用率高，是城市绿网的重要补充，如何以街头绿地空间为载体，实现文化再生是本次设计期望解决的核心问题。

设计首先关注植物景观文化的营造，合理挖掘乡土植物文化属性是增强本土文化自信的表现，也是实现景观文化辨识度的重要途径。本项目着重运用园林植物的色彩基调、质感和文化内涵等艺术美学重塑场地文化。

同时，在硬质景观中实现文化再生，通过设计构成的手法进行景观化的表达，让使用者能够看得到、摸得到、体会得到，真真切切地感受到设计者对文化的营造和传递，引起情感共鸣。在实现文化再生的同时，充分考虑景观的功能性，关注人的参与性与互动性，赋予场地生命力。

（一）诗经文化设计主题

本项目充分考虑周边人群的使用需求，首先

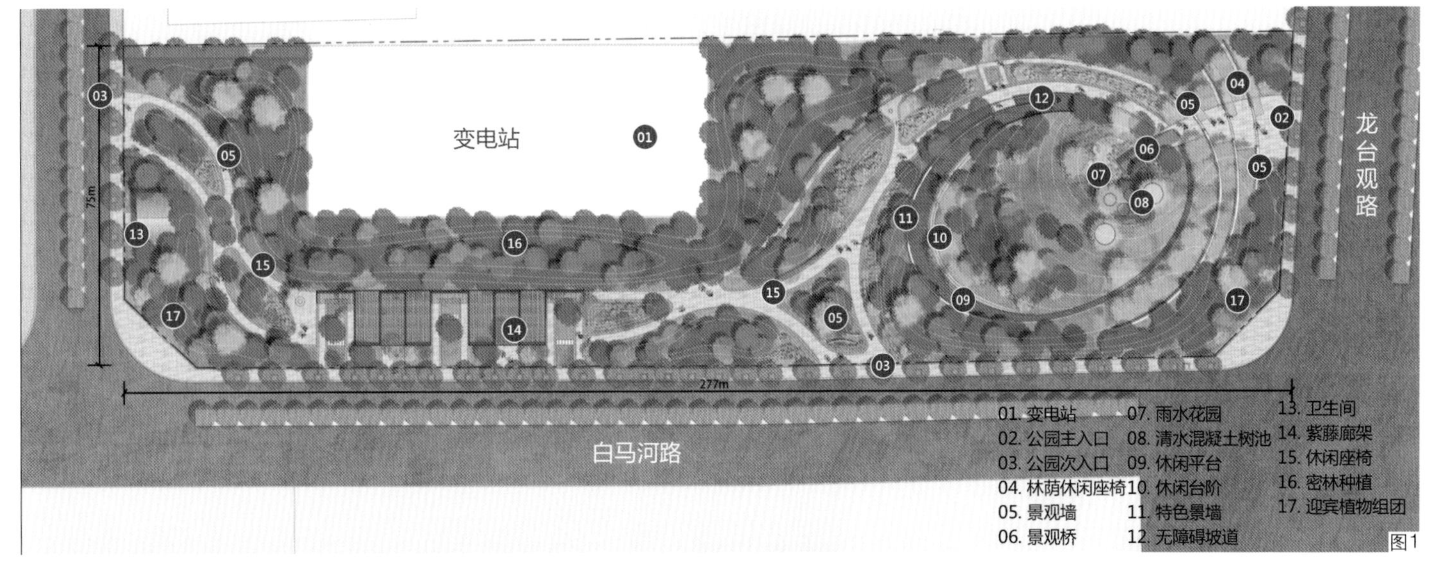

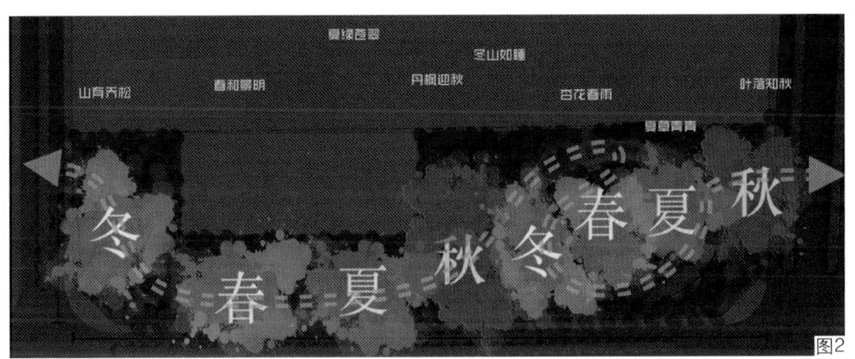

从合理布局功能的角度出发，结合沣河诗经文化脉络，打造“四季流转，韶光荏苒”的诗意画境，将诗经中的四季融汇到园林设计中来，实现文化、生态、人气、活力再生的全龄化绿色休闲空间。

（二）诗经文化景点布局

设计从沣西新城诗经文化入手，运用诗经中的具有季相特点的植物打造特色植物景观空间。将植物、诗经主题的景名融入空间中去，重塑场地文化，让市民能够直观地感受到。

从北侧入口依次是叶落知秋、夏草青青、杏花春雨、冬山如睡、丹枫迎秋、夏绿苍翠、春和景明、山有乔松 8 个主题景点。结合游览路线，营造四季流转变化、步移景异的景观氛围，让市民能将景名和所看所感联系到一起，传递场所文化（图 1、图 2）。

（三）诗经文化的表达

1. 夏草青青节点

运用格栅栈道与雨水花园相结合，呈现“蒹葭苍苍，白露为霜”的自然野趣景观画卷（图 3）。

公园中种植各类观赏草，增加园林野趣，再现沣河自然的植物景观氛围（图 4、图 5）。

2. 杏花春雨景观节点

中心是一个较为疏朗的草坪空间，种植山桃、山杏作为主景，让置身于其中的居民能够短暂地与城市隔离、沉浸于树林中，与自然对话，实现四季有景，春可观花、夏可乘凉、秋有落叶、冬有暖阳的景观空间，再现诗经中“桃之夭夭，灼灼其华”的文化景观氛围（图 6、图 7）。

3. 春和景明景观节点

充分考虑周边各类人群的活动需求，布置紫藤廊架满足全龄化的使用需求。场地中不具体划分功能分区，开放性的街头绿地空间更加多变灵活，充满不确定的开放式场所更增添了场所魅力，等待着各种各样活动的上演。设计打破单一维度的体验设定，给予场地多维度的叙事探索体验。廊架刚刚建成就吸引了附近的“民间乐队”，为城市街旁空间增添了一抹悠闲浪漫的色彩（图 8～图 11）。

4. 景名小品文化表达

全园共有 8 个景点，分别表达春夏秋冬四季的植物景观，设计考虑在各个景点中将景点名称和座椅相结合，形成带有文化主题特性的座椅小品，既具有观赏性又结合了具体的功能（图 12、图 13）。在设计中将实用功能融入文化特性，是该文化小品最终顺利建成的关键。在任何一个小品的设计过程

图 1　白马河路街头绿地总平面图
图 2　白马河路街头绿地景点分布图
图 3　夏草青青景观节点

图4

图5

图7

图6

图9

图8

图10

图 4　自然野趣的植物景观空间
图 5　自然野趣的植物景观空间
图 6　杏花春雨景观节点方案效果图
图 7　杏花春雨景观节点方案效果图
图 8　紫藤廊架
图 9　紫藤廊架
图 10　紫藤廊架

中，设计师应该充分考虑其功能性，若只是为了空间造景设置的小品景观，尤其在造价受限的项目中是特别难保留下来的。

8 个景名小品，在今后的使用过程中会成为市民拍照的打卡点，也能够让游客行走在园中更加直观地理解植物空间设计所传达的文化寓意。

三、结语

白马河路街头绿地景观设计项目，以重塑场地诗经文化属性为出发点，开辟多样适宜的交往场所，从功能上满足使用者多样的生活需求，以文化为载体，激发使用者对沣西诗经文化的情感共鸣。

在设计过程中，将功能属性与文化属性有机融合并选择恰当的表达方式，妥善处理好空间功能和景观形式，运用乡土植物打造四季特色鲜明、层次丰富的植物景观，并适当添加“安全、美观、实用”的景观小品，这是打造有文化内涵的城市绿色休闲空间的关键。设计结合当地沣河文化，提取诗经中的特色植物主题，强调人与环境的互动体验，再现沣西地区的场所记忆，实现文化再生，为城市塑造了高品质的街头绿色休闲空间。

项目组情况

单位名称：中外园林建设有限公司

项目负责人：庞　宇　郭　明　魏海琪

项目参加人：张子明　张文婷　王　琰　李　峣
丁婉璐　张　宇　宋　怡　刘颖妍
王　润　许　霏

图11

图12

图13

图 11　紫藤廊架内绿地空间
图 12　夏绿苍翠景名座椅小品
图 13　丹枫迎秋景名座椅小品

风景园林工程

风景园林工程是理景造园所必备的技术措施和技艺手段。春秋时期的“十年树木”、秦汉时期的“一池三山”即属先贤例证。现代的竖向地形、山石理水、场地路桥、生物工程、水电灯信气热等工程均是常见的配套措施。

文化市政桥梁，添彩黄河文化

——河南省开封市市政桥梁的“宋代化”设计思考

中国城市建设研究院有限公司／裴文洋　张　昕　张　潮

摘要：市政桥梁“宋代化”设计为开封古城提供了城市复兴的新思路，本文通过对中国城市建设研究院在开封古城、新城中的数十座市政桥梁景观案例的梳理和总结，以期为历史文化名城中市政桥梁的设计提供可复制的建设模式。

关键词：风景园林；桥梁；宋文化；开封

开封是首批国家历史文化名城，素有“八朝古都”之称。在此孕育了上承汉唐，下启明清，影响深远的“宋文化”。作为黄河沿线上的重要城市，开封水系发达，湖泊遍布，但同时整个开封古城的空间被水网所割裂，本项目通过市政桥梁将古城空间紧密地缝合到了一起。而现代市政桥梁主要以功能为主，自身并无文化色彩，“拖累”了开封古城的文化氛围。

一、市政桥梁“宋代化”的设计背景

（一）“宋代化”主题营城

开封位于中原腹地，北临黄河，是黄河文化带的重要组成部分。千百年来虽因黄河频繁的改道和泛滥导致开封多次被淹没，但黄河发达的水运也造就了开封历史上的数次辉煌。就是这样的一座享有“北方水城”美誉的八朝古都，随着城市的发展以及现代化水平的提高，逐渐缺失了和黄河文化、北宋文化的文脉延续。

图 1　开封水系二期工程现状照片

根据开封市城市总体规划，市政府通过建设“四河”连通“五湖”的“宋都水系工程”，确定以开封古城水系作为城市的发展命脉，希望以此为契机，形成古城区新的增长点，实现“千年水城”的转型升级。

2006 年，由中国城市建设研究院承接了水系二期工程（现大宋御河）。这是一条“本不存在”的水系——需要挖开地面道路，连通龙亭湖和包公湖两湖水系，而且河道贯穿了开封市古城区重点危房改造区域，现状周边居住环境差、房屋破旧，属于典型的棚户区。该区域市政基础设施滞后，道路被严重侵占，成为古城西片区南北交通的瓶颈。面对复杂的现状情况，我们跳出水系来设计水系：先从园林绿化、景观修复入手，再配套市政基础设施和旅游服务设施，同时统筹策划周边用地开发，最后再落实到水系工程（图 1）。

在水系二期的“从无到有，开路现河”的过程中，不仅仅出现了园林中的桥梁，也出现了 6 座与城市相连、更为大型的市政桥梁，基于对开封城市风貌的梳理定位，我们提出了“现代桥梁传统化、市政桥梁宋代化”的理念，获得了开封市强烈的思想共鸣。

（二）汲取宋代辉煌文化、延续城市文脉

在华夏文明五千多年的发展史中，宋代占有极其重要的历史地位。国学大师陈寅洛曾经这样

评价："华夏民族之文化，历数千年之演变，造极于赵宋之世。"宋朝不仅是我国文化艺术史的巅峰，也是我国古代桥梁技术发展史上的大爆发时代，桥梁样式千变万化，建造材料多种多样，文化符号特色鲜明。北宋孟元老所著《东京梦华录·卷一·河道》中记载，当时开封仅汴河一条河上就有14座桥梁，自西向东分别是横桥、西水门便桥、西浮桥、金梁桥、太师府桥、兴国寺桥、浚仪桥、州桥、相国寺桥、上土桥、下土桥、便桥、顺成仓桥、虹桥。当时北宋全境在材料、技术和艺术上综合创新的桥梁更是数不胜数，至今在全国各地仍有多座保存至今宋代时期的桥梁，汇聚了我国古典园林众多的造桥智慧，尤其是园林中的桥梁不仅是交通工具，更是巧妙地利用自然客观规律将环境、文化、建筑技术和科学相融合的艺术品。

鉴古而通今，开封作为北宋的都城，辉煌灿烂的宋代文化自古便为市政桥梁和文化的融合提供了丰富的养料和活力，将这些传统的样式和文化符号巧妙地融入现代市政桥梁设计中，让市政工程成为城市重要的景观和人文景点，"缝合"古城的蓝绿空间，让园林恢复整体性，让人们在城市相同时空、不同时代的交叠下，对古城之宋韵、新城之宋味更能产生共鸣，从而真正沉浸到"一城宋韵半城水，梦花飘溢伴汴京"的景观意境之中。

（三）城市需要凝聚人心的文化景观和文化名片

中华文明源远流长、博大精深，是中华民族独特的精神标识，更是当代中国文化的根基与中国文化创新的宝藏。无论是古城还是新城的建设，以城市自身的文化为脉络才能避免城市建设中出现的文化弱化、文化异化和文化西化。

古城内水系丰富，市政桥梁众多，这些随处可见的、带有强烈黄河文化、宋代文化标识的"景观"市政桥将渗透到古城中每一根"毛细血管"，深入每一个开封人的内心。翻开尘封千年的《东京梦华录·卷一·河道》，里面的每一条水系、每一座桥梁都仿佛跃然纸上，呈现在人们的眼前，极尽地展示了北宋时期运河的繁华与当时桥梁工艺的精湛，"从东水门外七里曰虹桥，其桥无柱，皆以巨木虚架，饰以丹，宛如飞虹，其上下土桥亦如之""州桥，正对于大内御街，其桥与相国寺桥皆低平不通舟船，唯西河平船可过，其柱皆青石为之，石梁石笋螳栏，近桥两岸，皆石壁，雕镌海马水兽飞云之状，桥下密排石柱，盖车驾御路也"。如若这些水系与桥梁都再现于世人眼前，那必将是一幅波澜壮阔的北宋画卷、运河史诗，也是开封最夺目、最亮眼的精神符号之一。

我们提出的开封的市政桥梁"宋代化"，是为城市增添地域精神和文化地标的有效方法，通过地域文化与桥梁美学之间的融合，随着人们在桥上桥下的行走、驻足，使游人游历其中，寓教于游，寓教于乐，在体验宜人环境的同时，感受博大精深的汉文化、宋文化内涵，得到历史文化和环境景观的双重享受，内外兼修，这也是推动文化自信的最基本、最广泛、最持久、最有效的途径。

二、规划过程中发现的难点

（一）对"入则北宋"和"出则共和国"的时间缝合

两公里长的开封水系二期工程连通了古城北部的清明上河园景区、龙亭湖景区和南部的包公湖景区这3个最知名的景点，形成"一线连三面"的北宋精品文化旅游线路。由于整个工程是南北走向，在游赏路径设计中我们发现，整条水系被6条东西向的城市道路所切割，市政桥梁成为景观的"拦路虎"，极大地干扰了游园的沉浸式观感体验，在游客的游览感受中，园林景观是强烈的北宋风格，而交织在其中的六座市政桥梁，代表着当代共和国印记！在"北宋"与"共和国"之间6次的穿梭，导致游览中的时空交织混乱。

一条水系，六进六出，这就仿佛一幅宋画被割裂了6次，这样的时空干扰破坏了我们的整体设计意图。所以我们给自己提出了新的突破点——利用桥梁对园林、对水系所串联的蓝绿空间进行缝合。而如何以桥梁为点睛之笔进行文化衔接，对"宋画"进行缝合，是规划设计的难点。

（二）从市政工程到文化景点的突破

理念的提出打破了以往开封市政桥梁纯粹的工程化，不再是只注重安全性与通行功能性的传统做法，而是通过园林艺术的手法在满足车辆通行安全的基础上，增加桥梁宋代风格造型、材质、颜色、装饰、符号的多样性，尽可能地融入宋代文化，将现代工程化的市政桥梁中式化、传统化、宋式化。

要让桥梁和文化完美融合，必须解决以下难题：

（1）桥上，满足市政桥梁的现代使用要求；桥下，保证必要的通航净空。

为满足这两项要求，仿宋桥梁就要缩减跨度，从而减少桥板的厚度，增加桥下净空。同时引桥的

图2　开封水系二期工程中的西司桥
图3　扳桥
图4　陆福桥（西门大街桥）
图5　金奎桥
图6　孝严寺桥
图7　开封水系二期工程中的天波桥

坡度必须控制在2.5%以内，以确保自行车和三轮车上桥不吃力。

（2）外观体现宋式桥梁的文化和技术风格要求。

宋代是我国桥梁的技术多样性爆发的时代，不论是造型风格、材料应用、技术创新、结构形式，还是因地制宜地将环境、功能与审美有机结合，都达到了有史以来的新高度，也给我们的创新创造了文化温床。需要选取的宋代大型古桥梁的母本应与市政桥梁的尺度、功能、所在区段的园林风格、历史典故和审美需求一致，才能保证宋韵的"原汁原味"。

（3）古为今用，升华古典美学价值。

应适当采用现代的设计手段，使得市政桥梁景观更符合现代人的审美需求。通过对传统文化巧于因借，覆古典的外衣，展新时代的宋韵。主要表现在桥梁的造型上，借鉴宋代桥梁的样式。另外在主梁、桥板、桥墩和栏杆这些构件上参考宋代桥梁的装饰特点和文化符号（图2～图7）。

（4）保持古城到新区的延续性。

城市规划和建设发展、演变都是建立在文化和美学基础之上的，与城市特有的传统文化和不同历史时期的审美需求有着密不可分的关系。古城风貌保持着浓浓的宋味无可厚非，那么在考虑287km^{2}的开封新区如何能突破新区建设风格趋同、缺乏人文情趣的普遍情况时，着力让新区的风貌保持和古城的历史连续性是我们在桥梁设计中最坚守的原则。

如果说开封古城中的桥梁设计通过仿宋、写实的古典风格，使同一时空在不同时代下重现辉煌，那么新区中的桥梁则是"写意"的新古典风格，着力于境由景出，更体现对于宋式意境的追求。这也为不同城市区域的桥梁设计带来了极大的设计难点。

三、实施效果

（一）助力古城塑造"宋代桥梁博物馆"——开封古城中的写实勾勒

2018年开封市启动了迎宾路的提升改造工程，原迎宾路穿湖而过，将包公湖割裂成了包公西湖和包公中湖，为了将两个小湖联通成一个大湖，便于城市景观整合以及开展水上游览，市政府决定把原来宽40m、长1.26km的市政主干道改建成市政桥梁。2021年，迎宾桥施工完成，主桥桥身和桥墩参考了北宋年间蔡襄在福建泉州修建的洛阳桥，主桥栏杆则参考同一时代在北京建造的卢沟桥狮子栏杆。通过二者结合与二次艺术加工，将原本一条普

图2

图3

图4

图5

图6

图7

图8

图9

图10

图11

图12

通的市政道路桥梁改造成了具有宋代特色的市政景观桥梁。迎宾桥建成后，其独特的造型、便捷的交通、明亮的夜景，使其成了包公湖的另一个网红打卡点，当地百姓无不称赞有加，还有的亲切地称此桥为“狮子桥”。将风景与美景融合，得到了市民的一致好评（图8）。

（二）成就新区“新古典主义”面貌——开封新城中的泼墨写意

由中国城市建设研究院承接的开封新区的14座桥梁可以定义为新古典主义风格，用现代的手法和材质还原古典气质，人们可以强烈地感受到传统的历史痕迹与浑厚的文化底蕴，同时又摒弃了古代桥梁过于单一和重复的表现手法，使桥梁具备古典与现代的双重审美效果。采用多元化的思考方式，对丰富的古典元素（不为桥梁所限）重新进行整合和应用。设计中讲求突破，在造型上不完全是仿古，更不是复古，追求的是一种古典的神韵与意境。这样市政桥梁不是古代桥梁，而是具有古典气质的桥梁，并以此来实现古典、新颖和独特（图9、图10）。

如飞燕桥，采用独特的拱梁结合的桥梁形式，以白色的双飞燕拱形桥墩托起水浪形桥身，呼应着周边园林的主题含义“飞燕桃花”之“飞燕”，轻盈而飘逸。如同宋诗中的意境“双飞燕子几时回，夹岸桃花蘸水开”（图11）。

又如明月桥，和岸边的“月池”“听月亭”共同构成一副“明月桥头明月夜，依桥听月更分明”的画面。晚间采用灯影的形式随月色模拟不同的月相变化，形成新月、满月、半月不同的月影。天上明月、桥上月影，虚实相生，交相辉映。航空玻璃内雕古色梅花宋画，点明“梅青景华”或“梅兰竹菊”的主题，并随着的月相的变化，古画渐渐映印而出，更显其文雅意境。天上之月、桥上之月、水中之月，共同在眼前浮现，美轮美奂（图12）。

四、设计亮点总结

（一）园林是天堂，桥梁做点睛

开封市水系景观的一系列项目是我们完全从平地上挖掘出的空间、培育出的景观资源——地面本没有河，是挖出来的河道，演变成水系，进一步到园林景观的营建，打造了“现代版的清明上河画卷”。而“有园必有水”，因水而设的市政桥梁的景观化、宋代化，则是对整个开封城市主题的升华，不但连接了地块、保障了通行、解决了桥上桥下的矛盾，又能将工程化的桥体进行文化元素装饰，改善桥洞隐蔽区域脏乱差及安全性不足的问题。我们原来最担心桥下可能藏污纳垢，安全欠佳，但事实是，由于建成后的市政桥梁造型优美，充满宋代历史文化的韵味，加上桥下的浮雕、夜景照明、通风凉爽以及通航垂钓等活动，使得市政桥梁成为水系中最大、最亮眼的景观，吸引游人驻足。

现代的技术手段，充满古意的桥体，既满足了现代城市对于桥梁的工程要求，又挖掘文化的多重价值，让工程被赋予了诗情画意，形成完整而连续的文化序列，让开封城市面貌呈现出景中有景，景上添景、景连着景的入画感受。

图8　迎宾桥
图9　迎祥桥
图10　安澜桥
图11　建设中的飞燕桥
图12　明月桥

（二）从纯工程设施，升华为精神符号和文化景点

开封水系二期工程项目的成功带动了古城的有序更新，古城景观吸引了络绎不绝的百姓和游人，一座座仿宋式的桥梁与周边传统园林、仿宋建筑融为整体，因此开封市政府在后续的水系建设中，始终以水系二期工程为模式，指引着水系三期、四期工程和一期工程的再改造，也因此又产生了更多的水系与城市道路交织的市政桥梁。铺展出一条可借鉴、可持续的古城宋韵复兴之路（图 13）。就此在开封展开了 17 年的以水营城的规划与建设延续。

继而又通过从古城延续而来的文化脉络，承古焕新，以水为脉、以桥为骨，通过新区连通水系上的景观市政桥，打通水脉、连通文脉，将宋文化延续到新区，一举打破古城与新区空间混乱、文化割裂的困境。

这些成功的尝试为城市建设提供了特别大的启发——以桥梁工程为切入点，所有的工程建设都能为文化发展作出贡献，桥梁不仅是现代化的样子，它还可以体现宋风、体现传统文化，利用小装饰、低花费也能为城市出大彩，甚至作为景观的统领，为城市带来巨大的经济效益。这种跨行业助力千年文化复兴、树立文化自信的方法与途径，也是全国独有的创新思路。

创新不是编的，也不是抄的，中国的园林是一个复杂的美学系统，深深地影响了我国的空间设计思想和审美品位，并促成国人审美的认知维度和审美语汇。而市政桥梁的“宋代化”于城市的建设最重要的意义是对传统营造的无限启发——“所有的设计都来源于历史”，正是在开封，在同一时空下，在不同的时代中，通过对桥梁的推陈出新、古为今用，链接了 1000 年前后的时空，突显出中国传统特色与中国气派，形成有根可寻的开封文化景观的特色之旅。

（三）超前规划，为国家政策贡献智慧和可复制的方法路径

2019 年 9 月 18 日，习近平总书记主持召开黄河流域生态保护和高质量发展座谈会，明确提出将黄河流域生态保护和高质量发展上升为重大国家战略；2022 年，文化和旅游部、国家文物局、国家发展改革委联合印发了《黄河文化保护传承弘扬规划》，着重强调将黄河文化的保护、传承、弘扬作为黄河高质量发展战略中最为重要的日程。而此时，中国城市建设研究院已在开封深耕了 17 年，将黄河文化最为绚烂的成果——宋代汴京在世界上的影响地位，成功地转化成了城市价值，助力开封的城市发展，为黄河文化带贡献了智慧和策略，为打造世界级的宋韵开封添砖加瓦。

从古城桥梁的完全仿古到新区桥梁的古中带新，以一系列的桥梁设计为抓手，从仅仅解决地块通行的工程设计，到为古城的整体风貌增彩，再到成为新区亮眼的“精神符号”，我们探索出一种可以复制的思路，对河南甚至中原都具有文化建设上的启发和贡献。“一城宋韵半城水，千年梦华因水兴”，我们将继续实践开封“现代桥梁传统化、市政桥梁宋代化”的理念，探索出一条实现开封古城伟大复兴、黄河文化带伟大复兴之路。推动传统文化与当今社会相融合，展示中华民族的独特精神标识，更好地构筑中国精神、中国价值和中国力量。

图 13　开封环城水系总规划图

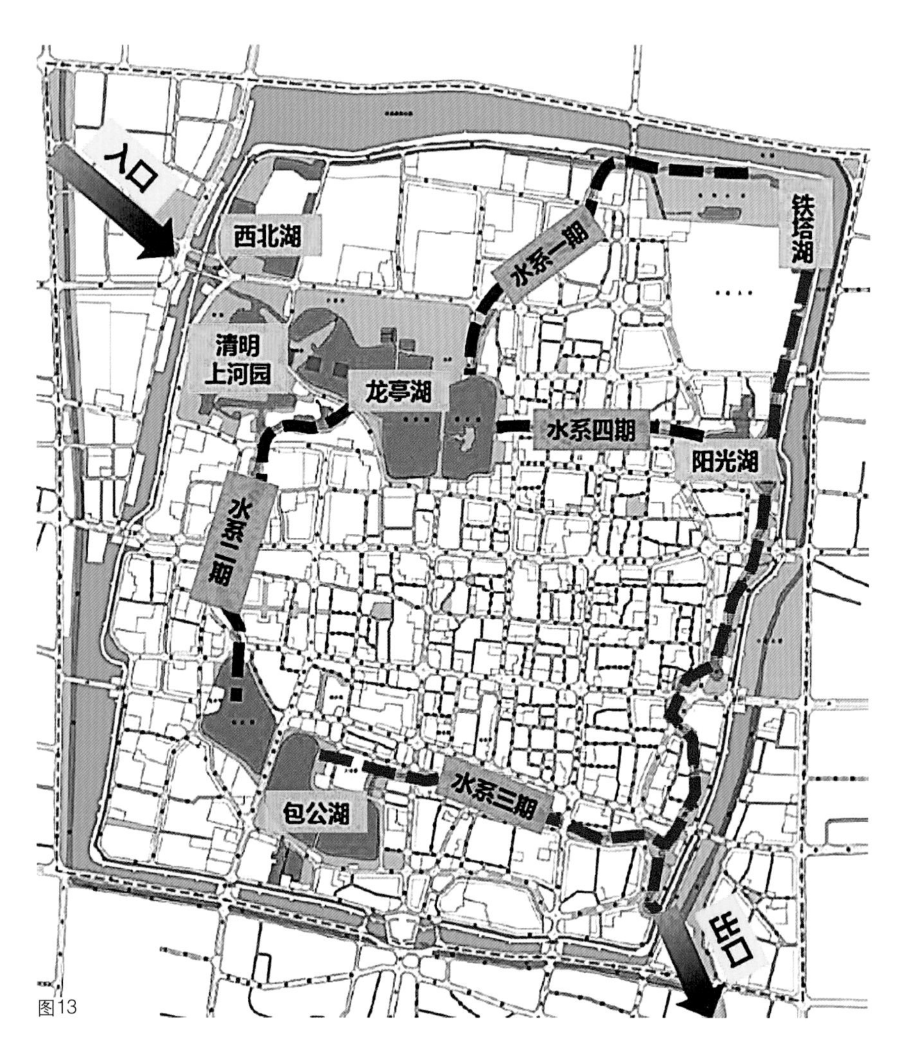

图13

项目组情况

项目负责人：李金路　王玉杰　裴文洋

项目参加人：张　昕　陈锦程　郑　爽　张　溯　白　羽　吴苏南　朱婕妤　欧　鸥　崔　颖

醉意山水，绿色客厅

——四川泸州渔子溪河道规划设计与景观实践探索

中国市政工程西南设计研究总院有限公司／邱　寒

摘要：项目在聚集城市产业和人流的同时，秉承生态优先原则，以水环境治理和防洪整治为依托，实现河湖分离，构建安全的亲水公共空间。

关键词：风景园林；水环境治理；滨水开放空间；渔子溪河

引言

泸州市总体规划围绕中国酒城、川滇黔渝接合部中心城市、国家历史文化名城、四川东南向综合交通枢纽和山水园林城市等核心定位，以“北进西延、南联东拓、拥江发展”为拓展方向，提出打造国家级高新区的战略目标。在此战略背景下，设计以南寿山为背景，连通长江绿地脉络，构建自然休闲廊道，优化新城生态格局，提升人居环境品质，塑造新城崭新形象，以生态游憩和主题文化体验为内涵，实现“山、水、城、人、文”有机共生。

一、场地概况

渔子溪河道位于泸州市高新区核心地块，是长江右岸一级支流。河道所在工程位置为盆地浅丘，地势起伏不大，高程一般在200～300m，南北向高差142m，东西向高差小于50m，整体地势相对平缓，有利于蓄水成湖，场地南北向长度

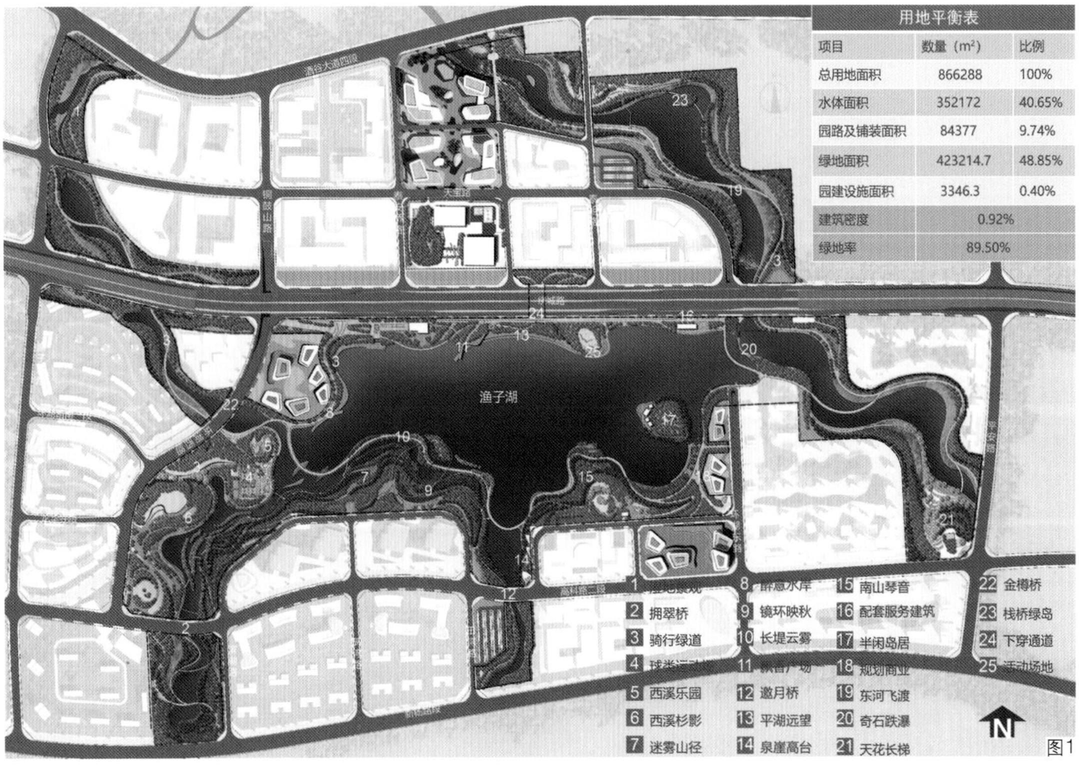
用地平衡表
项目 | 数量（m²） | 比例
总用地面积 | 866288 | 100%
水体面积 | 352172 | 40.65%
园路及铺装面积 | 84377 | 9.74%
绿地面积 | 423214.7 | 48.85%
园建设施面积 | 3346.3 | 0.40%
建筑密度 | 0.92%
绿地率 | 89.50%
渔子湖
2 拥翠桥
3 骑行绿道
5 西溪乐园
6 西溪杉影
7 迷雾山径
9 镜环映秋
10 长堤云雾
12 邀月桥
13 平湖远望
14 泉崖高台
15 南山琴音
16 配套服务建筑
17 半闲岛居
18 规划商业
19 东河飞渡
20 奇石跌瀑
21 天花长梯
22 金樽桥
23 栈桥绿岛
24 下穿通道
N
图1

图1　渔子溪项目总平面图

为1250m，相对高差为142m，东西向长度为2150m，景观面积86.63万m^2（含水域面积35.22万m^2）。

渔子溪河道周边用地主要以办公用地、居住用地为主，配套部分科研及商业用地，因此项目的规划定位并非单纯的城市公园，更是城市重要的滨水公共开放空间。

二、规划定位

（一）功能定位：泸州市首席水岸绿色客厅

泸州市拥有“酒城”“山城”“江城”等得天独厚的山水资源和文化资源。本项目在新区绿地系统建设中整合特色资源，并站在绿色营城的高度，以新区绿地系统建设为引领，盘活新区绿地网络，转化蓝绿交织生生不息的生态价值，实现增进民生福祉、以人为本的人文价值。

最终确定将渔子溪营造成为泸州市最舒适的产业精英交流与创新平台、最时尚的都市水岸生活休闲目的地以及最生动的绿色人文新泸州的形象名片。

（二）形象定位：中国酒城，醉意山水

酒文化是泸州市享誉世界的文化，也是中国文人义化的典型载体。酒更是一种城市内涵和城市底蕴，孕育了泸州市的现代繁华，泸州市的山水也因酒而流露着优雅芳香的诗情画意。

（三）目标定位：筑巢引凤，凤鸣长江源

通过本项目的综合规划设计，创造良好的新区核心环境，优化城市公共空间的功能结构，提升城市生态环境质量，赋予城市文化内涵，整体提高新区吸引力（图1）。

三、特色亮点

本项目通过景观统筹、河湖分离、河道整治、海绵城市建设、水生态修复等一系列规划设计策略，构建了季节性山洪特征的山地城市良性水循环景观系统，全面提升了河道行洪功能，增强了生态调蓄功能，改善了景观环境质量，创造出高品质的滨水景观空间。本项目有以下五大特色及亮点：

（一）特色一：打造公园城市样板空间，构建景观水系统

（1）高定位引领、高标准设计、高品质建造。本项目定位为城市中心公共环境，在保障水利功能的前提下，在蓄滞洪区、河堤、水生态和海绵城市建设等方面，结合自然山势地形，减少土石方工程，贯彻公园城市以形筑城、以绿营城、以水润城的理念，将景观组成疏密有致、气韵生动的诗意画卷（图2、图3）。

（2）水系统设计注重景观结构化处理。本项目核心区由“北湖”“南山”“西溪”“东河”四大景观区域构成。场地以大面积的草坪、树林、湖泊、湿地等景观要素为主体，园内乔灌相拥、四季花开、湖水荡漾、溪水蜿蜒，并设置错落有致的“楼”“台”“亭”“阁”“廊”“桥”（图4），形成如诗如画的滨水景观廊道景观，打造泸州市高新区的形象名片。

（二）特色二：实施生态修复措施，培育自适应性生态景观系统

（1）构建清水型水生态系统，实现水体自净（图5）。在蓄滞洪区及河道浅水区构建清水型水生

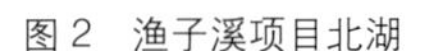

图2 渔子溪项目北湖
图3 渔子溪项目南山湖影
图4 渔子溪项目景观构筑错落有致
图5 渔子溪项目湖区
图6 渔子溪项目“水下森林”
图7 渔子溪项目恢复生境

图2

图3

态系统，总面积约24万m^2，放养当地水生生物21种，种植苦草、狐尾藻等6种沉水植物，芦苇、芦竹等13种湿地植物，形成有机生物链，净化水体、生态修复，保证水生态系统稳定。

（2）培育自适应性生态系统。经运营单位每周常规监测，湖区水质可达到地表Ⅲ类水标准，湖心水质达地表Ⅱ类水标准，深水区能见度达3m（图6）。目前湖区吸引了大量水鸟前来栖息活动，生机盎然。

（三）特色三：联通场地自然水网，构建蓄排结合的防洪体系

（1）本项目通过对场地内水网进行梳理和科学联通，因势利导地重塑健康自然的河岸线3.7km，恢复自然深潭浅滩和泛洪漫滩（图7）。联通上游支流新河沟、三道河和渔子溪、现状坑塘，并将河道分段拓宽至20～25m，提升行洪能力，改造河堤，采用生态固土措施，防止水土流失（图8）。

（2）结合地形新建蓄滞洪区，面积约20万m^2，库容47.59万m^3，雨季蓄滞洪水，旱季留存片区雨水作为生态湖区环境用水，实现水资源综合利用。蓄滞洪区与河道间通过设置水闸，雨季开闸快速泄洪，旱季适度关闭闸门，实现洪水和生态下泄量可调可控，让城市在适应环境变化和应对自然灾害等方面具有良好的“弹性”。片区整体防洪能力达到50年一遇。

（四）特色四：落实海绵城市建设，构建区域海绵系统

（1）海绵措施系统化，规模化。项目实现了蓄滞洪区、植草沟、卵石沟、下沉式绿地、透水铺装、水系等有机结合，系统地构建起了集雨水收集、传输、下渗、调蓄等功能为一体的“海绵枢纽”（图9），让场地自己会呼吸，提高城市韧性，有效收纳和净化周边雨水。

（2）海绵措施精细化，集约化。项目加强岸边海绵型道路与市政广场海绵措施的衔接，优化市政道路绿化品种配置，提升道路绿化带对雨水的缓冲和净化能力，改变雨水快排、直排的传统做法，减轻雨水对市政管网系统的压力。

（3）构建宽体驳岸带。湖区周边构建2.5km、河道构建3.4km左右生态驳岸“带”，宽度20～200m，在驳岸带内布置丰富的植物群落，强有力地削减外源污染，特别是雨水径流携带的污染物，保障主湖区水质。

图4

图5

图6

图7

图 8　渔子溪项目改造河堤
图 9　渔子溪项目构建区域海绵系统
图 10　渔子溪项目"河湖分离"

图8

图9

图10

(五) 特色五：采用沉砂清水型河道断面与河湖分离系统，保障水质安全和生态水量

(1) 本项目考虑上游为山区存在季节性雨洪的特征，结合山地城市实际情况，采用了生态隔堤式河湖分离系统 (图 10)，洪水期关闭蓄滞洪区闸门，利用河道作为主泄洪通道，有序疏导上游含砂量较高的洪水，避免洪水对生态湖区生态系统的直接冲击。

(2) 因势利导优化河岸线和断面，采用沉砂清水型河道断面，增大闸前河道宽度和深度，使上游来水携带的泥沙迅速沉积在河道内。在河道内设置适宜水生植物生长的浅水区，营造水生态系统，净化河水。在生态隔堤内设多处涵管联通河湖，在河道侧进水口增加拦网，拦截进入湖体的浮漂杂质。

(3) 当河道水质清澈时，湖区开启临河侧取水口取水，保证湖区生态水量。在旱季，通过调节钢坝启闭角度，确保不小于 $1m^3/s$ 的生态下泄水量，维持下游河道基本生态功能。

(4) 湖区设置放空管，在发生湖区水质污染等紧急情况下，可通过放空管将湖水在 24 小时内放空进入市政污水管网，保障湖体水质安全。

四、结语

本项目通过景观全局统筹实现水利、生态、建筑等多个专业共同协作，充分发挥景观湖泊水系的生态价值，实现净化和调节水体等生态功能，提高生物多样性水平，实现水体景观自然化，同时高标准地满足了市民的游憩需求。本项目所贯彻的景观理念和方法，对于江河湖领域项目具有示范价值。

项目组情况
单位名称：中国市政工程西南设计研究总院有限公司
项目负责人：邱　寒　蒿海磊　周艳莉
主要技术成员：廖子清　王　涛　赵　强　高　飞
张钧勇　董东坡　李　攀